鄂尔多斯草原生态
快速恢复技术研究与实践应用

◎ 杨永锋　　胡卉芳　主编

中国农业科学技术出版社

图书在版编目（CIP）数据

鄂尔多斯草原生态快速恢复技术研究与实践应用 / 杨永锋，胡卉芳主编 . —北京：中国农业科学技术出版社，2020.9

ISBN 978 - 7 - 5116 - 4781 - 8

Ⅰ . ①鄂… Ⅱ . ①杨… ②胡… Ⅲ . ① 草原生态系统－研究－鄂尔多斯 Ⅳ . ① S812.29

中国版本图书馆 CIP 数据核字（2020）第 093330 号

责任编辑	姚　欢	
责任校对	贾海霞	
出 版 者	中国农业科学技术出版社	
	北京市海淀区中关村南大街 12 号　　邮编：100081	
电　　话	（010）82106636（编辑室）　（010）82109702（发行部）	
	（010）82109709（读者服务部）	
传　　真	（010）82106636	
网　　址	http://www.castp.cn	
经　　销	各地新华书店	
印　　刷	北京建宏印刷有限公司	
开　　本	170 mm×240 mm	
印　　张	19.5	
字　　数	260 千字	
版　　次	2020 年 9 月第 1 版　2020 年 9 月第 1 次印刷	
定　　价	68.00 元	

前　言

鄂尔多斯市位于内蒙古自治区西南部的华北与西北连接地带，是我国重要的草原畜牧业地区。境内有山川丘陵、沙漠沙地，黄河呈"几"字形弯曲环抱通过，由于气候干旱、生态环境恶化、草原荒漠化，构成了黄河上中游严重水土流失区和西北、华北的主要风沙源地区，曾被国家列为全国生态保护建设最为重要的地区之一。

新中国成立70年来，鄂尔多斯历届政府带领广大干部群众和科技人员，针对上述草原生态日益恶化的现实，始终秉持"植被建设是最大的基本建设"以及"生态建设是最大的基础建设和立市之本"的理念，一代接一代，坚持艰苦奋斗、顽强拼搏，逐步逆转草原荒漠化趋势，使草原生态保护建设取得了一次比一次更突出的光辉成就，走出了草原生态快速修复改善、家畜发展成倍增长、产业化经营规模不断扩展的绿色发展新路子。鄂尔多斯市草原生态状况实现了由过去的"整体恶化、局部好转"转向目前的"整体遏制、修复改善"的历史性变化。全市家畜发展由1949年的177万头（只）到2018年的1254万头（只）。全市农牧民人均收入由1978年的194元到2018年达到18289元。目前，鄂尔多斯市草产业、沙产业以及生态农牧业实现高速发展，这不仅对促进地区经济社会可持续发展、振兴建设新农村新牧区奠定了良好的基础，而且为构筑我国北方生态安全屏障及保护"母亲河"黄河做出了贡献。

壮丽70年，奋斗新时代。70年的壮丽征程，鄂尔多斯人立足于当地草原严重荒漠化的实际，一直坚持奋战在草原建设这个"主战场"上，能够在不同时期的历史发展阶段，为自治区以至国家实施草原生态保护建设做出示范、提供经验、走出新路子，曾多次受到自治区以及国内外领导、专家高度赞誉。鄂尔多斯市委、市政府在草原生态保护建设过程中，始终坚持改革草业生产体制和科技创新协同推进的驱动发展战略，组织调动科技人员组成团队开展攻关试验研究。多年来，大批草原科技工作者先后围绕快速恢复草原植被、突出生态建设，从生产到生态，从实践到理论取得了许多重要科技成果，并撰写了很多前瞻性、创新性重要论著和实用新技术。这些科研成果在当前高度重视生态文明建设的新时代，积极探索"生态优先、绿色发展"为导向的高质量发展新路子过程中，具有重要的学习、参考和借鉴应用价值。为此，我们摘选其部分论文和技术报告，组织编辑出版《鄂尔多斯草原生态快速恢复技术研究与实践应用》一书，以利我们在当前和今后草原生态保护建设中做出更大贡献。

本书主要选编了在鄂尔多斯市草原生态保护建设中做出突出贡献的草原科技工作者胡璉及其研究团队撰写的二十四篇科技论文和关键技术，以及4篇项目技术报告。书中提及的伊克昭盟（简称伊盟）是鄂尔多斯的旧称，2001年，经国务院批准，撤销伊克昭盟行政公署建制，设立地级鄂尔多斯市，为了保证历史资料的完整性，因此对书中的旧称未做更改。胡璉同志是鄂尔多斯市草原学科带头人之一，1940年出生，中共党员，农业技术推广研究员，一直从事草原科技推广、研究和管理工作。曾任伊克昭盟草原工作站副站长、站长（副处级）、畜牧局党组成员、副总畜牧师等职；曾获省部级科技进步一、二、三等奖各1项，内蒙古自治区丰收奖、地市级科技进步奖多项，获省部级自然科学优秀论文奖、全国农村科技优秀图书奖、全国绿化奖章等荣誉；主编出版科技著作5部、参编6

部，发表论文40余篇。50多年来，他带领着研究团队精诚团结、顽强拼搏，不断探索草业理论、总结实践经验，他曾和同志们先后全面系统地研究总结了我国草原建设的创举"草库伦建设技术、模式和原理"以及在草原上提出创建了"灌木草地科学的基本理论、技术与模式"，谋求为草原生态持续改善和农牧民增收致富做出更多贡献。

　　本书选编的这些科技资料是鄂尔多斯草原科技人员践行70多年改革建设的宝贵财富，不仅在当时具有很强的指导意义，而且对目前及今后深入开展草原生态保护建设也具有学习参考价值。本书在编辑出版过程中，得到不少同志们的关心和支持，一并表示感谢！

　　由于作者水平有限，书中难免有不足之处，恳请专家和读者给予批评指正。

作　者
2020年8月

目　录

引言 鄂尔多斯草原生态快速
修复实践之路

　　鄂尔多斯市位于内蒙古自治区西南部华北与西北连接地带，是一个以蒙古族为主体，汉族占多数的少数民族聚居区。全市总土地面积13050万亩（1亩≈667米^2，全书同），其中草原面积为8816.26万亩，约占总土地面积的67.6%。草原面积大、范围广，是构成鄂尔多斯生态系统建设和环境保护的主体，也是中国北方草原绿色生态屏障重要的组成部分。南临古长城与晋、陕、宁三省区毗邻，西、北、东三面黄河呈"几"字形环绕通过，海拔高度在1000～1500米，为鄂尔多斯高原地区。境内东部为丘陵沟壑水土流失区，西部为波状干旱高原区，北有库布齐沙漠，南有毛乌素沙地。气候类型为典型的温带大陆性气候，年平均降水量150～400毫米，且集中在7—9月，约占全年降水量的60%，全年蒸发量为2000～2800毫米，是降水量的5～7倍。由于降水量少而集中且蒸发量大，导致气候干燥，干旱缺水，风大沙多，水土流失。每年≥17米/秒的大风日数在30天以上，常伴有沙尘暴天气。地势较高，地形复杂，地表土层薄，多为沙质土壤，基岩又主要是质地疏松的白垩纪各色砂岩，因此极易风蚀沙化。在上述恶劣的气候、复杂的地形、疏松的土壤等多种因素综合作用下，形成了特殊的荒漠化地区。再加上从秦汉时期开始实行屯垦戍边政策，军垦民垦、开荒种地。在这些因素的影响下，使鄂尔多斯地区草原植被遭到严重的破坏，沙地面积逐渐

1

扩大，库布齐沙漠和毛乌素沙地沙化扩张。到20世纪70年代，沙漠化土地占到了全市土地面积的70%以上，草原处于严重荒漠化的状态，形成了黄河上中游严重水土流失区和西北、华北的主要沙源地区，被国家列为对全国改善生态环境最具影响、对实现我国生态环境建设目标最为重要的地区之一。在这种特殊的生态区位条件下，深入开展草原生态保护建设，对当地以及全国加强生态保护建设、构筑祖国北疆生态安全屏障具有十分重要的战略意义和现实意义。

新中国成立70年来，鄂尔多斯人民面对当地恶劣的生态环境条件以及所处特殊的风沙源区、水土流失区的生态区位，他们没有畏难退却，而是选择了抗争、奋斗。鄂尔多斯历届政府带领广大干部群众和科技人员，始终坚持不懈地身肩保护草原生态的重任，秉持在农牧区开展"植被建设是最大的基本建设"以及"生态建设是最大的基础建设和立市之本"这些理念，立足鄂尔多斯当地实际，深入开展调查研究，认真总结历史和现实几十年来草原生态环境保护建设的经验和教训，将草原生态保护建设作为求生存、图发展、谋富裕的最大基本建设来抓。通过一代接一代坚持不懈地开展建设草原、治理沙漠、大搞生态建设，有效遏制了荒漠化持续扩展趋势，使鄂尔多斯草原生态环境得到了改善。特别是在党的十一届三中全会后，随着中国经济社会不断发展和科技进步，在开展草原生态保护建设过程中积极争取科研项目，注重科研与生产相结合，以科技创新为核心，推动草原生态快速恢复、高质量发展。全面实施草产业、沙产业和生态产业，深入开展绿化、转化、产业化，使鄂尔多斯恶劣的草原生态环境得到了快速恢复和改善，实现了"沙漠增绿、草原增值、农牧民增收、企业增效"的全面发展新格局，走出了生产发展、生活提高、生态良好的致富达小康的新路子，也为中国构筑北方绿色生态安全屏障做出了贡献。

在鄂尔多斯深入开展草原生态保护建设70年过程中，特别使人们记忆犹新的是鄂尔多斯人民，他们能够在不同时期、不同历史发展阶段，在治沙建草原、大力开展草原生态建设方面，以超前的意识和敢于创新的精神，坚持"草原生态建设、发展绿色经济"，使鄂尔多斯草原生态建设从整体上做到了"率先实施改革创新，实现了创举发展的新成效"。70年来，鄂尔多斯市在草原生态建设上从认识决策到具体实施建设，总体经历了三个不同时期的历史发展阶段。

新中国成立初期到十一届三中全会召开期间 伊克昭盟（2001年撤盟建立鄂尔多斯地级市）盟委、行署就十分重视草原保护建设，在20世纪50年代初就明确提出了"以牧为主"和"禁止开荒，保护牧场"的生产建设方针，号召广大干部群众种植苜蓿、柠条、沙柳、沙蒿等，组织农牧民开展了沙漠治理、草原建设。进入60年代，盟委、行署认真总结经验，于1964年制定了《关于进一步贯彻生产方针，大抓种树、种草、建设基本农田的决议》，即盟委提出的"种树、种草、建设基本田"的生产方针，受到了广大干部群众欢迎，调动了保护建设草原的积极性。在1965年12月2日，《人民日报》报道了"牧区大寨"乌审召建设社会主义新牧区的事迹，从而在伊克昭盟涌现出以创建草库伦为特色的"治理沙漠、建设草原、大搞草原生态建设"的"牧区大寨"乌审召公社。在乌审召带动和鼓舞下，伊克昭盟各地积极行动，率先在全国大规模推广应用兴建草库伦这项科技创新成果。到1970年据不完全统计，全盟兴建草库伦面积达到20多万亩。国家在1975年召开的全国牧区畜牧业工作会议上再次提出："乌审召公社兴建草库伦的经验是草原建设的一项创举。草库伦就是把草场一块块围圈起来，搞好草、水、林、料建设的高产稳产的基本草场。当前可作为缺草季节的抗灾基地，将来可作为划区轮牧的基础。必须普遍提倡，大力推广。"伊克昭盟以兴建草库伦为中心的草原基本建设有了更快的发展，到1977年底统计数据显示，全盟草库伦建设面积达到了750万亩，较1970年的20万亩增加了36.5倍；在草库伦内建成稳产高产的基本草牧场达到130多万亩。全盟种植优良牧草达到100多万亩，种柠条130万亩，造林622万亩，打井16800多眼。草库伦经不断完善和提高，发展为著名的"草、水、林、料、机"五配套草库伦，初步形成了知识密集型的草业生产体系。20世纪90年代末统计数据显示，伊克昭盟建设各种类型草库伦达到10万多处，面积为3000多万亩，约占全盟草原总面积的1/3多，居内蒙古自治区各盟市之首。全盟以草库伦建设为主的草原建设规模之大，范围之广，效益之突出，是前所未有的。因此，获得国内外普遍关注和赞赏，国内不少省区组团参观学习草库伦建设模式和经验，联合国也曾组织许多国家的专家和官员先后到乌审召考察学习。这个时期的草原生态建设取得了以兴建草库伦为重点的第一次重大创举建设的规模效益，草库伦建设成为中国特色的草原建设和生态建设的创新模式。

党的十一届三中全会以后到20世纪末 1978年召开了党的十一届三中全会，为草原生态建设带来了改革创新的春天。1978年伊克昭盟首先推行了家庭联产承包责任制即包产到户，接着在全盟开展农村牧区生产责任制的大讨论，结合实际和群众意愿，从1980年开始，又在全国率先实行"草畜双承包"制度，从根本上解决了草牧场"吃大锅饭"的问题。在当时大家认识到要使草原生态建设有所突破，必须解决好草原的所有权、管理权、使用权长期不明确的问题，因为土地、草原是农牧民发展生产、维持生活的"命根子"，只要抓住划拨承包草牧场这个核心、关键的改革环节，对保护建设草原发展畜牧业经济可起到"牵一发而动全身"的巨大作用。因而，盟委、行署下决心做出决策，率先实施"草畜双承包"制度，给广大牧民吃了"定心丸"。在以后工作中依据需要，对这项举措进行了调整完善，逐步建立了科学合理的草原所有权、承包权、经营权运行制度和机制，维护了农牧民的合法权益，极大地调动了农牧民保护建设草原的积极性和创造性。进入80年代，在改革创新驱动下，盟委、行署明确提出"植被建设是最大的基本建设"的指导思想，立足实际，创造性地在1981年和1982年先后又做出了实施"三种五小"（种树、种草、种柠条；小草库伦、小经济林、小水利建设、小流域治理、小型农机具利用）以及"关于大力建设以柠条为重点的人工草牧场决定"的战略决策，形成一整套行之有效的建设措施。在草原建设上首次提出"灌木草场"这一新的概念，并在草原生态建设中形成"林木点、线分布，灌草大面积覆盖，乔灌草结合型"以及"灌木带状种植，带间牧草覆盖，灌草结合型"两种草原生态治理保护网络式的创新建设模式。这些正确的政策决定和草原率先提出的灌草结合的建设措施，起到了鼓舞、指导群众建设草原的积极作用，形成了以柠条、杨柴、沙柳等为重点的灌木草地保护建设新高潮，取得十分突出的成效，进入了大规模开展草原建设的新阶段。1985年，伊克昭盟召开了推广种植柠条验收表彰现场会。1986年，内蒙古自治区政府又在伊克昭盟召开全区灌木种植利用现场会；同年，还受到国家农业部奖励。特别是在治理沙漠、建设草原、改善生态环境过程中，伊克昭盟创造性地采取灌草结合建设灌木草场在全国首次提出，受到草原、林业以及生态等院士、教授专家学者一致肯定和赞赏，这种史无前例的绿色发展创新，获得国内外普遍关注和好评。据统计，1980—1988年，全盟"三种"平均每年以390万亩的速度发展，最多的1988年种植面积达到550多万亩。到1988年底，全盟种树保有面积达到1209万亩，种柠条保有面积为634万亩，种草保有面积达到504万亩；9年来，飞播牧草230万亩，新建草库伦33000多处，面积达800多万亩。建起了育苗基地6万亩，各类灌木采种基地100余万亩，为大力发展"三种"创造了条件。全盟"三种"建设一直坚持到90年代中后期，形成了草原生态建设大规模、大力度、高水平发展的新局面，使草原生态建设取得了以"三种五小""灌木草场"建设为中心的第二次重大创举建设的规模效益。

在改革创新推动下，在20世纪80年代中期，伊克昭盟畜牧业战线上又涌现出试办"家庭牧场"这个新事物，草场到户实施围栏轮牧，大力培育建立人工草场，坚持科学饲养牲畜，实行规模经营，提高商品率，增加农牧民收入，展示出发展现代畜牧业的方向，1987年在全盟大力推广。形成了专业户、重点户以及家庭牧场的"一场两户"建设经营格局，促进了草原畜牧业的深入发展。全盟牲畜一直稳定在600万头（只）以上，保障了伊克昭盟阿尔巴斯白绒山羊、鄂尔多斯细毛羊两大著名畜种的不断增长，建成世界上最大的羊绒加工企业——鄂尔多斯集团，在内蒙古自治区率先实现了草牧业"种、养、加、销"一体化经营的新格局，带动了全盟经济繁荣发展。90年代，在继续实施以"三种"建设为重点的草原生态保护建设的基础上，又结合伊克昭盟当地实际提出了实行"因地制宜、分类指导、分区实施、梯度推进"的方针，并进一步明确宣布"谁建设、谁受益、长期不变、允许继承"，大力促进草原生态保护建设的持续发展。

20世纪末至今 1999年和2000年连续两年伊克昭盟又一次遭受罕见特大旱灾，草原退化、沙化，生态环境恶化，农牧业生产发展举步维艰。为此，盟委、行署带领广大干部群众认真学习贯彻党中央、国务院提出的实施西部大开发战略决策，并把保护和建设草原生态环境作为实施西部大开发的根本点、切入点提出来。盟委、行署及时召开全盟生态建设会议，确立了"生态建设是伊盟最大的基础建设和立盟之本"的指导思想，加大了工作力度，使草原生态建设进入了一个新的发展阶段，也使人民建设草原、绿化山川、建设家园的信心和决心更大了。盟委、行署抢抓西部大开发的历史机遇，解放思想，更新观念，从长致远，适应新形势，在开展舍饲、半舍饲圈养示范成功的基础上，决定以转变畜牧业生产方式为突破口，以禁牧、休牧、轮牧和舍饲、半舍饲养畜为切入点，全面促进草原生态环境与畜牧业经济协调发展。从1999年开始，在全国牧区率先推行禁牧、休牧、划区轮牧的草原利用制度，东部的伊金霍洛旗、东胜区、准格尔旗、达拉特旗先后发布《禁牧令》，实行禁止放牧、牲畜舍饲圈养；西部牧区在生态项目区实行局部地区牲畜舍饲圈养。一场"以禁休轮牧与舍饲养畜"为中心的"攻坚战"在鄂尔多斯草原上展开。截至2000年底，全盟禁牧草场面积为3720万亩，占全盟可利用草场面积的52.5%，其中东四旗（市）禁牧草场2070万亩，204.2万头（只）牲畜舍饲圈养，西四旗生态项目区禁牧草场1650万亩。随后紧接着在西四旗开展了禁休轮牧与舍饲养畜。至此，伊克昭盟创造性地实施了禁休轮牧和舍饲养畜，使传统畜牧业向现代集约型畜牧业转变，实现了变革传统畜牧业经营管理方式的一次重大革命。这不仅标志着几千年来粗放传统畜牧业的终结，为发展现代畜牧业迈出了新的一步，而且大力促进草原生态快速恢复改善，巩固了草原建设成果，实现了草地资源永续利用，同时为建设"绿色大盟、畜牧业强盟"，实现二次创业奋斗目标奠定了基础。

进入21世纪，鄂尔多斯在实施国家西部大开发战略，用足用活，争先抢优，继续深入开展禁休轮牧和舍饲养畜的新形势。2001年，经国务院批准，撤销伊克昭盟行政公署建制，设立地级鄂尔多斯市，辖康巴什区东胜区、鄂托克旗、乌审旗、达拉特旗、杭锦旗、鄂托克前旗、伊金霍洛旗、准格尔旗。撤盟建市标志着八万多平方公里草原将实现城市化的世纪大跨越，草原城市化的春风吹遍了鄂尔多斯大地。2002年国家又提出实施"退牧还草"工程建设政策措施，为鄂尔多斯草原生态环境建设带来前所未有的发展机遇。

市委、市政府积极响应，抢抓机遇，坚持执行了"生态建设是全市最大的基础建设和立市之本"的指导思想和"立草为业、为养而种、以种促养、以养增收"的发展思路，并坚持实行建设"绿色大市、畜牧业强市"的奋斗目标，使"退牧还草"工程建设与全市实施的"禁休轮牧、舍饲养畜"草原保护建设紧密结合，极大地调动了全社会开展草原生态保护建设的积极性和创造性。一个以"退牧还草"工程建设为重点的快速恢复草原生态建设得到了史无前例的大发展。通过不断调整、完善和提高，据2009年统计，全市禁牧草原达到3518万亩，占草原总面积的39.9%；休牧草原达5298万亩，占草原总面积的60.1%；结合休牧实施的划区轮牧草原达2384万亩，占草原总面积的27.0%；全市约有500万头（只）牲畜实现了舍饲养畜。此外，新增草地补播改良面积1029万亩，新增人工草地、饲草料基地建设面积14.9万亩。使"禁休轮牧、舍饲养畜"成为鄂尔多斯草原保护利用的一项重要制度。由于草原生态建设快速恢复改善，促进了全市畜牧业稳定、优质、高速发展。从1999年开始实施禁休轮牧与舍饲养畜的饲养方式以来，不但没有因禁休牧造成家畜下降，反而使畜牧业得到了逐年稳定增长，全市家畜发展从2000年的614.9万头（只）到2004年猛增到1094万头（只），首次突破千万头（只）大关的历史最高水平，并从2004年起，全市家畜发展连续多年超过千万头（只）的历史最好水平。到2009年达到1294.81万头（只），较2000年增长了1.1倍。农牧民人均纯收入由2000年的2453元增加到2009年的7803元。由于鄂尔多斯市在退牧还草、退耕还林还草两大工程建设上做出突出贡献，2004年9月在鄂尔多斯市召开了全国退牧还草、退耕还林"两退"现场会，及时推广了鄂尔多斯"两退"工程建设中的做法、经验和取得的成效，受到了广泛的赞扬和好评，使鄂尔多斯草原生态建设取得了以实施"退牧还草""禁休轮牧""舍饲养畜"为发展目标的第三次重大创举建设的规模效益。

随着改革开放、西部大开发的不断深入，退牧还草工程建设的全面实施，经济社会的不断发展，市委、市政府紧跟党中央部署，在全国率先发布了鄂尔多斯市农牧业经济发展"三区规划"纲要，按照建设"绿色大市、畜牧业强市"的思路，实施"收缩转移、集中发展"战略，在全市实行优化发展区、限制发展区、禁止发展区的"三区规划"政策，进行了全方位、深层次、大力度的战略性调整。近年来初步实现了城乡统筹发展，注重生态环境保护建设，人与自然和谐发展，走出了一条生态恢复、生产发展、生活提高的可持续发展道路。我国著名科学家钱学森倡导的草产业、沙产业理论正在鄂尔多斯得到成功实践和发展。一个以草产业、沙产业、生态建设产业为重点的绿色革命正在兴起，实施"生态建设产业化，产业发展生态化"的绿色经济、低碳经济正在深入发展。按照市委、市政府统筹部署，将国家在本市实施的"退牧还草""京津风沙源治理"等这些重点工程建设与当地提出实施的禁休轮牧、舍饲养畜、灌木种植、补播改良、灌草结合飞播、信息管理应用以及"三区规划"等多项改革创新举措和适用新技术实施紧密结合起来，针对不同草地类型，因地制宜、统筹规划、集中连片、整体推进，集中投资、集中人力、集中力量，进行综合治理建设。这样，逐步形成和建立起比较完善的快速修复草原生态技术体系，并按照草原系统工程理论和方法，构建起与当前草原生态条件相适应的、结构较合理的、能够加快草原植被修复的综合治理建设模式，人们称为"鄂尔多斯草原生态建设"模式。该模式为中国北方草地生态建设提供了典范和成功经验，为发展现代草牧业，建设美丽的鄂尔多斯奠定了良好基础。

党的十八大以来，以习近平同志为核心的党中央高度重视生态文明建设，将建设生态文明纳入"五位一体"总体布局中，提升到"关系人民福祉、关乎民族未来"的高度。鄂尔多斯市及时提出了"建设北方重要生态安全屏障,打造亮丽风景线上的璀璨明珠"的发展目标。近几年来,鄂尔多斯市在继续修复草原、治理沙漠、大力开展生态保护建设的基础上,按照"生态产业化、产业生态化"的要求,总结当地实践经验,坚持改革创新,因势利导,进一步明确提出实施草产业、沙产业、生态产业的开发利用,推行产业化经营,完善生态经济产业体系的举措,受到各地广泛重视。特别是草原生态保护建设为主体的后续产业发展潜力巨大,经济效益十分突出。它能够融合和促进多种产业发展,具有其他传统产业不可比拟的优势和特点。它可形成和彰显当前经济社会高度关注的绿色产业、循环产业、再生产业、碳汇产业。近年来,鄂尔多斯市在改革创新的驱动下,草产业、沙产业、生态产业的开发和利用有了长足发展,开发规模在扩大,产业链在延伸,发展领域在拓展,逐渐形成了全方位、多元化、效益凸显的生态保护建设发展的新格局。鄂尔多斯市推行草原生态产业化经营也有了突破性发展,生态、经济、社会"三效"互动,凸显奇效,叠加效应显著。除承载超千万头(只)大小牲畜正常生长发育需求,还保育着当家优秀畜种鄂尔多斯细毛羊和阿尔巴斯白绒山羊,保持细羊毛质量品质全国最佳和温暖全世界的羊绒品牌。此外,近年来据不完全调查,鄂尔多斯市实施草原生态产业化经营方面也显示其独特资源优势,呈现出饲草料加工养殖系列、营养保健品系列、光伏发电生物质发电系列、药材药品系列、林产品加工系列、道路绿化系列、观光休闲旅游绿化系列以及其他特色开发系列等八大开发利用模式,逐步形成了治理与开发并举、生态与经济互补的良性循环的现代生态建设体系。目前,一个改革创新的生态经济产业正在崛起,已为鄂尔多斯地区经济社会发展、建设社会主义新农村新牧区以及建设生态文明的和谐社会奠定了良好的基础。

　　综上所述，鄂尔多斯在草原生态保护建设中走过了一段极不平凡的历程。先后经历了三个不同时期的历史发展阶段，坚持开展和实行了"三项率先改革创新"、促进和形成了"三大创举发展的规模效益"，也就是总体经历了3段历史发展历程。①从解放初期到党的十一届三中全会召开期间为第一阶段发展时期。这期间以"牧区大寨"乌审召创建草库伦为典型，在全区、全国大面积推广，建立和形成稳产高产的"草、水、林、料"结合型的基本草场，使草原生态保护建设取得了以兴建草库伦为重点的第一阶段重大创举建设的规模效益。通过实践证实，这一阶段显示出的突出优势和特点是：在牧区兴建草库伦，就可使草原保护建设与生态修复改善统筹起来，可使"一般草原建设"提升到"草原生态系统建设"的高度。草原就是牧区生态环境保护建设的主体，草库伦建设是最直接、最有效的生态环境保护建设形式，因而在牧区草库伦建设已成为中国特色的草原建设和生态建设的创新模式；在牧区兴建草库伦，可以促进"引种入牧、以种养畜、农牧林结合、发展多种产业"，它既可解决缺草季节的抗灾基地，又可作为实现划区轮牧的基础，是振兴牧区经济，实行科学养畜，实现草牧业可持续发展的捷径；在牧区兴建草库伦，它作为草原建设的技术综合体，可以加快构筑"知识密集型"草产业生产体系的形成和发展，引领和促成牧区彻底改变"靠天养畜、粗放经营"为"建设养畜、发展现代草牧业"的最佳发展途径。②从党的十一届三中全会以后到20世纪末为第二阶段发展时期。这期间草原生态保护建设取得了以"三种五小""灌木草场"建设为中心的第二阶段重大创举建设的规模效益。这一阶段显示出的突出优势和特点有3个。其一，在草原生态保护建设中，针对全市草原生态退化、沙化、荒漠化严重的现实，突破性地提出实施"三种五小"这一战略决策，依据乔、灌、草各自具有的优异生物特性和立地条件的不同，遵循生态系统内在的机理和规律，开展综合治理建设，极大地增强了草业生产经济效益和生态独特的效益。其二，在实施建设中坚持构筑成"林木点、线分布，灌草大面积覆盖，草灌乔结合型"以及"灌木带状种植，带间牧草覆盖，灌草结合型"的两种草原生态治理网络式的创新建设模式。既符合当地干旱缺水、生态恶化的自然条件，又可保持加强生态建设的战略定力，为发展生态绿色经济做出了贡献。其三，在草原生态保护建设中突出灌木推广种植，形成灌草结合的复合型生态系统，建设灌木草场，体现了鄂尔多斯特色，增强了草原植被建设的稳定性、抗逆性和长效性，走出一条探索草原生态建设、发展绿色经济的新路子。③从20世纪末到进入21世纪以来为第三阶段发展时期。这期间鄂尔多斯草原生态保护建设取得了以实施"退牧还草""禁休轮牧""舍饲养畜"为发展目标的第三阶段重大创举建设的规模效益。这一阶段显示出的突出优势和特点是：在全面实施"禁休轮牧、舍饲养畜"过程中，坚持以转变畜牧业生产方式为突破口，以禁休轮牧和舍饲、半舍饲为切入点，全面促进草原生态保护建设与畜牧业生产协调发展。至此，草原经营方式的创新、创举发展，不仅使传统畜牧业向现代集约型畜牧业实现较好的转变，使多年设想改变畜牧业粗放经营方式的问题得到了解决，而且经多年运行并被生产实践证实，形成了当前和今后科学利用草地资源的一项重要经营制度。进入21世纪，特别是在党的十八大以来，认真学习贯彻习近平总书记关于加强生态文明建设思想，近年来在继续深入开展草原生态保护建设的基础上，坚持"绿水青山就是金山银山"的理念，依据当地实际，坚持改革创新，大力开展草产业、沙产业、生态产业的开发利用，并有了长足的发展。目前，草原生态保护建设的开发规模在扩大，产业链在延伸，发展领域在拓展，逐渐形成了全方位、多元化、效益凸显的草原生态保护建设发展的新格局，初步探索走出了一条草原"生态优先、绿色发展"的振兴牧区经济发展的新路子。

总之，新中国成立70多年来，鄂尔多斯历届政府带领干部群众，以超前的意识和敢于创新的奋斗精神，立足当地实际，与时俱进，在草原建设实践中先后经历了三个不同时期的历史发展阶段，坚持开展和实行了"三项率先改革创新"、促进和形成了"三大创举建设的规模效益"，使鄂尔多斯草原生态保护建设取得了令世人瞩目的跨越式发展。不仅走出了草原生态快速修复改善、家畜发展成倍增长、多种产业经营不断扩张、经济社会高质量发展的新路子，而且为开展生态保护建设做出了示范、走出路子，为构筑中国北方绿色生态安全屏障和保护"母亲河"——黄河做出了突出贡献。鄂尔多斯市草原生态状况实现了由过去的"整体恶化、局部好转"转向目前的"整体遏制、修复改善"的历史性变化的良好态势，为发展新产业、新模式、新业态创造了条件，也为大力发展绿色经济奠定了基础。全市家畜得到了高速发展，由1949年的177万头（只）发展到2018年的1254万头（只），增长6.08倍。2018年农牧民人均可支配收入达到18289元，比1978年农牧民人均收入194元增长了约93倍。生活质量和水平发生了翻天覆地的变化。这些巨大的变化生动诠释了"绿水青山就是金山银山"的绿色发展规模效益。

回顾鄂尔多斯草原生态建设发展全过程，突出地表现出70年来草地畜牧业发生了根本性的转变：①在经营发展理念上，实现了草原生态由"无节制的滥牧、砍伐、开垦草原，索取自然"向"生态保护建设优先，实施生态文明建设"的历史性转变；②在生产经营上，实现了草原生态由"盲目利用，超载过牧"向"科学利用，草畜平衡，集约经营"的历史性转变；③在创新体制和机制上，实现了草原生态由"单一投入"向"多元投资，互利经营"的历史性转变；④在开发建设上，实现了草原生态由"单纯种草养畜"向"综合建设，多种产业并举，产业化经营"的历史性转变；⑤在发展草原生态经济上，实现了由"生态脆弱恶化形成生态难民"向"生态保护修复，绿色发展，生态富民"的历史性转变。目前，鄂尔多斯呈现出"沙漠增绿、草原增值、农牧民增收、企业增效"以及生态植被快速修复的大好局势，一个绿色化、产业化、智能化的草牧业正在飞速发展。

第一辑　鄂尔多斯草原生态快速恢复科技论文和关键技术

　　鄂尔多斯草原生态保护建设始终把改革创新作为主要驱动力，全面推行体制改革创新、科学技术创新、经营管理创新、产业发展创新，以坚持科技创新为核心驱动高质量发展，铸就了鄂尔多斯草原生态建设辉煌70年。笔者围绕草原建设实践中推行和实施的科技创新成果，摘选了部分对当前和今后草原生态保护建设具有重要的推广应用价值和现实意义的科技论文和关键技术。

　　本辑包括四部分内容。

　　一是草库伦建设是我国草原建设的一项创举。这项技术措施是集草原封育、保护、建设、利用、管理于一体的多功能建设模式。特别是以乌审召为重点的鄂尔多斯创新发展的"草、水、林、料、机"五配套草库伦，创造形成稳产高产的人工草原生态系统，不仅能使草原实现快速恢复，解决牲畜发展饲草料问题，而且是草原由初级到高级建设阶段，发展人工、半人工高质量草地的最佳途径，也是牧区开展以"生态优先、绿色发展"为导向的高质量发展最有效、最现实的模式。草库伦建设综合技术在20世纪60—70年代在全国草地牧业区大面积推广应用，成为中国特色的草原建设和生态建设的创新模式。因此，笔者选择草库伦建设技术和快速增加草地生产力的优良牧草，有利于当前和今后深入开展生态建设、发展绿色经济推广应用。

15

二是建设以柠条为重点的人工、半人工草地，这是一项具有深远意义的战略决策。受到我国著名草原科学家任继周院士的高度评价，他在内蒙古2000年召开的牧区种草（柠条）休牧恢复草原植被论证会上指出："把灌木柠条作为草原建设的重要材料，在草原治理历史上是以灌木为主战略的创举，必将对灌木草地科学产生长远影响，这也是国际上的薄弱环节。"由于柠条抗逆性强，分枝强烈，再生性好，具有林草共同的特点，既有改善草群结构、增加植被层次、突出生态效益和生态优先的特殊优越性，又是优良的豆科饲用灌木，营养丰富，生物产量高，稳定性强，能够很好地适应和满足草地牲畜季节间、年度间饲草的需求，对发展畜牧业具有特别重要的意义。群众誉为"百草之王""灌中之帅"。因此，柠条这种优良饲用灌木既可保持加强生态建设的战略定力，又可在草原生态保护建设以及整治国土、治理沙漠、防治水土流失等方面进一步推广应用。

三是20世纪80年代初鄂尔多斯胡璉同志及研究团队首次提出建设"灌木草地"，并经过生产实践，创建了灌木草地科学的理论与模式，受到草原界学者广泛重视和关注。灌木草地就是在草地植物群落中构成以灌木（丰灌木）为建群种、优势种的草群结构统称为灌木草地。在培育建设中把灌木和牧草结合起来，进行科学配置，形成由灌木生态系统和草原生态系统相互融合组成灌草复合型生态系统。实践证明，这种灌草分层搭配、结构复杂、生物产量大，能够使草地生产潜力和生态效益得到充分发挥，它既能体现出其丰产性、稳定性和平衡性强的特点，又能体现构成我国当前提出的以"生态优先、绿色发展"为导向的高质量发展的创新模式和路径。这种灌木草地建设模式适宜在干旱、半干旱地区推广应用，尤其对构筑我国北方生态安全屏障和保护"母亲河"——黄河的生态建设具有现实和深远的意义。培育建设灌木草地从生产到生态，为发展新产业、新模式、新业态创造了条件，又可为草产业绿色发展形成庞大的生产经营体系奠定良好基础。因此，笔者选编了有关建设灌木草地的资料以供今后开展草原生态保护建设参考应用。

四是进入21世纪以来，国家及时提出了把生态保护建设作为实施西部大开发的根本点、切入点的政策和目标，特别是党的十八大以来党中央高度重视生态文明建设，并作为国家重大国策来实施保护建设。鄂尔多斯在全国率先实施"收缩转移、集中发展"战略，编制了"三区规划"，提出坚持以转变草地畜牧业生产方式为突破口，以"禁休轮牧、舍饲养畜"为切入点，使传统畜牧业经营方式转变为现代集约型畜牧业经营制度。这样既体现了快速恢复草原植被，又为大力发展绿色产业、推动形成绿色发展方式和生活方式奠定了基础。因此，笔者选择了一些关键新技术、新理念，以适应当前开展草原生态保护建设、发展绿色产业参考应用。

乌审召创建的草库伦多年来的创新发展[*]

胡琏　杨永锋　胡卉芳

乌审召位于鄂尔多斯毛乌素沙地的腹地，风大沙多、干旱少雨、风蚀沙埋侵袭草场，再加历史上的开垦破坏、植被稀疏、生态脆弱、沙地草场过度利用等因素，草原生态环境十分恶劣。面对恶劣的生产、生活和生存的环境条件，乌审召人没有退却，而是选择了抗争、奋斗。他们自20世纪50—60年代开始，创造性地利用前人的做法，自强不息、艰苦奋斗、自力更生，全面开展了兴建草库伦、治理沙漠、建设草原、大搞生态建设的群众运动，创造了一个又一个奇迹，开辟了治理风沙、建设草原的"绿色发展"之路，把治理沙漠与保护建设草原紧密结合起来，形成了以创建草库伦为中心的牧区草原建设新局面。因此，把乌审召兴建草库伦的经验确立为牧区开展草原建设的一项重大创举，乌审召被树立为"牧区大寨"全国学习的榜样。

多年来，乌审召人民坚持兴建草库伦、治理沙漠、建设草原、大搞生态建设的革命奋斗精神，不仅激励了几代人投身于生态保护建设，传承了宝贵的革命精神，而且他们善于总结经验，不断开拓创新，大力推进了绿色事业蓬勃发展，在科技推广应用方面也树立了丰碑。乌审召是靠生态建设起家的，生态建设又是靠草库伦来

---

* 原文为2008年6月17日由内蒙古沙产业、草产业协会举办的《草原建设的创举——乌审召的草库伦》一书出版座谈会上的发言稿。本次收录内容有修订。

实施建设的。他们创造性地把一般"封育草场的小栅栏"注入新的内涵，提升科技含量，发展成了举世闻名的草库伦建设模式，在国内外进行了大面积推广应用，取得了十分显著的成效。最近我们再次总结出版了《草原建设的创举——乌审召的草库伦》一书，这本书除了总结乌审召30年前广大农牧民推广实施以草库伦建设为中心的"治理沙漠、建设草原"一整套成功的科技成果外，着重从党的十一届三中全会召开以来乌审召在草库伦建设方面的新发展、新突破做了初步总结。突出表现在以下几方面。

　　一是乌审召创建的草库伦经验，被国家确定为草原建设的一项创举。经不断完善、提高，现已发展成为中国特色的草原建设和生态建设的创新模式。在20世纪60年代，国际社会和各国民众都感觉到地球环境恶化与资源走向枯竭、必将威胁人类的生存和发展之际，敲响了全球环境问题的警钟，唤起了世人保护生态环境的意识。就在这时期，乌审召人民开创了艰苦奋斗、治理风沙、建设草原、绿化大地、脱贫致富的光辉生产实践，响应了这一历史性潮流，成为全国自愿进行草原建设的榜样和生态建设的先驱，受到了国家和内蒙古自治区领导的高度赞誉，也得到许多国际友人及联合国教科文组织的赞赏。草库伦建设的经验和科技成果，这种中国特色的草原建设和生态建设的模式，也被公认为国际先进水平的治沙建草原样板。在中国牧区、半农半牧区、边疆地区以及丘陵山区，草原是生态环境保护建设的主体，建设草原就是最直接、最现实、最重要的生态环境保护和建设。草库伦是草原保护建设的技术综合体，在草原保护建设中，只要兴建各种不同类型的草库伦，就可以把草库伦拓展成保护草原、管理草原、建设草原、合理利用草原的主要措施，也是生态环境保护、修复的重要措施和途径。它可使"生态危机"转变为"生态安全"，就可使草牧业实现可持续、高质量发展。

二是乌审召创建的草库伦在党的十一届三中全会后，随着深入开展经济建设的新形势，乌审召家家户户搞开发，引种入牧，大力发展高标准、高质量的"草、水、林、料、机"五配套草库伦建设。草库伦为建设草料结合型人工草地创造了条件，奠定了良好的发展基础，因而他们在人工草地建设和发展方面有了很大突破。另外，在人工草地建设过程中，乌审召人民还特别注重对人工草地种植结构的调整，创造性地提出了根据家畜营养需求标准，大力推行和坚持种植"优良牧草、饲料作物、青贮作物和多汁饲料"的"四元立草"种植结构，形成了草库伦建设人工草地的创新模式，变"科学配置种草"为"配方饲料饲养"，促进家畜优化饲养，增加畜产品，提高畜牧业生产经济效益。国内外经验证明，解决牧区生态环境恶化、草畜矛盾突出、发展现代畜牧业的根本出路在于建设稳定、优质、高产的人工草地，天然草地受大自然制约，只有人工草地才能保证饲草料总体产出水平。国外发达国家建设现代化畜牧业都是设立在大力发展人工草地的基础上实现的。从乌审召通过草库伦建设高标准的人工草地来看，发展速度是很快的，生产饲草料数量、质量水平都比较高。据统计，乌审召于2006年已建成高标准、高质量五配套草库伦（人工草地）5.9万亩，约占全镇可利用草地面积的4.6%，高于全国当时现有人工草地占天然草地2%左右的平均水平；平均亩产干草达800千克以上，其生产力已达到或接近国外发达畜牧业国家的人工草地生产力水平。这为当地建设现代畜牧业、构建社会主义新牧区迈出了一大步。

三是乌审召创建草库伦在20世纪60年代，那时候认为草库伦是实现划区轮牧的基础，但由于条件所限，实现草库伦划区轮牧并不现实。当时存在的主要问题是：牲畜头数多，可利用草地不多，草地狭窄；兴建的草库伦面积较少，即使围栏的草库伦也多用于打草和治沙库伦，主要用于冬春缺草季节补饲牲畜；再加上多数牧民还没有认识到实行划区轮牧的好处和优越性。因此，推行划区轮牧制度是有困难的。面对这种情况，乌审召人民没有就此停步，而是加大草库伦建设力度，同时在牧户畜群内进行试验性的摸索，积极探索划区轮牧的做法和经验。经过多年的努力，进入80年代后，乌审召通过围建草库伦全面实行初级划区轮牧制度，突破了沙地草原"畜多草地面积小，不能搞轮牧"的难题。据统计，乌审召现有草原面积225万亩，基本全部实现围栏草库伦，其中可利用草原面积为130万亩，除14万亩进行全年禁牧外，其余116万亩全部实行了初级划区轮牧制度。在推行这种初级轮牧过程中，他们依据草原生产力和放牧畜群不同时期的变化需要，将放牧草库伦划为若干轮牧小区，按规定顺序、放牧周期和分区放牧时间，实行轮牧利用。多年来，在实施草库伦轮牧中，总体采取三种轮牧方式：①实行普通轮牧方式，将围封的草库伦划分为4~5个小草库伦（轮牧分区），按季节或按月轮牧利用。按季分成春、夏、秋、冬四季，每季度在4~5个小草库伦内轮放一次；按月就是每月在4~5个小草库伦内轮放一次，对于冬春枯草期轮牧时适当给予牲畜补饲。②实行"两季七区制"轮牧方式，将草地分为夏秋、冬春两季，并划分为7个轮牧小区，除1区作为禁牧建设外，采取夏秋3区轮牧、冬春3区进行轮牧。③实行休牧、轮牧相结合的轮牧方式，在已划分的轮牧草库伦内，每年春季牧草返青期的4—6月全面实行休牧，从7月开始到翌年3月底在轮牧草库伦内实行分区轮牧，轮牧方式根据草地面积大小确定轮牧小区数目，一般为5~7区制进行轮牧。以上3种轮牧方式，呈现出3种轮牧特点，形成了乌审召特色的轮牧做法和经验。划区轮牧是实现畜牧业现代化的重要标志性的科学放牧制度，乌审召在这方面迈出了新的一步，为发展现代畜牧业做出了示范。

　　四是乌审召创建的草库伦在实施建设中，始终坚持以科技创新作为动力和支撑，深入开展兴建草库伦、改造沙漠、建设草原、大搞生态建设，创造性地摸索出许多治理风沙、建设草原的新技术、新模式，在草库伦实施科学治沙种草上有了更新的突破和发展。乌审召位于毛乌素沙区的沙地草原区，多年来一直把兴建草库伦作为最大的基础建设实施，把治理风沙、建设草原紧密地结合在一起，并以此作为草原生态建设的主攻目标，为进一步治理风沙、建设草原、改善生态环境做出了突出贡献。然而，取得这些新变化、新发展、新成效，这与乌审召人民长期坚持顽强拼搏、改革创新、大力运用现代科学技术改造和提升草库伦建设紧密相关。在20世纪60—70年代，他们总结推广灌木固沙、封沙育草、"前挡后拉""穿靴戴帽"治沙以及乔灌草结合治沙等多种治沙建草原技术措施，都取得了很好的效果。特别是在党的十一届三中全会后，在改革创新驱动下，大力推广运用现代科技成果和适用技术，不仅解决了当地发展畜牧业缺乏割草地的问题，开辟扩展了饲草料资源，满足畜牧业对饲草料的需求，而且使草原建设实现了"沙地增绿、草地增值、产业增效、牧民增收"的目的，进一步发挥了生态效益、经济效益和社会效益，还可以大大增强生态植被建设多样性、抗逆性、稳定性，为实现可持续发展创造了条件。另外，他们还大力推行实施了"退牧还草综合治理建设技术模式""飞播造林种草模式""家庭牧场综合建设发展模式""生态移民建设模式"等多种草原生态保护和建设技术措施，这些也都为当前和今后坚持走以"突出生态建设、发展绿色经济"为导向的高质量发展新路子奠定了基础，做出了贡献。

五是乌审召创建的草库伦实行高标准规模建设，就是创建构成了快速修复、优质高产的草原生态系统。生产实践证实，草库伦这种建设形式是适应牧区草原特点的、中国特色的生态建设模式，可促进牧区经济发展，逐步形成以草产业沙产业为重点、融合多种产业并举的"库伦经济"的生产体系，成为鄂尔多斯独具特色的区域经济。乌审召是以经营畜牧业为主导产业的草原畜牧业地区，草原是当地大力发展经济的依托、条件和基础。他们在草原保护建设中创建了草库伦，草库伦就是把生态恶化的草地、沙地、土地分割成一块一块进行治理改造，实行综合开发建设，逐步变成生态绿洲，为发展绿色经济创造条件、奠定基础，形成了"草库伦生态绿色建设"模式。这种模式最显著的特点包括：草库伦建设属于知识密集型的生态经济产业的发展，它不仅使生态建设修复和绿色经济发展达到最突出的效益，而且由草库伦饲草料的高产出，可减轻荒漠化草地放牧压力，逆向拉动草原生态快速恢复，为大力开发和发展草产业、沙产业、生态产业注入新的动力和活力。多年来，乌审召广大人民群众依据这种模式的做法和途径，深入开展草原畜牧业基本建设。把草库伦建设作为治理风沙、建设草原、改善生态、改变生产生活条件的根本点、切入点年年抓，他们开展的各项生产建设活动都是在草库伦里进行，使草库伦成为他们最直接、最现实、最主要的经济发展基地，逐渐形成了以发展农牧林业商品生产为目标，实现高产、优质、高效经营农牧林业生产的一种新兴独立的经济体系。现在，牧区的小康户中90%的收入是依靠库伦经济发展实现的。因而牧民称草库伦为"商品库伦""小康库伦""致富库伦"。

六是乌审召创建的草库伦在改革创新驱动下，依据我国著名科学家钱学森倡导的草产业以及发展"知识密集型草产业"的理论，坚持以草原为基础，以草库伦建设构成草业发展的生产基地，初步形成"知识密集型草产业"生产体系。多年来乌审召人民一直坚持大力度开展兴建草库伦、改造沙漠、建设草原、大搞生态建设，特别是进入21世纪以来，他们解放思想，更新观念，确立了"瞄准市场、调整结构、改善生态、增效增收"的农牧业发展思路，因势利导，在深入开展以草库伦为中心的治理风沙、建设草原的基础上，大力实施和推进草产业、沙产业、生态产业的产业化进程。他们的做法是：以主导产业加工起步，草料加工养殖铺路，不断向深度和广度延伸，由龙头企业牵头，形成规模、独特的精深加工，按照"生态产业化、产业生态化"的要求，走"绿化—转化—产业化"的路径，逐渐探索构筑成"草产业、沙产业、生态产业实现产业化，发展生态绿色经济，拉动生态快速恢复建设"的新格局，取得了改善生态环境和发展畜牧业经济"双赢"的显著成效。

上述乌审召的生产实践，充分证实了草库伦建设在当前草原生态保护建设中具有很强的生命力，在新形势下更能进一步发挥和凸显其新的建设功能，更能发挥草库伦建设的科技创新价值。草库伦具有的多功能性决定它有广泛的作用和用途。诸如：当前依靠天然草地实行"禁休轮牧、舍饲半舍饲"制度，需要草库伦建设提供饲草料满足养畜的需要；改变畜牧业经营方式，发展现代畜牧业，实现划区轮牧，需要草库伦这种形式逐步推进；由传统"放牧型畜牧业"转变为"集约饲养型"，需要草库伦建设作为物质基础条件；牧区尽快遏制草原荒漠化势头，需要草库伦这种建设方式将荒漠化土地重建为绿色生态园区；在牧区坚持以牧为主，发展多种经济，推进产业化进程，实现增产增效，需要草库伦建设作为发展各产业的基础建设基地；在牧区实现生态建设与经济发展紧密结合，做到互相促进、协调发展，实现持续、稳定发展，坚持草库伦建设仍然是最佳结合点和重要的突破口。凡此种种，都充分说明了兴建草库伦的重要作用和现实意义，特别是在当前推进生态文明建设，大力发展现代畜牧业，建设社会主义新牧区都具有很高的应用推广价值。

乌审召是怎样建设和利用草库伦的？ *

胡琏　巴拉吉尼玛　陆耀辉

乌审召公社兴建草库伦的经验，是草原建设的一项创举。草库伦就是把草场一块块围起来，建设成草、水、林、料结合的高产、稳产的基本草场。当前是缺草季节的抗灾基地，将来可作为划区轮牧的基础。

乌审召人民在多年建设草库伦的实践中，创造了许多行之有效的办法和措施，简要介绍如下。

一、草库伦的围篱设施

乌审召草库伦的围篱设施一直坚持因地制宜、就地取材、因陋就简、自力更生的原则，主要围篱设施有以下5种。

（1）防畜沟。开始建草库伦时多用此种办法，但风吹沙动，被沙填平，寿命不长，不适于沙漠地区，可适宜于土质坚硬平坦地区。

（2）草坯墙。这种围篱措施就地取材，有一定好处。但如起草坯时计划不当，就可能破坏草场，而且经过风蚀、雨淋、沙压后，三五年即倒塌，一般不适于乌审召地区。

（3）柳栅子。用平茬后的沙柳条栽成柳栅子。乌审召不少草库伦采取此种围篱技术。其特点是就地取材，投资少，成本低，可利

---

* 原文载于《内蒙古日报》，1975年9月19日。

用七八年。缺点是易积沙、用材量大。

（4）刺丝网。近年来，乌审召多采用刺丝做库伦网，既可防畜，又不积沙。围栽省力，经久耐用，效果很好，宜于沙漠地区。缺点是成本较高。

（5）植物墙。把死墙变成活墙。方法是先用刺丝围起库伦，而后沿着刺丝网里边栽种灌木和乔木。树种选择带刺的饲用乔木、灌木，如沙枣、酸刺、柠条等，株行距密些。成林后，植物墙可代替刺丝网。乌审召正在积极推广这种方法，有的生产队已经育成植物墙的雏形。这是草库伦建设中比较先进的围篱技术。

二、草库伦的种类和建设

草库伦的形式和种类很多。按其规模可分为大型、中型、小型草库伦；按围篱用材可分为草坯墙、柳栅、刺丝、生物墙草库伦；按经营方式又可以分为公社、大队、生产队、畜群组草库伦。但乌审召多按经济用途来区分，即根据内容划分类型，归纳起来主要有以下4种。

（1）放牧场草库伦。主要是选择下湿滩、退化草场或巴拉尔草场，进行围圈封禁，有计划地进行建设和放牧利用。通过封育保护，结合补播牧草，铲除毒草，以利牧草充分生长发育，可达到培育更新草场的目的，防止草场退化、沙化，提高产草量2～5倍。它具有投资少、收效快的特点，是良好的冬春抗灾牧场。

（2）打草场库伦。主要选择低湿滩地或耕翻种植过的下湿地建设，包括天然打草场和人工培育的打草场。为了提高产草量，采取耕翻松土、铺沙压碱、兴修水利、开沟排涝、种植优良牧草等技术措施，可促进牧草生长旺盛。这种草库伦的特点是产草量高，便于机械作业，便于管理和利用。

（3）草林料结合的库伦。一般选择在水分、土壤条件较好的，不易沙化的平坦土地上。这种类型的草库伦在乌审召为数较多。它包括草林料或林料结合库伦和树木、果木、苗木、饲料等各种专业库伦，内容较多，产量较高，可为草原建设提供草籽、苗条。在建设上，采取了综合措施，大搞水利建设，深翻平地，铺沙压碱，增施肥料，改良土壤，为稳产、高产打下基础；播种优良牧草，提高产草量和牧草质量；大搞植树造林，既能以林育草，又可产大量树枝叶，广开饲草来源；种植草料兼收作物，为抗灾备荒提供草料。同时，在库伦内发展养蜂、养鱼、种药材，做到多种经营。

（4）乔灌草结合的库伦。主要选择在流动沙丘、半固定沙丘上进行建设，向沙漠要草要树。乔灌草结合，造林固沙，以林育草，建设新型的人工草场。其优点是防风固沙，产草量高，解决用材，多种经营，是牲畜冬暖夏凉的好牧场。这种库伦是乔灌草结合库伦的初级阶段，是建设乔灌草结合库伦的必由之路。建设时，先围沙丘，即围建治沙库伦。其具体建设措施有4种：①"前挡后拉，穿靴戴帽"固沙法，栽植沙蒿沙柳，补种牧草，逐步固定沙丘，使沙漠变牧场；②封沙育草、育林法，把半固定沙丘、沙化草场、沙化弃耕地封闭起来，结合人工种植乔灌草，给原有沙生植物自育自繁的机会，促进植被恢复、更新、复壮，效果很好；③高秆造林治沙法，此办法可加快治沙速度，提高经济效益，为牧区大面积造林治沙，解决牲畜缺草和木材缺乏开辟了新的途径；④乔灌草结合治沙法，按沙丘大小、移动规律配置乔木、灌木林带，在中间播种草木樨、苜蓿等优良牧草。乌审召主要采取上述4种方法治理沙漠。此外，有些生产队还运用了灌木固沙、防护林带固沙以及综合治理等办法，效果也很好。在建设这种类型草库伦时，乌审召特别注意了调节密度的问题。造林初期适当密植，以利固沙，以后随着逐渐生长繁茂，相应地采取修枝抚育，间伐疏林，防止竞争水肥。这样，既可吸收土壤深层水分，又便于充分利用空间，增加绿色体，提高产草量。

总之，草库伦是建设稳产、高产基本草场的技术综合体。通过上述措施进行综合建设，最后在草库伦内建成人工草场、半人工草场和培育的天然草场等三种新型草场。这里必须强调水，"水利是农业的命脉"，不管建设什么样的草库伦，必须把水利建设放在重要的位置上。

三、草库伦的建设标准

乌审召在建设草库伦的实践中，对草库伦提出4级标准。

一级草库伦。经过人工建设，基本实现林网化，有灌溉条件，种植优质牧草，亩产干草250千克以上的稳产、高产的基本草场。

二级草库伦。经过人工建设，种植优良牧草，亩产干草150千克以上。

三级草库伦。经过封滩育草、自然补播，草场得到培育更新，亩产干草量提高50%以上。

四级草库伦。围圈沙丘，准备改造，经过建设使其逐步变成乔灌草结合的草库伦。

四、草库伦的利用

乌审召已经把如何利用草库伦提到了日程。建设的目的在于利用，利用得好坏，直接关系到草库伦建设成果能否充分发挥应有的作用。利用草库伦的做法主要有以下3种。

（1）刈割利用。据测定，草库伦内的饲草，采取刈割利用，较放牧利用可提高利用率30%左右。因此，每年乌审召从草库伦中刈割大量饲草，备冬春补饲。为进一步提高其利用率，将刈割粗硬饲草粉碎加工成草粉，调制成糖化饲料饲喂幼畜和小畜。

（2）轮牧利用。乌审召放牧利用草库伦，主要采取建立专业草库伦、库伦套库伦和季节库伦三种形式。为便于建设和利用，各大队、生产队、畜群组都积极建设了各种专业库伦，如放牧、打草、草料、草林、林业、人工牧草等十几种，星罗棋布地分布在畜群组附近。在放牧时，根据不同类型专业库伦的特点和要求，计算其载畜量，按季节和时间让牲畜分期分批地进库伦采食。这就形成库伦内与外、库伦与库伦间的初级轮牧形式。为了充分利用，采用库伦套库伦的办法，把大型草库伦按照建设内容和放牧需要划成几块小型草库伦，在利用时，在此库伦内放一段时间再转入其他库伦，这样就初步形成了草库伦冬春轮牧。还有的建设夏秋、冬春两季轮牧库伦，按其载畜量，进去放牧的牲畜一年四季不出库伦，逐渐向划区轮牧过渡。

（3）混牧利用。为了充分提高利用率，根据不同草库伦的特点，选择不同种类的牲畜放牧，可充分利用牧草。长高草的放牧场让牛、羊进去放牧，牛吃高草，羊吃低草，牛采食后还可放羊；草林料结合的库伦，草好又有树，可作为马和绵羊的冬春放牧场，因为马和绵羊一般不啃食树木。同时，马采食后，羊还能采食利用。乌审召的草库伦首先要保证种公畜、改良畜、大畜及基础母畜的利用。

随着草库伦建设深入发展，乌审召进一步制定新的规划，充实、提高草库伦，向全面实现划区轮牧发展。

阿色楞图公社草原建设经验*

胡琏　陈桓　张祥

阿色楞图是鄂尔多斯市杭锦旗的一个牧业公社，全社总面积180多万亩，3500多人，草场条件是梁外干旱草原，处于干草原向荒漠草原过渡地带。

该社在毛主席革命路线指引下，发扬自力更生、艰苦奋斗的革命精神，大搞草原建设，取得了十分显著的成效。1964—1974年，先后种树1.409万亩，种柠条、栽沙蒿3万余亩，封滩（沙）育草2.5万多亩，修建草库伦5870亩，建立稳产高产饲料基地390亩，使4万多亩寸草不生的沙丘硬梁变成林草丛生的优良草牧场。由于草原建设的加强，促进了畜牧业生产的发展。到1972年，全公社大小牲畜达到74822头（只），比新中国成立初期增长4.4倍，牲畜质量也有很大提高。

阿色楞图公社多数属于干旱贫瘠的硬梁草原，牧场退化，植被稀疏。自然条件十分恶劣，年降水量250毫米左右。过去提起梁地草原建设，好多人都摇头，说："干旱，条件差，种树种草难成活。"

波状高原梁地草原究竟能不能建设？公社领导遵照毛主席关于"一切真知都是从直接经验发源的"教导，深入群众中去调查，联

＊　本文选编于1974年6月内蒙古科学技术情报研究所整理的《加强草原建设发展牧业生产》资料。本次收录内容有修订。

系实际，摸索梁地搞建设的规律，认真研究具体措施。然后，采取"全面号召，培养典型，以点促面"的方法，推动了全社草原建设的不断深入发展。几年来，阿色楞图公社建设梁地草原的主要经验有以下六个方面。

一、补播柠条，建立人工放牧地

1964年，阿色尔大队在干旱硬梁草场上，苦战一春，补播柠条8000多亩，经过1965年和1972年2次严重大旱的考验，其他牧草都旱死，唯独柠条能生长，为梁地草原建设提供了好经验。公社领导抓住这个典型，总结出种柠条有六大好处。①根深耐旱抗灾性强。②营养丰富适口性强，各种牲畜都喜食。③既耐牧又再生力强，是永久性的好牧场。④防风沙肥土壤，能促进其他牧草生长。⑤寿命长，返青早，是牲畜的好"接口草"。⑥好管理，见效快，成活容易，适于大面积推广。因此，在其他大队很快推广种植。全社已从1964年的0.8万亩扩大到现在的2万多亩，为建设改良梁地退化草原闯出一条新路。

二、季节性的轮封梁地放牧场

这个公社有不少大队针对草场极度退化，劳力少，在短期内不可能改变过来的情况，他们采取专人看管，季节封闭的方式，进行短期轮休恢复草场植被。阿色尔大队在1964年封育这种草场3500多亩。封育后，牧草的生长高度，茂密程度，产草量都有很大的增长。产草量较一般放牧场提高2～3倍。他们除当年收割干草3.5万千克外，还可作牲畜冬春的备荒草场。1972年，全社封闭这种季节性的牧场2.5万多亩，使退化草场得到了更新改良。

三、因地制宜地建立林、草、料三结合的草库伦

公社的三大队从1964年以来，先后建立林、草、料三结合的草库伦0.5万亩，在大旱的1972年，充分显示了草库伦优越性，放进的222只瘦乏三类畜保活213只，仅因病死去9只。二大队在居民点周围建立小型草库伦，这样做的好处：①防止居民点附近草场退化；②为牲畜过冬春储备饲草。公社党委立即在全社范围内大力推广。截至1974年，全公社这种形式的草库伦大大小小已有15个，面积达0.6万多亩。

四、保护天然植被，防止梁地草原退化

阿色楞图公社紧靠农区。近年来，由于乱砍乱伐，草原退化十分严重。公社党委根据梁地草原退化容易、恢复慢的特点，特别重视保护草场工作，及时采取"三禁"（禁止开荒、禁止砍伐植被、禁止乱倒场放牧）措施，防止草场破坏。1973年阿色楞图公社制定了管理制度，明确草场界限，固定了草场使用权，全面加强了草原建设。

五、因地制宜，建设林网轮基本草牧场

阿色楞图公社近年来总结阿色尔大队草原建设的经验，先后开展建设林网轮基本草牧场。这种新型草牧场建设形式总体上有3种：①乔灌结合窄林带小网格型，网眼面积300亩左右；②乔灌结合宽林带大网格型，网眼面积500~700亩；③灌木带小网格型，网眼面积100亩以上。利用乔灌木防风固沙、以林育草的特点，建成人工草场、半人工草场、饲料基地3种新型草场，实行轮封轮牧，饲料地实行换茬轮种，产草量成倍增加，效益十分显著。建设规模大中小型相结合，到1973年不完全统计，阿色楞图公社已建设林网轮草牧场

面积达到5万多亩。

六、开发水源，扩大草场利用面积

过去，阿色楞图公社有水草场牲畜拥挤，缺水草场进不去，水井摆布不当，草原利用不合理。近年来，他们坚持全面规划，开发水源，到1972年共打深井36眼，基本实现了牧场井网化。

阿色楞图公社针对干旱缺水的梁地草原的特点，全面开展了以建立柠条放牧场为重点的梁地草原建设，并总结出一套行之有效的办法，收到了良好的效果。1972年遭受了与1965年同样的大旱灾，而牲畜死亡数量却大大减少。1965年牲畜死亡率为34.4%，1972年仅为14.1%，充分显示了草原建设是牧区抗御自然灾害、促进畜牧业稳定发展的重要作用和能力。总之，阿色楞图公社在干旱梁地草原大力开展草原建设，不仅受到盟、旗上下高度重视和好评，而且为伊克昭盟在条件恶劣的梁地荒漠草原开发建设提供了经验，树立了榜样。

从阿色楞图公社阿色尔大队看草木樨
在畜牧业生产上的好处[*]

胡琏　陈桓　郑砚臣　蒙和乌力吉

　　杭锦旗阿色楞图公社阿色尔大队是一个牧业队，是十年九旱的荒漠草原地区。由于牲畜大量增加［该队新中国成立初期的3000头（只）到1964年已发展到13582头（只），增长4倍多］，草场利用不合理，开垦不当，砍伐烧柴，使原有植被受到严重破坏，草场生产力逐渐下降。因此，饲草缺乏就成了大力发展畜牧业生产的主要障碍。阿色尔大队在上级党组织的领导下，分析了畜牧业生产不断发展的形势，总结经验教训，抓住了当前存在的主要问题，找到了解决的办法，积极开展了草原建设。1963年开始引进试种草木樨，1964年大面积推广种植草木樨，当年在硬梁弃耕地上种植1100亩，到秋后收获900多亩。生产草木樨干草5万多千克，这就给阿色尔大队牲畜度过冬春解决了大问题。

　　然而，种植草木樨并不是一帆风顺的。在初种这种牧草时，人人不重视，个个不欢迎，并给它定上很多罪名，社员叫它为"臭格烂""臭马榛""烧柴"……有的社员还把自留畜专门拉进草木樨地里放，尝试究竟牲口吃不吃，有些干部也怀疑说什么"人还嫌臭，牲口一定不会吃"，抵触情绪很大。实践是最好的见证，事实最有说

---

　　*　本文于1965年3月17日整理成初稿，选编于《伊盟草原科技》，1974年。本次收录内容有删改。

服力。阿色尔大队1964年收获的草木樨经过去冬今春的饲喂，牲畜不是不吃，而是非常爱吃，群众从此改变了过去的错误看法，解除了思想顾虑，一致认为草木樨好东西，牲畜爱吃膘情好，催乳保胎作用大，省料省钱保增畜。因此，全队广大群众今年迫切要求，扩大种植草木樨的面积，大力解决饲草，促进畜牧业发展。

阿色尔大队群众为什么喜爱草木樨呢？因为一年来，他们从草木樨身上得到了实惠，摸到了特点，看到了在畜牧业生产上所起的作用，主要优点概括如下。

（1）草木樨营养丰富，具有增膘催肥的作用。据有关部门分析：草木樨中含粗蛋白质17.6%、粗脂肪3%、无氮浸出物43%，是一种营养丰富的优良牧草，其营养价值和苜蓿不相上下，牲畜吃了催肥增重，能上膘。据阿色尔大队调查，从去冬到今春凡是饲喂过草木樨的牲畜均表现为膘情好、春乏少。1964年10月阿色尔大队的三小队分出58只三类畜单独编成一个畜群，起初走不动，精神不振，有死亡之危险。经过5个月的饲喂草木樨，现已脱险，体质结实，没有发生死亡。二队牧民那木家，用草木樨饲喂了畜群里的30只羊羔，精神好，体格大，每只体质健壮，毛色又光又亮。据我们深入畜群观察，有些冬羔子像"对牙"羔子那样大，而且一直没有发生过腹泻、肺炎等各种疾病，这是由于草木樨含有各种维生素，营养丰富，增强了畜体的抗病力。社员普遍反映，草木樨可以代替精饲料，牲畜不喂料也能上膘。因此，阿色尔大队的牧工将草木樨的枝叶搓成细渣和饲料混拌代替料喂，这样大大地节省了精饲料。

（2）草木樨适口性好，是牲畜爱吃的优良牧草。草木樨含香豆素，有一种特殊气味，所以有时有些家畜不爱吃。其实这种草，经过调制成干草，是一种适口性好的优良牧草，牲畜是非常喜欢吃的。据牧工反映："给牲畜喂草木樨比别的草还肯吃，连枝带叶都要吃光，抢着吃。"牧工还说："凡是喂草木樨的牲畜，如果停止喂草木樨再喂别的草，它就不喜欢吃或者干脆不吃。"根据在阿色尔大队的牧民魏旺小畜群中观察，把草木樨和碱草、柠条、谷莠子、棉蓬等各种当地适口性好的青草混在一起饲喂。结果牲畜把草木樨全部吃光，其他的草不吃或少吃。这些都说明了草木樨适口性好，是牲畜爱吃的优良牧草。

（3）草木樨饲喂母畜，有保胎催乳增乳的作用。据在阿色尔大队的调查，凡是喂草木樨的怀胎母畜一般都不流产或少流产，母畜产下的羔子个个健壮。阿色尔大队的三小队与五大队的三小队毗连接壤，畜群在同一个草场放牧，不同的是阿色尔大队的三小队畜群普遍喂草木樨。结果显示，牲畜流产仅为11.7%，保本为96.3%，仔畜成活率为84.9%；而五大队的三小队流产竟达28.2%，保本85.17%，仔畜成活率64.7%。在二小队甄富成畜群里专门添加草木樨饲喂5只怀胎山羊，观察发现，畜群里其他羊流产，而这5只羊没有流产，先后接产5只健壮的小羊。这是由于草木樨营养丰富所致，牧民说："加草木樨喂母畜有保胎作用。"

另外，我们在魏旺小畜群里做试验：7只刚产羔母羊没奶或奶极少，每天晚上给每只母羊贴喂草木樨0.75～1千克，喂到第5天时，其中6只母羊大量下奶，泌乳量增加1倍多，1只老母羊泌乳量也有显著增加，羊羔可吃到八成饱，充分说明草木樨营养丰富，有催乳的作用。当地牧民反映："加草木樨喂母畜有增乳的作用。"所以阿色尔大队的杨银锁、魏旺小等牧民也用饲喂草木樨解决羔羊缺奶的问题。

（4）草木樨适应性强，省管理，产草量高。1964年，阿色尔大队在硬梁地上种植近1000亩草木樨，当年就长到一米多高。据实测，亩产青干草175千克。这样每亩地在牧区可补喂2只小畜度过冬春。群众说："只要能种，它就敢长。"说明草木樨是一种优质高产的优良牧草。

草木樨在牧区劳力缺乏、耕作水平低的情况下，好经营易管理，是有前途的牧草。调查显示，阿色尔大队于1964年生产的5万千克草木樨，在去冬今春抗灾保畜中起了很大的作用，牲畜在去秋抓标不如往年的情况下，全大队产仔畜2690只，成活2260只，成活率为84.61%，比1963年同期提高了6.81%（1963年同期是77.8%）；共流产1178只，流产率为16.8%，流产率下降5.8%（1963年同期为22.6%）；表现在牲畜膘情上，普遍比1963年同期高。这些数据为1965年畜牧业生产奠定了有利基础。

伊克昭盟草原畜牧业现状及
今后实现现代化的意见[*]

胡琏　铁弹　高绍琴

　　畜牧业是农业的重要组成部分，农业实现现代化，畜牧业也必须实现现代化。内蒙古自治区是全国重要的畜牧业基地之一，伊克昭盟畜牧业在自治区占有很大比重，也是伊盟的基础产业。如何加速实现畜牧业现代化的问题，已经成为畜牧业生产讨论和研究的中心。

　　笔者根据伊盟草原建设的现状，结合国内外草原畜牧业现代生产水平，针对伊盟草原畜牧业的现代化发展提出以下设想和实施意见，供同行讨论研究和领导参考。（下略）

一、伊盟草原畜牧业生产的现状以及与国外的差距

　　新中国成立近30年来，伊盟各级党组织带领广大干部和群众，自力更生，艰苦奋斗，草原建设取得了很大成绩。（略）以围建草库伦为中心的草原基本建设进入了一个新的发展阶段。据1977年底不完全统计，全盟草库伦面积达750万亩，计1857处，草库伦内建

　　*　本文于1978年7月在原伊克昭盟畜牧局长会议上讨论研究后作为长远规划文件发各旗市实施。于2000年选编于伊盟档案馆编印的《绿色档案·荒漠治理者的足迹》一书。此次收录，对部分内容进行了删改，删除部分注明（略）、（下略）字样。

设基本草牧场130多万亩，种植人工牧草近100万亩，种柠条130万亩，造林622万亩，治沙833万亩，牧区打井16800多眼，其中机电井750多眼，草原灭鼠700万亩，草原灭虫78万亩，生产各种草籽125千克，人工降雨受益面积1500多万亩，牧区平均打贮草1亿千克左右。盟、旗建立了草原建设机构和三级牧业科技网，群众性草原科学技术正在开展，新技术、新经验逐步推广应用，科学种草、科学养畜的水平有了进一步提高。畜牧业生产条件正在改变，千百年来的靠天养畜开始向建设养畜方向转变和发展，大大促进了畜牧业的发展。但与世界先进水平相比，伊盟草原畜牧业在生产水平、经营管理方面还存在着较大的差距。

　　从草地（或草场）改良建设看，国外一些畜牧业生产比较发达的国家都是非常重视草场的培育和改良。为了提高天然草场的生产力，大力改变天然草场为半人工的改良草场（一般提高产草量1~4倍），甚至完全消除天然植被，直接改变为人工栽培的草场（提高产草量6~9倍，甚至9倍以上）。在这方面我们与他们有很大的差距。例如，荷兰为高度集约经营的畜牧业，人工草场占到80%以上，其余的都为半人工草场；新西兰的改良草场占60%以上，人工草场近年来也大幅度增加；英国人工草场占59%；法国占32.6%；加拿大占24%；美国有人工草场3.8亿亩，占10%；苏联人工草场占10.6%；澳大利亚占0.8%；西德占29.2%；东德占37.2%。中国的人工草场和半人工草场目前为数还不多。初步估计，伊盟现有人工草场约有130万亩，占天然草场的1.3%；半人工草场有530万亩，占天然草场的5.4%。近年来虽有所发展，但其产草量不高，没有灌溉条件，达不到稳产高产的水平。

　　从草地合理利用看，国外许多国家为便于实现牧业机械化，便于草地和家畜的管理和解决产草量的季节差异问题，近10年来都趋向于刈割利用。把草地划分为放牧地和割草地。英国割草地与放牧地的面积比例一直是1：3，法国是2：3。据国外试验证明，采取刈割利用比放牧利用，其饲草利用率可提高30%以上。不少国家还将放牧地采用分区轮牧，欧洲大洋洲一些国家，在草地上设固定的或可移动的围栏，根据畜群大小、草地产量等条件进行划区轮牧。苏联在湿润草原地区实行分区轮牧，能提高载畜量20%~25%，多得30%的畜产品。新西兰的草地大部分实行分区轮牧，分区周围栽有1.5米高的木柱、铁柱或混凝土柱，柱距1.5~2米，柱间用金属丝制成围栏，一群羊一般500~600只组成，分区面积为75~300亩，每个畜群需要4~5个以上的小区，每区放牧利用5天左右，每经20天左右，当再生草高15厘米时再利用，使牲畜经常吃到营养价值高、幼嫩可口的牧草。美国、澳大利亚和法国，近年来采用混牧方法利用放牧地，美澳试用牛羊混牧；法国将乳牛和肥育家畜编为一组，育成牛、马和羊等编为另一组，两组按序混牧。这样，比单纯放牧一种牲畜更能提高利用率，促进家畜增重。伊盟近年来草库伦有了很大发展，据1977年底统计，围建草库伦1857处，面积750多万亩，只占草场面积的7.6%，远远没有实现草场库伦化，库伦轮牧化。草库伦的建设质量还是很低的，特别是在利用上存在很多问题，"围而不管，围而不建，围而不用"的现象还存在，不适应畜牧业大发展的需要。

从饲料生产、加工、调制来看，畜牧业发达的国家，非常重视饲草料的加工调制，大力组织饲料生产。目前，许多国家的草料问题，不仅从数量上完全得到满足，甚至饲草饲料生产有余，大量外销，而且有一定的质量，家畜的日粮向高能量日粮发展，饲料的蛋白质保持一定比例。可根据家畜营养需要，特别是对家畜必要的氨基酸、维生素、矿物质、微量元素等的需要量，将千百种饲料科学配比成营养高、成本低、饲料报酬较高的配合饲料。如果日粮营养成分不完全，缺少蛋白质，则饲料消耗要增加40%~50%。近年来，国外结合牧草快速脱水和压粒已发展成为一种独特的饲料加工工业和配合饲料工业。牧草田间风干时，养分损失率为23%～54%，美国每年因田间风干牧草养分丢失而造成的损失达6.5亿美元。因此，近年来美国发展了一种脱水牧草（快速人工干燥）工业，形成了牧草的收割、切段、烘干、粉碎、压粒、包装、贮存的系列化机械作业，全程只需要几分钟的时间。国外饲料加工调制工业的迅速发展，是配合饲料工业发展的需要，和机械化饲养业发展趋势紧密联系。美国配合饲料工业建立较早，1969年全国有饲料粉碎工厂7267个，流动饲料粉碎车454个。美国是世界上配合饲料生产量最多的国家，1970年生产配合饲料约6000万吨。中国在这方面是薄弱环节，饲草利用不合理，损失消耗很大，季节和年度间饲草供应不平衡的问题解决得不够有力，抗灾能力很低，因而畜牧业生产达不到稳定、优质、高产地发展。

从畜牧业产值来看，国外畜牧业发达的国家，由于重视草地的培育和改良，解决了畜牧业生产的物质基础，因而能够高速度地发展。这些国家畜牧业产值占农业总产值的比重都很大。如美国占60%，苏联占49%，加拿大占52%，澳大利亚占75%，新西兰占90%，印度占18%，中国仅占16.1%，还赶不上印度。伊盟是"以牧为主"的畜牧业基地，畜牧业产值只占农业总产值的47%。国外许多国家，畜牧业生产发展也促进了农业的发展。如法国1972年与1952年相比，禽肉增长2.4倍，牛奶增长1倍，猪肉增长65%，牛肉增长62%，羊肉增长49%，同时小麦单产增长1.5倍，玉米单产增长2.3倍，这些数字表明，只有坚持农牧并重的方针，才能将"草缺、肉缺、肥缺、粮缺"的被动局面扭转为"草多、肉多、肥多、粮多"的丰收景象。这正如伟大领袖毛主席指示过的："美国的种植业与畜牧业并重，我国也一定要走这条路，因为这是被证实了确有成效的经验。"

　　从牲畜发展头数来看，许多畜牧业发达的国家，近20年来，牲畜的头数增长也很迅速，在增加牲畜头数、扩大繁殖的基础上，加快周转率，增加畜产品。如英国草原面积和我国锡林郭勒盟草原面积相近似，但英国1971年有牛128万头，绵羊2600万头。新西兰的草原面积也与锡盟草原面积差不多，1970年有牛882万头，1974年达到940万头；1950年有绵羊3400万只，到1970年发展到6030万只，增长了2.8倍；在30年代每年屠宰羊羔1016万只，到1972年每年屠宰羊羔2795万只，猛增1.7倍，育肥的羊羔经3个月饲养，活重达30千克以上，每年出口羔羊肉36万吨。但是，相同面积的中国锡林郭勒草原，牲畜头数最高达到900多万头（只），仅与英国、新西兰牛的头数相近。伊盟天然草场面积有9000多万亩，1949年全盟牲畜头数有177万头只，到1977年6月30日达到506万头（只），28年仅增长了2倍。在牲畜发展的变化上表现为小畜多，大畜少；山羊多，绵羊少；土种多，良种少。

　　上述事实说明，中国要赶超先进，实现草原畜牧业现代化，必须从粗放经营逐步走向集约经营，必须从靠天养畜逐步走向建设养畜，必须是搞好草场改良建设，大力建立人工草场，全面组织饲料生产，这是实现畜牧业稳定、优质、高产发展的唯一途径。

二、伊盟草原畜牧业生产中存在的问题

　　伊盟草原畜牧业生产近30年来，从总体看，发展是比较快的。和过去比，成绩很大；和广大人民群众日益增长的物质需求相比，还不适应；和世界先进水平相比，还有很大差距。畜草之间的矛盾仍然很突出，草原畜牧业总的表现为"一慢二低三不稳"，这就充分地暴露出草原建设是畜牧业生产中一个十分薄弱的环节。在草原建设上，当前伊盟存在的几个突出问题如下。

（一）草原生产不稳定

草原是一种特殊生产资料，随着季节、年度、地区、家畜的不同，有很大的变化，在饲草的供应上就出现了不平衡，这就造成了草原畜牧业生产中具有的不稳定因素。这种不稳定性突出地表现在年度变化、季节变化和地区不同这三个方面。年度变化如以荒漠草原正常年景产草量为100%的话，丰年则为正常年景的160%，歉年只有正常年的40%，丰歉年产量相差4倍，干草原地区相差2～2.5倍，半荒漠地区则相差2倍左右；季节变化如以荒漠草原秋季产草量为100%的话，夏季为75%，冬季为60%，春季只有35%；从地区来看，草甸草原、干旱草原和荒漠草原地区，在正常年每亩平均产草量分别为80千克、50千克、30千克。可见，草原生产力随年度、季节、地区变化，呈现出低而不稳定的特点和规律。家畜的营养需要则有相对稳定性（当然也是有季节性的，如产羔、哺乳等，使营养需要有所变动，但不如牧草季节变幅大），这就在牧草的"供"与家畜的"求"之间形成矛盾，给畜牧业带来很大威胁。在靠天养畜的情况下，草原生产力年度变幅大，致使牲畜出现丰年大增产，平年小增产，小灾小死，大灾大死的被动局面。伊盟在新中国成立后30年当中，旱灾有16次，涝灾3次，丰年3次，平年8次，就是说灾年有16次，造成牲畜大幅度下降，1965年下降幅度超过100万头（只）以上。季节不平衡，使得家畜由于长期营养不足而形成"春乏"现象，如"夏壮、秋肥、冬瘦、春乏"，甚至死亡的不良状况，使畜牧业生产不能稳定、优质、高产地发展。

（二）冬春饲草不足

在牲畜缺草状态中，表现最突出的是冬春饲草不足，即使在平常年景中，冬春饲草也仍然缺乏。伊盟地处北方地区，广大农村牧区冬春季节漫长，一般为7～8个月的枯草期，占全年70%～75%的时间。在这个时期内，天寒草枯，天然草场产草量很低，只有秋季的35%～60%（春季更低，为35%），而且饲草营养价值又很差，0.5千克枯黄草的营养价值（指蛋白质、脂肪的含量），只有0.5千克青草的1/5～1/3（半荒漠地区青草平均含粗蛋白质13.72%，到冬季的枯黄草只含3.28%），因此，家畜不仅吃不饱，而且营养含量太低。而且伊盟缺乏打草场，又是手工打草，没有贮草设施，贮草水平低，正常年畜均只有7.5～10千克，丰年也不过20～25千克，远远满足不了冬春牲畜缺草的需要。这样，使家畜必然出现瘦乏死亡的现象，伊盟每年因春乏饥饿死亡牲畜20万～30万头（只），死亡率达4%～5%，死亡占正常淘汰（三项消耗）40%～50%。活着的牲畜每年冬春体重下降1/3，也就是说，平均每3只家畜就损失1头，这项损失来得更大，全盟500万头（只）牲畜，损失达150万头（只），死亡和掉膘两项的损失相当于每年收购量的5倍左右。此外，由于饲草不足，还会造成畜产品品质下降，羊毛的密度、长度都受到影响，所谓羊毛的"饥饿痕"就是这样形成的。还有畜种退化、草原退化、牲畜流产等问题都发生在这个时期，这就充分说明了草原畜牧业有其依天然草场季节性变化而转移的脆弱性，单纯依赖天然草场的畜牧业经济是不稳定的，我们必须充分认识冬春缺草是发展畜牧业生产的关键这个问题，才能采取有力措施，补漏挖潜，促进畜牧业生产发展。

（三）草原退化、沙化严重

由于天旱、雨涝等自然条件的影响，家畜头数增多，草场载畜量增大，加上人类的活动影响，不合理的开垦、放牧和砍伐，致使草场发生退化沙化，产草量下降，生产性能低。据我们普查，目前全盟6500多万平方公里草原，都存在不同程度的退化、沙化和盐碱化现象，部分旗、社草原"三化"现象还处于发展趋势，表现为以下几个方面。①草群稀疏、低矮，如梁地草场在10年前覆盖度为80%以上，草高30～40厘米，目前覆盖度仅为30%～40%，草高

8～10厘米。②草群中毒、害草增多，如目前毛乌素地区出现的杂草、毒草和害草总数在60种以上，苦豆子、牛心朴子、沙旋复花、狼毒等有毒或不喜食的植物，在全盟草原上连片生长。③草群组成改变，过去草群中植物种常达10～20种，现在逐步趋向单纯，一般仅有5～8种。④产草量普遍降低，据不完全调查，全盟20多年来草原产草量下降40%～50%，草原严重退化后就要沙化，滩地草场就要盐碱化。过去草原刮风不起沙，现在是风助沙威，天昏地暗。草原退化还引起畜种变化，大畜趋向毛驴，小畜趋向山羊，不少社队真有其事，牛的数量极速下降，全盟1954年牛54万头，现在仅有13万头。从牲畜体重看，20世纪50年代羊平均体重达30～40千克，现在仅为10千克左右。"对牙羊"最小见到4千克的水平。草原上经济动物过去有黄羊、狐狸、兔子，现在这些不多了，草场上大量见到的是老鼠和虫子，猖獗成灾。这些变化，都说明伊盟草原严重退化，这种状况不改变，实现草原畜牧业现代化是有困难的。

（四）草原建设步伐不快

近年来，伊盟草原建设取得了一定的成绩。然而建设的速度远远赶不上牲畜发展的需要，抗灾能力依然很弱。按500万头（只）牲畜计算，现有草库伦面积畜均仅为1.5亩，畜均基本草牧场不到0.3亩，畜均人工牧草地0.2亩。在这为数不多的半人工草场和人工草场建设上，都还是处于建设中，质量不高，建设不配套，利用不合理，效果不好。草库伦处于围护封育过程中，没有完全进行水、草、林、料综合建设，产草量不高也不稳，甚至全盟有1/3～1/2是刚封育起来的沙库伦，内外没有多大区别；基本草牧场建设，水、草、林、料不配套，水利条件很差，做不到稳产高产；人工牧草田，目前多数用于采种，提供饲草很少。总之，由于草原建设投资跟不上，草原建设步伐不快，扭转不了靠天养畜的被动状况，实现草原现代化，还必须付出极大的努力，大搞草原基本建设。

三、伊盟实现草原畜牧业现代化的设想

根据伊盟草原畜牧业生产的特点、生产水平和畜牧业现代化的要求，伊盟总的设想，到20世纪末实现畜牧业生产建设机械化；放牧管理、饲料加工科学化、自动化；牲畜饲养标准化、集约化；牲畜实现良种化，以牛为主的大畜比重达到20%以上；牲畜总增稳定在30%以上，大力提高商品率；牲畜数量质量提高，畜均产值力争达到世界先进水平。畜牧业产值占到全盟农业总产值的50%以上，基本达到畜牧业现代化水平。完成这样的设想，必须抓好草原这个基础建设，而且关键是打好前8年草原建设翻身仗。根据自治区和伊盟的要求，草原建设8年分"两步走"。

第一步，到1980年底，全盟牲畜计划达到450万头（只）。草库伦面积达到900万亩，畜均2亩；基本草场（或称基本草牧场）达到225万亩，畜均0.5亩；建立柠条永久性放牧场300万亩，畜均0.6亩，草原灭鼠每年完成500万亩，灭虫每年完成100万亩。畜均拥有0.5亩基本草场，平均贮备优质干草200千克，草库伦全面实现划区轮牧，天然草场实行分季轮牧，草原建设主要作业项目基本实现机械化，牧区公社草籽、苗条实现自给。

第二步，到1985年底，全盟牲畜总头数达到550万头（只）。草库伦面积达到1650万亩，畜均3亩；基本草场达到550万亩，畜均1亩；建立柠条永久性放牧场550万亩，畜均1亩，草原严重鼠虫害区基本得到控制。平均每畜贮草400千克，贮料10千克，冬春基本有4~5个月的半舍饲能力。全面实现畜群浩特，放牧达到轮牧化，草场退化、沙化、盐碱化基本得到控制，草原建设基本实现机械化。初步摆脱靠天养畜的被动局面。

到2000年，全盟草库伦面积畜均达到4亩，基本草场畜均达到2亩，饲草贮备量畜均达到500千克，具备1~2年的抗灾能力。畜牧业

经营高度机械化、集约化、科学化，基本实现畜牧业生产现代化。

我们要求的建设标准如下。

基本草场：①围篱防护设施坚固；②有排有灌，实现水利化；③设置防护林带，达到林网化；④栽培牧草良种化；⑤亩产干草、亩产饲料平均达到400千克以上的高产稳产的人工草场。

草库伦：①围篱防护设施坚固；②有轮牧利用设施；③亩产干草150千克以上的半人工草场。

从总体上讲，草原通过综合建设，形成人工草场、半人工草场和饲料地三种新型草场。

根据上述设想，伊盟到1985年，共建设人工草场和半人工草场2200万亩，约为全盟草场面积的22.6%。其中人工草场（包括人工牧草地和饲料地）面积为550万亩，占草场面积的5.6%，半人工改良草场1650万亩，占草场面积的17%。人工草场亩产以400千克干草计算，共可获干草22亿千克，半人工改良草场亩产以150千克干草计，共可获干草24.75亿千克，两项共计46.75亿千克（相当于目前全盟草原产量的60%）。

四、伊盟实现草原现代化的措施

为了尽快使伊盟草原畜牧业全面实现现代化，把设想变成现实，应该考虑采取以下措施。

（一）因地制宜，建设草原

伊盟总面积13200万亩，其中草原面积达9750万亩。根据自然条件和草场的特点，结合群众习惯分类法，我们把伊盟草原分为四大类型区，以便达到因地制宜，分类指导，改良建设，以推动整个草原建设和畜牧业生产高速度发展。

梁地草原区：主要分布在伊盟西北部的杭锦旗、鄂托克旗，本区面积约4000万亩，占全盟面积的42%。在自然植被地带上属荒漠草原和半荒漠两个亚地带，降水量很少，为干旱深井缺水区。草原植被比较完整，属于灌木和半灌木草场，是伊盟最好的草原。这个地区建设比较困难，在这困难的条件下，出现了一批像阿尔巴斯、哈劳柴登、阿斯楞图公社等草原建设先进单位，为我们草原建设树立了榜样，做出了示范。这类地区总的应以供水为主，同时要搞好人工补播牧草（旱直播）、培育天然草场，开展灭鼠灭虫，加强培育保护，提高产草量，逐步实现草库伦划区轮牧。在草场建设上，要充分利用地下水、地表水和天上水，地下水主要是打深井，地表水要因地制宜地拦截地表径流、打旱井、筒井、截伏流、修水库、塘坝等水利建设工程，天上水主要是搞人工降雨。根据水源情况，可以建设中小片人工草场、半人工草场或饲料地。在草场培育上，要积极引种驯化当地野生优良牧草，推广旱直播，方法采取设置柠条等灌木保护带，带间补播耐旱速生的胡枝子、伏地肤、优若藜、草木樨状黄芪、隐子草、木蓼等灌木和牧草，建立永久性的放牧场。在草场利用上，要积极推广轮封轮牧，建立备荒草场的方式，逐步过渡到季节轮牧和划区轮牧。在草场保护上，要禁止开荒，防止乱砍乱牧，有计划、有组织地在指定地段砍柴挖药，砍柴要做到砍枯不砍青，砍枝不砍根，挖药要做到随挖随填随种，多设煤炭供应点，积极解决牧民烧柴问题。在重点项目建设上，根据地下水储量情况，可以在黄灌区、摩林河灌区、陶斯图河灌区等水源丰富地区或自流井灌溉区建立大面积的人工草场或半人工草场，提水灌溉，划区轮牧，打草贮备。杭锦旗搞大面积的林网轮放基本草牧场，各地都可因地制宜地安排建设一些规模较大、能从根本上改变缺草局面的畜牧业现代化建设基地。

沙地草原区：主要分布在乌审旗大部、鄂托克旗的南部和伊金霍洛旗的西部地区，属于毛乌素沙区，面积约3600多万亩，占全盟面积的40%。这类地区内有滩地草场和巴拉尔草场。特点是有滩有丘，滩丘交错，分割成千万块小片草场。植被类型为干草原，降水量较多，水热条件好，地下水丰富，天然草场由于退化、沙化、盐碱化严重，产草量比较低。近年来这个地区建设得比较好，见效快，成效突出，出现了一大批征服沙漠建设草原的先进单位，如乌审召、苏米图、舍利、昂素、柴达木、得不胜等社队，这些先进单位为这类地区的建设提供了经验，走出了路子。根据他们的经验，这个地区的建设应以治沙为重点，大搞种树、种草，建设草库伦，培育保护植被，积极提高林网轮放基本草牧场的数质量。在草场建设上，要做好整体规划，坚持建设一片，巩固一片，收效一片，多快好省，大干快上。建设方法：①乔灌草结合，以灌草为主，治丘保滩，把治沙和草原建设结合起来；②充分利用地下深层水、浅层水和地表水，以打流沙井、大口井利用浅层水为主，积极发展草场喷灌，提高产草量；③大力营造防护林带、片林、防风固沙林，以防护林带为主，建立林网轮放基本草牧场；④坚持草水林料综合建设，做到以草为主，以料为辅，以水保草，以林育草；⑤井渠结合（筒井、排水渠），能灌能排，耕翻松土，改良盐碱地，培育高产打草场；⑥更新复壮，铺沙压碱，增施肥料，补播牧草，培育建设放牧场。总之，通过上述综合建设措施，逐步建设成人工草场、半人工草场和饲料基地三种新型草场。在草场培育利用上，要大力进行封沙、封滩、封场育草、育林，结合飞机和人工补播，引草上沙，促进植被恢复、更新、复壮，建设大畜放牧基地，施行季节轮牧和划区轮牧。在牧草栽培上，要积极引种沙打旺、苜蓿、直立黄芪、草木樨状黄芪、杨柴、花棒等高产多年生牧草，同时要发展青贮玉米、饲用向日葵、饲用甜菜、聚合草、饲用蔓菁、萝卜等多汁饲料和青贮饲料，选育青草期长、枯草期短的冬性强的优良牧草，搞好青饲轮供，逐步实现一年四季不断青。

丘陵沟壑草原区：主要分布在东胜、伊金霍洛旗、准格尔旗、达拉特旗半农半牧和农区旗区，面积约900多万亩，占全盟面积的10%左右。本区水土侵蚀严重，沟壑纵横，丘陵起伏，跑水、跑土、跑肥严重。特点是高温湿润，降水较多，适宜种草种树。海子塔、四道柳、掌岗图、孙定哈洛等社队都为这类地区大搞农田、草原基本建设提供了经验，做出了榜样。这类地区应以种植柠条等灌木防护林带，补播牧草为主，建设永久性放牧场。先进社队的具体做法是："林牧上山，农田下川，种草养畜，全面发展。"在水利建设上，采取治沟、治山、沟水综合进行，打坝澄地，引水灌溉，建设梯田的办法，搞好种草、种树、基本田三大建设。在草场建设上，要注意把草原建设、水土保持和治沙造林结合起来，禁止开荒，保护植被，种植牧草。要推行草田轮作制，广泛建立饲草料基地，充分利用好秸秆等农副产品，增加饲草来源，实行种草养畜。

沿河黄灌区：主要分布在杭锦旗、鄂托克旗、达拉特旗、准格尔旗黄河沿河区。特点是土质肥沃，地势平坦，灌溉条件好。这类地区的南红桥大队、三顷地冷冻站、牧干渠等单位就是采取种（草）、封（育）、灌（灌溉草原）等措施，做到了饲草高产有余。因此，这个地区应以种草为主，在有条件的地方，积极建设高产打草场和大畜基地。大搞青贮饲料、多汁饲料、颗粒饲料、糖化饲料、配合饲料等，充分挖掘饲草饲料的潜力，大力开展以养猪养奶牛、肥育肉畜为中心的畜牧业生产。

（二）集中力量，打歼灭战（略）

（三）大力发展牧草种子生产

牧草种子是草原建设的物质基础。伊盟草原建设任务繁重，所需种子数量相当大。在草籽生产方面要做大量工作，才能适应草原畜牧业现代化的要求。伊盟在草籽生产上存在的突出问题，一是品种单一，二是质量不高，三是数量不足。伊盟虽然是内蒙古的草籽生产基地，但从目前来看，仅能提供草木樨、苜蓿、柠条三大牧草种子，有的还出现退化现象。从牧草品种来说，目前存在的问题是：①缺乏适于放牧、耐牧的优良牧草；②缺乏能适应各类草场补播的优良牧草；③缺乏优良的禾本科牧草。（下略）

　　这种状况，无论从当前还是从长远着想，都是不能满足草原建设发展的需要。我们现在越来越认识到草籽生产在畜牧业现代化建设中的重要性和迫切性了。畜牧业要发展，草原建设首先要加强，草籽生产更要解决。因此，我们应首先加强草籽生产这个基础建设，建议1980年前在牧区、半农半牧区建成人工优良牧草采种基地5万亩，野生优良牧草采种基地5万亩，年产草籽达到200万～250万千克。要完成这个任务，应采取如下措施。

　　（1）除加强办好鄂托克旗、乌审旗、杭锦旗现有三个国有草籽场外，建议在东四旗各建一处草籽场或良种场，做到各旗县都有一处草籽场。

　　（2）大搞社办草籽繁殖场和野生牧草种子管理收购站，采取两条腿走路的办法，解决草籽问题。

　　（3）加强充实伊盟牧草种子公司，搞好牧草种子生产、收购以及全盟草籽余缺调剂工作。

　　（4）加强牧草种子的科学研究工作，要注重解决：栽培驯化当地野生优良牧草和引进选育外地优良牧草品种；收集、整理、鉴定现有优良牧草品种，进行区域试验；运用现代育种技术，培育适应性强、高产、优质的牧草新品种。

　　（四）建立科学的放牧制度，做到合理利用草原

　　伊盟广大的牧区、半农半牧区都以放牧为主。因此，一是在总结群众经验的基础上，制订出适宜的放牧制度，确定不同草场类型的放牧生产指标，逐步达到科学的放牧管理。国外试验证明，划区轮牧可以提高草场载畜量20%～25%，多得30%的畜产品，有很多好处，应积极推行划区轮牧这种放牧利用制度。二是要配置合理的畜群组合，一定的草场类型应当有与之相适应的畜群组合，组合恰当可以提高草场生产力30%～40%。三是试行放牧与肥育相结合的饲养方法，在大量繁殖牛犊和羊羔的基础上，在冬春季节进行肉牛肥育和羔羊肥育，能达到每3.5～5千克草料增重0.5千克，则可快速增加肉食生产。或者对每年过冬前处理的老弱畜，经1～2个月肥育再屠宰，也可为国家增产肉食。

合理利用草原本身就可以达到增加牧草、培育草原的目的。一定时间、一定条件下封育草场是对的，但并不是越不使用草原就越好。据资料介绍，如果不放牧的产草量为100%；放牧一周为63%；放牧二周为207%；放牧三周为100.7%；放牧四周为92.3%。可见，适当放牧能够提高产草量，放牧过轻过重都是有害的，这里有个牧草再生性的作用。因此，建设后的草库伦，在夏秋季节恰当地进行放牧利用，既可以增加产草量，又可以做到让牲畜多吃有营养的牧草，增加畜产品。

（五）搞好饲草加工调制，大力组织饲料生产，逐步兴建饲料工业

第一，饲草进行合理的加工、调制好处很多，不仅能提高饲草的利用率，增强适口性，而且还能保持和增加营养成分，提高饲用价值，同时便于饲喂和长期保存。在饲料生产中这是很重要的措施，可以起到增产饲料作用。目前，伊盟牧区一般不进行饲草加工调制，只是晒干草，以备冬用。晒制干草常因落叶、氧化、光化学等而使养分损失30%左右，再加牧区条件不好，风吹雨淋、腐烂霉坏，损失常达50%以上，甚至更多。如果把它调制成青贮饲料，其养分损失最多不超过10%～15%，还能保持较多的维生素，对于饲草中不好消化的纤维素，经青贮调制后可提高约10%的纤维素消化率。同时一般可提高饲草利用率40%～50%，对不能利用的饲草，经青贮调制后，牲畜不但爱吃，而且营养价值很好，可以大大提高饲草的转化率。可见，搞好饲草加工调制，从饲草数量上和质量上可挖的潜力很大，应该大力提倡，普遍推广。我们从青贮饲料这一种调制方法，就可以看出饲草加工调制的好处了。此外，还可制成半干贮饲料、糖化饲料、颗粒饲料、草粉、草块、碱化处理秸秆、微生物分解纤维素等，运用多种饲草加工调制方法在饲草利用上都有很多好处。

第二，要搞好饲草料贮备工作，这是解决冬春缺草和渡灾备荒具有战略意义的一项措施。因此，我们建议在1980年前牧区各旗都要兴办贮草站，公社都要办社办贮草站，大队建立饲草贮备点，实现旗、社、队三级贮草。要坚持丰年多贮、平年少贮、小灾不用、大灾集中使用，要明确建立饲草料贮备和管理制度，三级贮草站都应配备饲草加工机械，包括粉碎、压制等。为了增加贮草量，今后在草库伦和基本草场建设中，应重点放在培育和扩大人工打草场上，积极增加打草场面积。采取割草利用比放牧利用，其牧草利用可提高30%左右，载畜量提高40%～50%。因此，多打草是有很多好处的。

第三，要逐步建立饲料加工厂，发展饲料工业。这种以工业方式生产饲料，是实现畜牧业现代化必不可少的组成部分。要在充分利用包括大量农副产品在内的各种粗饲料及大量天然牧草、栽培牧草、栽培饲料的基础上，并与食品工业、化学工业，以及其他矿产等结合，广开原料来源，建立饲料工厂，发展饲料工业，生产各种类型的配方饲料、矿物质饲料、动物饲料等，东四旗农区农业较发达，农副产品及各种粗饲料来源丰富，建议应优先考虑饲料工业发展的问题。

（六）加速实现草原建设机械化

"农业的根本出路在于机械化"，在地广人稀、居住分散、生产力低的牧区生产建设上尤为重要。草原建设要搞上去，机械化必须首先跟上去。草原建设机械化，应重点放在建设基本草牧场上。要突出地抓水利建设机械化、草场改良机械化、饲草料生产机械化、植树造林机械化、饲草加工调制机械化，它包括草原建设整地、灌溉、播种（或补播）、施肥、造林、松土、平地、管理、收割、搂、集、捆、垛以及加工运输等机械作业。我们建议，到1980年，鄂托克旗、乌审旗、杭锦旗、伊金霍洛旗每个旗建立一个牧业机械化施工队，每个牧业公社建立一个牧业机械化综合服务站，每个畜群集中居民区配备小型拖拉机、饲草加工机等，为草原建设服务。

（七）加强草原科学研究

要加快草原建设的步伐，科学研究必须走在生产的前面。我们要以当代先进水平为起点，尽量采用先进技术，短期内力争在科学技术上有一个较大的突破。为此，伊盟需要考虑建立草原规划队和草原研究所，加强牧业三级科技网，成立伊盟草原学会，活跃学术讨论，搞好草原新经验、新技术的交流和推广，广泛开展技术革新和技术革命，充分发挥科技人员在生产和建设上的作用。同时，要积极培养草原科技人才，举办短期训练班，培训群众技术骨干，提高现有草原干部业务水平，以适应畜牧业现代化的需要。

我们正在做我们前人从来未做过的极其光荣伟大的事业。大搞草原基本建设，任务紧迫。我们要团结奋斗，积极工作，坚决打胜草原建设这一场攻坚战，到20世纪末为实现草原畜牧业现代化贡献力量。

关于伊克昭盟草原建设
主攻方向的分析与思考[*]

胡　琏

在党的十一届三中全会精神鼓舞下，我们工作的重点转移到了社会主义现代化建设上来。由于全盟"以牧为主"生产方针的确定，草原畜牧业现代化自然也就成了一个突出的问题。要实现高速发展畜牧业，必须有充足的饲草料，加强草原建设是关键。从伊克昭盟目前的草原状况来看，不能满足畜牧业高速发展的需要。因此，大搞草原建设就成了一项十分紧迫的战斗任务。要加快草原建设的步伐，适应草原畜牧业现代化的需要，必须充分认识草原畜牧业的客观规律和特点，明确伊克昭盟当前草原建设的主攻方向，运用现代科学技术，采取积极措施，彻底改变靠天养畜的被动局面，促进畜牧业生产稳定、优质、高产地发展。那么，当前伊克昭盟草原建设的主攻方向应该是什么呢？下面我想通过对一些现实情况的分析，来回答这个问题。

草原是一种特殊生产资料。随着季节、年度、地区、牲畜的不同，有很大变化，于是在饲草的供应上就出现不平衡的问题，这是草原畜牧业生产中不稳定的因素之一。在出现的这几种不平衡中，季节变化造成的不稳定又是问题的关键。如以伊克昭盟荒漠草原秋季产草量为100%，而夏季为秋季产草量的75%，冬季为秋季产草量

＊　原文发表于《鄂尔多斯日报》，1979年3月15日。本次收录略有修改。

的60%，春季只有秋季产草量的35%。可见，草原生产力随季节变化呈现出低而不平衡的特点和规律。然而，牲畜营养的需要则是有相对稳定性的（当然也是有季节性的，如产羔、哺乳等，使营养需要有所变动，但不如牧草季节变化的幅度大）。这就在牧草的"供"与牲畜的"求"之间产生矛盾，给畜牧业生产带来很大威胁。由于季节草原生产力不平衡，使牲畜长期营养不足，也就出现夏壮、秋肥、冬瘦、春乏，甚至死亡的状况，使畜牧业生产不能稳定、优质、高产地发展。

另外，由于季节变化，草原产草量悬殊，表现最突出的是冬春饲草不足，即使在平常年景中，冬春饲草也仍然缺乏。伊克昭盟属于北方地区，广大农村牧区冬春季节漫长，一般为7～8个月的枯草期，在这个时期内，天寒草枯，草场产草量低，而且饲草营养价值又很差。据有关资料介绍，500克枯黄草的营养价值（指蛋白质、脂肪的含量），大概只有500克青草的1/5～1/3（半荒漠地区青草平均含粗蛋白质13.72%，到冬季的枯黄草只含3.28%），因此，牲畜吃不饱，自然营养状况就太差。再加伊克昭盟缺乏打草场，又是手工打草，没有贮草设施，贮草水平很低，正常年景畜均7.5～10千克，丰年也不过20～25千克，远远满足不了冬春牲畜缺草的需要。这样，牲畜就必然出现瘦乏死亡的现象。伊克昭盟每年因春乏饥饿死亡牲畜20万～30万头（只），死亡率达4%～5%，死亡占正常淘汰（三项消耗）40%～50%。活的牲畜每年冬春体重下降约1/3，也就是说，大约每3只牲畜就损失1只。如此计算一下，按全盟500万头（只）牲畜计算，损失就达150万（只），死亡和掉膘两项的损失大约相当于每年收购量的5倍左右。此外，由于冬春饲草不足，还会造成畜产品品质下降，羊毛的密度、长度都受到影响，羊毛的"饥饿痕"就是这样形成的。还有畜种退化、草原退化、牲畜疫病等问题都发生在这个时期，这就充分说明草原畜牧业有其依天然草场季节性变化而导致形成转移的脆弱性。

　　综上所述，通过分析缺草是伊克昭盟畜牧业生产发展的主要矛盾，特别是冬春季节畜草矛盾更为突出，草原畜牧业生产的各种问题都集中地反映在这个时期。因此，冬春草场供草不足造成冬春牲畜严重缺草的问题，是伊克昭盟发展草原畜牧业生产的关键问题。要实现草原畜牧业现代化，必须首先攻克季节不平衡这个堡垒。只要这个历史上遗留下来的春乏问题还未彻底解决，稳定、优质、高产地发展畜牧业生产就是一句空话。针对这种现实情况，集中力量保护建设冬春草场，首先解决冬春缺草问题，应该是当前草原建设的主攻方向。正因为如此，在草原畜牧业中，冬春缺草问题的解决程度，也正是草原畜牧业现代化程度的重要标志之一。无论国内还是国外，我们看其草原的现代化水平，也主要是看其在解决饲草季节不平衡问题上采取什么方法，使用什么机械，解决到什么程度。所以我的体验是，要实现伊克昭盟草原畜牧业现代化，当前草原建设的主攻方向应该放在冬春草场的保护建设上，解决冬春缺草问题是当前草原建设的重点。这个问题在我们思想认识上必须明确，在任务上必须强调，在建设上必须落实。只有这样，才能实现高速度发展畜牧业生产。解决冬春畜草矛盾问题主要有两种方法：减少牲畜头数和增加饲草料供给。减少牲畜头数压减饲草料需求的办法是比较消极的，一般不易接受和实行。大量生产实践证明，采取加强草原建设、增加饲草料供给的措施，是最直接、最有效、最积极的办法。因此，我们应立足伊克昭盟实际，在抓好调整畜牧业生产结构、坚持草畜平衡原则、发展季节畜牧业的同时，集中力量大力度开展草原建设，重点抓住我盟创建的草库伦建设、以柠条与杨柴为重点的灌木草场建设、补播改良退化沙化草场、大力建设人工饲草料基地以及深入开展饲草料加工利用等这几项具体建设措施，就能够很好地解决养畜缺草，特别是冬春季节缺草的问题，就能够促进畜牧业稳定、优质、高效地发展。

一年生白花草木樨的选育和栽培技术*

胡琏　张祥

1973年伊克昭盟引进一年生白花草木樨种子约500克，经连年多点繁育试种，现已在全盟推广，去年种植面积2000多亩。各地种植证明，这种绿肥作物枝叶繁茂、适应性强，具有抗旱、抗寒、耐盐、耐瘠薄等优点，是一种速生高产、改土肥田的优良绿肥，也是牲畜的优良牧草。在农牧区推广种植，对于解决地缺肥、畜缺草有很大的现实意义。

一、生物学特性

根据河北农业大学孙醒东教授的研究，认为一年生白花草木樨（*Melilotus albas* Medic. ex Desr.）是由二年生白花草木樨演变而来，为一年生豆科草本植物，属于草木樨属（*Melilotus*）。在植物学形态特征上近似于二年生白花草木樨，根系发达，生有很多根瘤。茎直立，高150～230厘米。叶为羽状复叶，具三小叶，中小叶有短柄，小叶长椭圆形，边缘有锯齿。植株含有香豆素。花为总状花序，呈白花。荚果椭圆形，黑褐色，内有一粒种子。种子肾形，略扁平，黄褐色，种皮坚硬。

---

* 原文在《农业科技通讯》1979年，第4期发表后，国内有19省区、110多个单位来信来函索取种子推广种植。在当时伊盟成为全国推广该品种的种子生产基地，每年生产、购销种子6万～8万千克，大面积推广种植取得十分显著的效益。

一年生白花草木樨的生物学特性和二年生白花草木樨相似，宜于湿润和半干燥气候，适应性强，耐旱、耐瘠薄、耐盐碱，早期还耐荫蔽。对土壤要求不严格，除积水低洼地和重盐碱土外，几乎各种土质都可种植；也能在陡坡沟壑沙荒等瘠薄地上生长；在沙壤土上生长最适宜。根长得快，扎得深，能吸收土壤深层水分，所以耐旱性较强，据调查，10～30厘米表土含水量降到5%时，30天内不至于枯死，遇雨仍能恢复生长。

一年生白花草木樨播种时在3～5℃的气温下即能萌动发芽。每年4月播种，8月开花，9月中下旬种子成熟，生育期150天左右。

二、特点和经济价值

（1）速生高产。当年播种，当年即成熟死亡。生长快，枝叶繁茂，产草量很高；亩产鲜草最高可达1750千克，最低产量也达750千克，平均亩产1250千克左右。试验证明：一年生白花草木樨比相同条件下同期播种的二年生白花草木樨（第一年）平均亩产高50%左右，比相同条件下同期播种的紫花苜蓿（第一年）平均亩产高70%。

（2）改土肥田。一年生白花草木樨由于根系发达，产根量很高，加上枯枝落叶残存在地里，所以土壤有机质含量显著增加。同时，这种草木樨的根瘤菌很多，又能固定空气中的氮素。因此，能改善土壤结构，提高肥力，从而起到提高产量的作用，是实现草田轮作的优良绿肥作物。

（3）草田轮作周期短。一年生白花草木樨的生长期为1年，第2年草茬就可轮种粮食作物，可缩短草田轮作中的牧草年限，其轮作周期是1年草1年粮或1年草2年粮。不仅轮作周期短，而且其粮草收益要比二年生白花草木樨轮作同期内粮草总收益要高（指1年草1年粮的两个周期和2年草2年粮的四年一周期相比较）。

（4）留种容易，繁殖系数大。这种草木樨繁殖种子占地时间短，繁殖快。亩产种子75千克左右，可播40～50亩大田。

（5）提供饲草多，有利于发展畜牧业。一年生白花草木樨含粗蛋白较多，是高蛋白饲草，营养丰富，不但是饲喂牛、马、羊的好饲料，还可用来养猪、喂兔。

（6）扩大蜜源，有利于多种经营。一年生白花草木樨的开花期正好与二年生白花草木樨花期相衔接，而且开花期较长。因此，大量种植可以延长蜜源期，发展养蜂事业。

此外，它还可以保持水土，用作燃料（秸秆）。

三、栽培技术

一年生白花草木樨的栽培方法基本同于二年生白花草木樨，要点如下。

（1）种子处理。种皮不易吸水，播前需将种子放在碾子上压磨，把黑色荚皮全部除去，到黄色种皮发毛为止，风筛干净后播种。也可用碾磨机去荚皮。

（2）播种时间。一般是早春播种。伊克昭盟在2月下旬、3月上旬顶凌播种，效果好。早播墒情好，易抓苗，生长时间长，产草量高。对风沙地或麦田套种，可以适当推迟播期。但不能过晚，过晚不仅当年产草量低，而且影响种子成熟。

（3）播法和播量。一般采用耧条播，每亩播量1.5～2千克，播种深度视墒而定，一般为2～3厘米。土质疏松而干旱，宜略深些，墒好可以浅些。撒播每亩下种2～2.5千克，撒后最好浅覆土。

（4）栽培利用形式。目前栽培利用方式有3种：一是专种，当年春季播种，秋后打草或采种，翌年轮作粮食作物；二是麦田套种作绿肥，收麦后，加强管理促进生长，到初花后、盛花前作为绿肥就地翻压，翌年再单种粮食作物；三是麦田套种作饲草，收麦后草生长旺盛，秋后打草养畜，翌年再播种粮食作物。

（5）采种。采种地要早播。在伊克昭盟最晚不得迟于5月上旬，否则种子不能成熟。不能过密，每亩用种0.75～1千克即可。这种草木樨是无限花序，花期长，要注意适时采种。一般掌握在有2/3花穗成熟、下部种子转褐变硬，中部种壳呈黄色时就要收割，迟收容易脱落。遇雨要及时翻晒，捆成小捆，防止种子发芽。

伊克昭盟西部地区紫花苜蓿
落花落荚发生的原因及其
防御措施的初步探讨*

胡琏　　张祥　　王振旺

紫花苜蓿落花落荚是内蒙古自治区伊克昭盟西部地区苜蓿种子生产中存在的严重问题。历年来，由于落花落荚现象的不断发生，造成该地区的苜蓿种子产量很低（平均亩产不到10千克，落花落荚严重的年份甚至亩产仅为0.5～1千克）。由于苜蓿种子的缺乏，影响和限制了这个地区苜蓿种植面积的扩大。为了探索紫花苜蓿落花落荚发生的原因及寻求防御的措施，从1977年开始，笔者深入摩林河、赛乌素、红泥湾3个牧草种子繁育场进行调查研究，并开展了一些试验。现将研究结果总结如下，供有关苜蓿种子生产单位参考。

一、伊盟西部地区的气候特点

伊盟西部地区均属于牧区，位于鄂尔多斯高原的西部。草原自然地带主要是草原化荒漠（半荒漠）和荒漠化草原两个亚带，呈东北—西南方向带状分布。境内地势较高，海拔多在1300～1500米，地形由东南向西北隆起，阿尔巴斯丘陵山区一带是全盟最高峰。这个地区由于深居内陆，又有鄂尔多斯高原和桌子山阻遏，海

---

* 注：原文发表在《伊盟草原科技》，1979年。本文承蒙内蒙古农牧学院吴永敷教授审阅修改，特此致谢。

洋气流很难到达，全年几乎均受大陆气团的影响。因此，伊盟西部地区较东部地区大陆性气候更为显著。气候干燥，降水稀少，蒸发量大，大风频繁，高温低湿，是伊盟西部地区特殊的气候特点。由于日照丰富，日射强烈，加之地表粗糙，植被稀疏，空气和土壤极易受热，所获得的热量几乎全部用于空气和下垫面的增温上，致使温度很高，燥热异常。年平均气温为6.5~8℃，年最高温度达38~39℃（出现在6—7月）。年平均降水量150~200毫米，年蒸发量2600~3000毫米，蒸发量相当于降水量的10倍以上，干旱年份甚至达20~30倍，年内蒸发量的最大值多数出现在6月（月蒸发量500~600毫米）。年平均风速达3~4米/秒，最大风速达24~28米/秒。由于气温高，降水少，风速大，因此整年内近地面层空气十分干燥，空气相对湿度很低，年平均相对湿度仅为40%~50%，尤其是5—6月的相对湿度是全年最低时期，月平均相对湿度仅为30%~40%，空气中水汽含量甚微，呈严重大气干旱状态。在这种高温低湿的环境条件下，这个地区常出现干旱风这种灾害性天气（当地农牧民叫"火霜"），每当春末或夏季，在气温高（14时气温≥25℃），湿度低（14时相对湿度≤40%），风速大（14时风速≥4米/秒）的条件下，这种干旱风带着燥热的空气，吹向禾苗和牧草，像火燎一样，致使作物和牧草茎叶灼伤和枯黄。伊盟西部地区干旱风每年平均出现40天以上，其中强干旱风（14时气温≥27℃，相对湿度≤30%，风速≥6米/秒）有6~10天以上。在个别干旱年份里，如1965年，这个地区干旱风曾出现过60天以上，强干旱风竟达20天，最长连续时间达7~8天。干旱风出现的季节以6—7月为最多，占全年干旱风总日数的一半或2/3（表1），危害也最严重，常常造成禾苗和牧草萎黄或枯死。

表1　伊盟西部地区各月干旱风（弱、强）出现日数（1961—1970年）

地名	4月		5月		6月		7月		8月		9月		全年		年最多	
	弱	强	弱	强	弱	强	弱	强	弱	强	弱	强	弱	强	弱	强
鄂托克旗	0.3	0.2	4.7	1.2	10.5	3.4	11.6	2.7	6.8	1.5	1.2	0.3	35.1	9.3	49	18
乌审旗	0.7	0.1	5.0	0.7	8.7	2.9	10.7	1.9	5.3	0.8	2.0	0.2	32.4	6.6	50	10
杭锦旗	0.5	0.2	4.2	1.4	10.4	3.6	10.8	3.5	6.3	1.8	1.2	0.4	33.4	10.9	45	15

二、苜蓿落花落荚的原因

苜蓿落花落荚的原因不外乎有遗传和环境条件两个因素。根据我们的调查研究，伊盟西部地区发生落花落荚现象，其原因不是遗传因子造成的，因为这里推广的许多苜蓿品种在别的地区种植，不发生严重的落花落荚现象，种子产量都是很高的，而同种的品种引进这个地区种植，就出现严重的落花落荚现象。因此，伊盟西部地区苜蓿发生落花落荚是与当地环境条件有密切关系的。在环境条件中主要包括气候和土壤条件。从土壤来分析，同一块苜蓿地，在土壤条件大体相似的情况下，不同年份苜蓿落花落荚的严重程度截然不同，因而土壤也不是造成落花落荚的主要原因。然而，特殊的气候条件才是造成伊盟西部地区苜蓿落花落荚的主要原因。通过研究证明，高温低湿的恶劣气候条件，是造成苜蓿落花落荚的直接因素。

伊盟西部地区十分恶劣的气候条件，严重地危害紫花苜蓿的生长发育，特别是6—7月，气象条件发生跃变，气温急增，空气相对湿度骤降，燥热低湿异常，干旱风又不断侵袭出现，此期正值苜蓿开花结荚期，严重的大气干旱使苜蓿不能正常开花结荚，常常造成落花落荚的严重现象。

苜蓿落花落荚在伊盟西部地区发生在6月中下旬和7月上旬，

这个时期正是苜蓿开花结荚需水最多时期，也正是当地雨季未到时期，在高温低湿的燥热天气条件下，苜蓿植株因强烈蒸腾而大量脱水，造成了水分供求失调，破坏了苜蓿的生理功能，影响正常的开花结荚，于是造成落花落荚现象。在落花落荚前，从植株来看，刚开始表现出中午前后有萎蔫现象，以后随着气候继续恶化，太阳辐射增强，温度升高，大气变干，加速苜蓿蒸腾失水，这时候植株叶子由萎蔫变成卷缩状态，同时叶色由鲜绿变成暗黄色，开始出现落叶现象。与此同时，花和荚也开始脱落。如果在这种大气干旱条件下，连续几天后，空气相对湿度突然降到10%～20%，植株花荚一二天会大部脱落掉，植株周围地表上会有一层脱落的残叶和枯花荚。在这个地区苜蓿落花落荚现象普遍存在，只不过是随着每年开花结荚期大气温度的高低与相对湿度的大小，土壤含水量的多少，地下水位的深浅等条件的不同，落花落荚现象有轻有重，严重时会造成颗粒无收。

苜蓿落花落荚，实际上是由不良的气候条件下产生的高温、低湿及风的综合作用所造成的。春末或夏季的高温天气，尤其是6月中旬至7月上旬的高温天气是造成苜蓿落花落荚很重要的原因。在高温干燥的条件下，在阳光作用下，苜蓿的花会自动张开，由于自动张开的花未经花蜂授粉，或者是自花授粉，这些花几乎全部都要落花，即使结荚，最终也会落荚，这就是高温天气对于苜蓿落花落荚的直接作用。同时，由于高温造成大气相对湿度降低也会促进落花落荚。

同一地区，不同年份，由于苜蓿开花期内温度的高低以及高温天气持续时间长短的不同，苜蓿落花落荚的程度截然不同。根据笔者的调查研究，乌审旗红泥湾牧草种子繁殖场1978年苜蓿各品种的种子产量显著地低于1977年（表2），其主要原因就是由于1978年夏季的高温天气，引起了苜蓿严重的落花落荚现象。根据乌审旗气象站的资料，1978年最高气温为35.1℃，而1977年为34.1℃，1978年夏季的气温比1977年同时期高，而且1978年高温天气来临早，持续的时间长（表3）。根据笔者实地的调查观察，1978年苜蓿植株结荚部位均在植株的顶部和外部，也就是7月中下旬以后所开的花才能结籽。植株中、下部的花受高温天气的影响，大部分落花落荚。

表2　红泥湾牧草种子繁殖场苜蓿的种子产量

品种	年份	产籽面积（亩）	总产量（千克）	平均亩产（千克）
草原二号苜蓿	1978	150	393	2.6
	1977	40	400	10.0
芊县苜蓿	1978	175	175	1.0
	1977	10	100	10.0
准格尔旗苜蓿	1978	10	10	1.0
	1977	10	90	9.0

表3　1977年与1978年夏季气温的比较

年份	最高气温≥30℃每旬的天数									合计
	6月			7月			8月			
	上	中	下	上	中	下	上	中	下	
1977	0	3	1	0	6	5	1	0	0	16
1978	2	3	4	7	3	0	2	4	3	29

年份	平均气温≥20℃每旬的天数									合计
	6月			7月			8月			
	上	中	下	上	中	下	上	中	下	
1977	1	5	6	7	9	11	7	3	0	49
1978	4	6	8	10	8	7	7	6	5	61

苜蓿在生长发育过程中，需要一定的大气相对湿度。特别在开花结荚期要求的大气相对湿度更严格，据试验证明，苜蓿在开花结

荚期要求的相对湿度是53%～75%，低于这个限度就会造成落花落荚现象。空气相对湿度高低又与温度、降水量有密切关系。在北方地区，相对湿度随气温的增高而减少，随空气中水汽含量的增多而增大。伊盟西部地区从入春以后直到雨季来临之前，太阳辐射量急骤地增长，气温显著增高，这时降雨稀少，空气中水汽含量很低，因此这个地区的空气相对湿度处于全年最低的水平。这个时期也正好与苜蓿开花结荚期相近。大气相对湿度与其他地区相比差异很大，相对湿度可降低到30%～40%，有时甚至降到10%以下，不符合苜蓿开花结荚要求的适宜相对湿度，因而造成了大量落花落荚。通过试验证明，大气相对湿度高低与苜蓿落花落荚呈反相关，相对湿度越低，苜蓿落花落荚越严重；相反，相对湿度提高，落花落荚就轻。从杭锦旗摩林河牧草种子繁殖场来看，上述这种苜蓿发生落花落荚与相对湿度的关系是极为密切的（表4和表5）。

表4　苜蓿落花落荚与空气相对湿度的关系

苜蓿开花结荚时期	空气平均相对湿度（%）	苜蓿落花落荚率（%）	苜蓿结实率（%）
6月中旬至7月上旬	33.8	90以上	10
7月中旬至7月下旬	62	5	95

注：此表是1978年在摩林河牧草种子繁殖场调查结果

表5　苜蓿种子产量与空气相对湿度的关系

年份	6月中旬至7月上旬平均相对湿度（%）	苜蓿种子产量			备注
		种植面积（亩）	总产量（千克）	平均亩产（千克）	
1976	46	498	3000	6	
1977	46	665	4960.5	9	
1978	34	849	4000	4.5	

表4和表5结果表明：决定苜蓿落花落荚的因素是开花结荚期空气相对湿度。相对湿度提高，苜蓿落花落荚率就低，结实率就可提高。因此，我们认为苜蓿落花落荚的原因是空气相对湿度低，也就是说由于气候干燥而造成的。提高大气湿度，避免开花结荚期干旱，是防御落花落荚的有效措施。

上述结论在生产实践中也得到证实。空气湿度的高低关键是水分问题，因而在大田苜蓿种子生产中，地下水位的高低、有无防护林带的保护常常与苜蓿落花落荚有密切的关系（表6）。凡是地下水位高的地块，落花落荚就轻，相反就重；低湿洼地就轻，高燥梁地就重；有防护林带保护的地块就轻，没有防护林带保护的地方就重。

表6 苜蓿落花落荚与地下水位、防护林带的关系

项目	落花落荚程度	平均苜蓿种子产量（千克/亩）	调查地点和时间
地下水位为1.5米的苜蓿地块	轻	3～4	赛乌素1977年
地下水位为10米的苜蓿地块	重	0.3～0.5	
低湿洼地苜蓿	轻	6～7.5	摩林河1978年
高燥梁地苜蓿	重	2.5～3	
设有防护林带的苜蓿地	轻	5～6	摩林河1978年
没有防护林带的苜蓿地	重	2.5～3	

三、苜蓿落花落荚的防御措施

通过上述对伊盟西部地区气候特点和苜蓿发生落花落荚原因的初步分析，苜蓿落花落荚主要是由于大气干旱特别是干旱风的影响所造成的。苜蓿落花落荚并非不可克服，其方法应以"防"为主，采取"防""抗""躲"等综合措施。"防"主要是营造护田林，

适时灌水，改变小气候，改善苜蓿生长环境，预防干旱风的危害。"抗"主要是加强田间管理，选育和推广抗逆性强的优良苜蓿品种。"躲"主要是适当推迟开花期。现将防御苜蓿落花落荚措施的几个方面分述如下。

（一）营造护田林

在苜蓿种子田四周营造护田林网，林网可以阻挡和改变气流运行情况，大部分气流被迫抬升从林带上空越过，小部分气流从林带的孔隙中穿过因受阻也要削弱风速，这样就使林带背风面地面以上一定高度和距林带一定距离内的风力大大减弱。同时，茂密的树冠可遮挡阳光，根系又可从土壤深处吸取大量的地下水供树冠强烈蒸腾，增加了近地层空气湿度，而且树冠强烈的蒸腾带走了大量的热能，使林网区的气温降低。林中气流运动的减弱和茂密郁闭林冠所阻挡，使林网区空气及土壤中的水分不易大量散失，从而提高了水分利用率。由于林带削弱了干旱风的强度，从而改变了苜蓿的生态状况，在一定程度上减轻甚至避免干旱风气象条件对苜蓿的危害，增加其种子产量（表6）。此外，营造护田林还可增加栖居树木上的花蜂数量，帮助苜蓿授粉，因而减轻落花落荚。

（二）苜蓿开花期勤灌水

伊盟西部地区属于典型的极端大陆性气候，气温高，风速大，降水少。因此，牧草需水量也相应剧增。苜蓿的蒸腾系数是844，就是说每制造1千克干物质约需水844千克，采取合理灌溉措施来调节苜蓿和水分的关系，实行对其水分的"供求平衡"。提高大气相对湿度，是保证苜蓿正常生长，免受大气干旱而造成落花落荚危害的有效措施，是夺取优质高产的重要途径。

伊盟西部地区苜蓿采种地通常需灌水6次以上，甚至达8～9次，每次每亩均需灌水50米^3，全生长期共需灌水300～450米^3（不包括降水量，灌水量中有一部分下渗损失）。根据赛乌素牧草种子繁殖场的试验，不同的灌水次数对苜蓿种子产量有很大影响（表7）。灌水次数和灌水量的多少，与苜蓿地地下水位高低有关。地下水位低的，要多灌水、勤灌水；地下水位高的，要少灌水，苜蓿的发达根系可从地下深度吸水。据1977年在赛乌素牧草种子繁殖场调查，地下水位1.5米左右的苜蓿地，灌溉3次，平均亩产种子3~4千克；地下水位在10米左右的苜蓿地，虽灌溉4~5次，苜蓿种子亩产也仅为0.3~0.5千克。

表7　灌溉次数与苜蓿种子产量的关系

灌溉次数（次）	灌溉面积（亩）	种子产量			灌溉时间（月/日）	备注
		总产量（千克）	亩产量（千克）	产量增减百分率（%）		
6	2	72.5	36.25	866.6		灌溉试验于1978年进行。灌溉苜蓿地地下水位10米以上
4	0.4	1.5	3.75	100.0	4/25，6/1，6/6，7/15	
3	0.4	0.4	1	−73.3	4/25，6/11，7/15	
2	0.4	0.3	0.75	−80.0	4/25，7/15	

注：正常年份灌4次以上水有较好收成，因而将4次灌水列为对照计算。

苜蓿开花结荚期是获得种子高产的关键时期。因此，应根据大气相对湿度小和蒸发量大的干燥气候及苜蓿花荚期需水量大的特点，在开花结荚时期只要做到多灌水、不断水，就可避免落花落荚，产籽量就会提高。牧民长期种植经验：苜蓿返青期灌足水，开花结荚期不断水，开花后期少灌水，灌溉时要勤灌、快排、不积水。

（三）喷施硼肥

硼能增强植物的输导组织，促进根系发育，加强授粉作用。缺硼时，植物输导组织遭受破坏，阻碍了糖对各部分的供应，根系发育弱，开花少，授粉差，落花落荚严重。根据硼对植物生理作用的特点，在苜蓿采种地上喷施硼肥，对防止苜蓿落花落荚，提高种子产量有显著的效果（表8）。

表8　施用硼肥与苜蓿种子产量的关系

处理	试验硼肥面积（米²）	硼肥施用剂量（克/亩）	硼肥施用方式	不同时期喷硼苜蓿种子增产情况						备注
				分枝期		现蕾期		开花期		
				产量（克）	比对照增产（%）	产量（克）	比对照增产（%）	产量（克）	比对照增产（%）	
Ⅰ区	44	50	根外喷施	310	287.5	129	61.3	119	48.8	每亩加水50千克浓度为0.1%
Ⅱ区	44	100	根外喷施	175	118.7	102	27.5	142	77.5	每亩加水50千克浓度为0.2%
对照区	44			80	—	80	—	80	—	

注：喷施硼肥试验是在1978年进行的，高温干旱苜蓿落花落荚严重

从表8可以看出，苜蓿采种地根外喷施硼肥，种子普遍有显著的增产作用。从喷施时期来看，以分枝期喷施最为理想；从喷施剂量来看，以每亩50克的剂量，效果最好，过多喷施硼肥，其效果并不显著。

（四）适当稀植，加强田间管理

放宽株行距，适当稀植，对于提高种子产量有着十分显著的效果。伊盟西部地区一般播种量应为每亩0.3千克，行距50厘米，宽行稀植不仅有利于株间通风透光，而且减少单位面积水分蒸腾消耗。同时，也可改善CO_2的更新和供给，增加宽行效应，有助于避免苜蓿落花落荚，特别是减少了植株中下部落花落荚率。由于群体生态条件的改变，也可防止花、荚、叶的早衰，以保证其种子产量。

加强田间管理，主要是指做好松耙、中耕除草的问题。这对

于改善田间小气候、增加湿度、防止落花落荚、提高结籽率有一定的好处。通过田间管理，可以防除田间杂草、疏松表土、调节水分状况。它既可以减少蒸腾耗水量（减少土壤水分蒸发和杂草蒸腾失水），又可以接纳较多的降水，这样苜蓿在生长发育过程中，就可以得到更多水分，可以提高田间水分有效利用率，以达到节约用水和合理用水的目的。因此，加强田间管理是防御苜蓿落花落荚的有效措施之一。

（五）选育和推广抗逆性强的优良苜蓿品种

不同苜蓿品种对于气候条件的适应性各有差异。赛乌素通过几年的苜蓿品比试验（表9），证明在高水肥情况下，适于伊盟西部地区气候条件的苜蓿品种有新疆大叶、公农一号、苏联一号、佳木斯、沙湾、亚洲等。这些品种不仅产籽量较高，而且在产草量、再生性、叶量、越冬等方面的表现也比较好。这就充分说明通过不断选育和推广抗逆性强的优良品种，充分利用当地气候资源，可有效减少落花落荚，提高结籽率。

表9　赛乌素地区各苜蓿品种种子产量比较

品种	二年生苜蓿种子产量		三年生苜蓿种子产量		平均每亩种子产量（千克）	比准格尔苜蓿种子产量增减百分率（%）
	千克/10米²	千克/亩	千克/10米²	千克/亩		
公农一号	0.4	26.7	0.5	33.35	30.05	101.2
新疆大叶	0.45	30	0.625	41.7	35.85	120.7
亚洲	0.7	46.7	0.46	30.7	38.7	130.3
沙湾	0.5	33.35	0.52	34.05	34.05	112.1
苏联一号	0.6	40	0.375	25	32.50	109.2
杂种	0.3	20	0.2	13.35	16.7	—
佳木斯	0.45	30	0.5	33.35	31.7	106.7

续表

品种	二年生苜蓿种子产量		三年生苜蓿种子产量		平均每亩种子产量（千克）	比准格尔苜蓿种子产量增减百分率（%）
	千克/10米²	千克/亩	千克/10米²	千克/亩		
召东	0.4	26.7	0.4	26.7	26.7	——
芋县	0.15	10	0.35	23.35	16.7	
准格尔	0.4	26.7	0.49	32.7	29.7	100.0

（六）适当推迟开花期

牧草完成其生长周期需要一定的积温。根据内蒙古自治区牧草品种区域试验总结资料，不同品种紫花苜蓿的生育期不同，一般多在110～130天。从返青到开花要求≥10℃的活动积温数多为900～1220℃，≥10℃的有效积温数多为350～500℃，从返青到种子成熟则相应为2000～2300℃及900～1100℃。在伊盟西部地区≥10℃的活动积温量为3000～3400℃，因而不仅能够满足苜蓿对积温的要求，而且也能够满足适时刈割后再生草种子成熟所需积温的要求。这样就可以做到推迟开花期，使开花躲过干旱气候的影响。

伊盟西部地区第一次刈割时间不宜过晚，应尽量提早，一般在6月上旬以前进行，刈割后立即灌水、中耕，促进再生。刈割后，使花期从6月中下旬推迟到7月上中旬，避开了严重的大气干旱季节，7月降水显著增加，大气相对湿度提高，有利于开花结籽，从而避免因大气干旱而造成苜蓿落花落荚现象。

刈割后利用再生草收籽，不同品种效果不一。据赛乌苏牧草种子繁殖场的试验，准格尔、芋县2个苜蓿品种刈割后再生能力差，再生草种子产量低，而新疆大叶、苏联一号、佳木斯、草原二号杂种、沙湾、亚洲、公农一号等品种的再生草种子产量较高。

毛乌素沙区丘间低地和覆沙滩地
补播草木樨的技术和效果*

胡琏　　傅德山

毛乌素沙地是中国的四大沙地之一。由于水热等自然条件较好，分布有广阔的天然草场，是中国重要的畜牧业基地，由于人们滥垦、滥伐掠夺式利用，再加之新中国成立后人们利用不合理，植被破坏严重，致使流沙面积日益扩大，可利用草场面积越来越小。因而造成目前沙区生态平衡失调，农牧业生产处于两败俱伤、恶性循环的状况。在畜牧业生产上，畜草矛盾十分突出。面对这种现实，如何进一步提高沙地生产力，直接为畜牧业生产服务，是当前亟待解决的问题。近年来，沙区广大人民群众在各级党政领导下，大力种草种树，深入开展治理沙漠、建设草原的工作，都取得了很好的效益。自1975年以来，仅伊克昭盟境内的毛乌素沙区就补播二年生白花草木樨（*Melilotus albus* Medic. ex Desr.）一项，每年平均保存面积都在15万亩左右，为大力发展畜牧业生产开辟了新的途径。

本文根据沙区人民在丘间低地和覆沙滩地补播草木樨的经验，结合我们近年来实地调查、研究，拟从补播草木樨的技术和效果作一简要介绍。

---

* 原文发表于《内蒙古畜牧兽医》（草原专刊），1983年。

一、毛乌素沙地自然概况和丘间低地覆沙滩地的立地条件

毛乌素沙地位于北纬37°27.5′—39°22.5′，东经107°20′—111°30′，包括内蒙古自治区伊克昭盟的南部，陕西省榆林地区的北部和宁夏盐池县东北部。全区总面积5400万亩。年平均气温6.3～8.5℃，平均年降水量250～440毫米，降雨多集中在7—9月3个月。这里雨量充足，热量高，适于多种植物生长，有丰富的牧草和饲料品种资源，具有发展畜牧业的优越条件。毛乌素沙地的地下水也较丰富，丘间低地一般埋深1～3米，个别仅0.5米，水质较好。沙区植物生长良好，种类较多，在沙丘上普遍生长油蒿（*Artemisia ordosica*）、小叶锦鸡儿[*Caragana micophylla*（pall）lam]等，这个群落由20多种植物组成，总覆盖度40%～50%。沙丘一般都是新月形沙丘链，丘高5～10米，也有高10～20米。由于有比较优越的水分、植被条件，所以沙丘以固定及半固定为主，当地称为"巴拉尔"。丘间低地和滩地比较潮湿，分布着草甸、盐生草甸，局部地段有沼泽性灌木丛——称为"柳湾林"，它由蒙古柳（*Salix mongolica*）、沙柳（*Salix cheilophyla*）和酸刺（*Hipophac rhamnoidcs*）3种主要灌木组成，成为毛乌素沙地中的特殊景观。近年来由于不适当的开垦和破坏植被，流动面积不断扩大，致使目前固定和半固定沙丘向流动沙丘发展。在分布面积上流沙已大大超过固定和半固定沙丘，约占沙区总面积的60%以上。

毛乌素沙区地形起伏较大，以剥蚀与堆积为主的风成地貌为主体，沙丘与滩地相间交错，大片草场往往被分割成千万个四周较高、中间低洼的丘间低地小块草场。沙丘间低地植被严重退化，大部分柳湾林死亡和消失，在风的侵蚀作用下，这些丘间低地和滩地都程度不同地覆沙，面积缩小，形成了"锅底形"的丘间凹地。小块丘间低地几亩至几十亩，大块的上百亩，较开阔的滩地有几百亩，覆沙厚度一般为5～40厘米。丘间低地和覆沙滩地由于水分条

件好，植被茂密，土壤多为草甸土，破坏后土壤肥沃，土层厚，腐殖质含量都在2%以上，再加轻度覆沙后减轻了盐碱化程度，是当前沙区发展农牧业生产的重要基地。目前，丘间低地和覆沙滩地根据覆沙厚度和处于地下水位高低差异，草群分布规律发生了显著变化。一般主要有以下3种草群类型：①薹草、杂类草群落，如寸草薹（*Carex duriscula*）、中亚薹草（*Carex stenophylloides*）、鹅绒委陵菜（*Potentilla anserina*）、金戴戴（*Halerpestes ruthenica*）、海韭菜（*Triglochin maritimum*）等。②芦苇、杂类草群落，如芦苇（*Phragmites australis*）、芦状拂子茅（*Calamagrostis pseudophragmitees*）、赖草（*Aneurolepidiam dasystachys*）等。③细齿草木樨、杂类草群落，如细齿草木樨（*Melilotus dentatus*）、碱地风毛菊（*Saussurea runcinata*）、醉马草（*Oxytropis glabra*）、碱蒲公英（*Taraxacum sinicum*）、砂引草（*Messerschmidia sibirica*）等。

二、丘间低地、覆沙滩地补播草木樨的技术

通过近年来在丘间低地和覆沙滩地补播草木樨的实践证明，补播成功与失败的关键主要取决于补播地段、补播时期、补播方法和刈割利用这几个技术环节，只要正确地掌握这些技术要点，一般是没有问题的，能够取得很好的效果。

1. 补播地段

在丘间低地和覆沙滩地选择补播草木樨的适应地段，要掌握3个条件，即"选地段、查土壤、看植物"。

（1）选地段：要选择滩与丘之间的交界地带。这个地段一般地表覆盖一层不同厚度的细沙（当地群众称为"油沙"，由于风蚀聚集了有机物，含腐殖质较多），一般厚度为10~40厘米，面积一般是丘间低地2/3~3/4。由于覆沙既疏松又保水分，有利于补播作业进行，补播时不需要进行土壤耕作。地下水位适中，一般为1~3米，

雨季不积水，利于豆科植物生长。

（2）查土壤：滩丘交界地段的土壤，一般疏松肥沃，水分条件好，经常能保持湿润。由于风沙移动，常常在其地表覆盖有一层含腐殖质较多的细沙，下面又是肥沃的草甸土层，这样的土型当地老乡称为"沙盖垆土"。上面覆沙后对于轻度盐碱的表土层可起到铺沙压碱、改良土壤的作用。同时这个地段有沙丘为屏障，又向阳，温度条件较好，风蚀作用比较小，有利于草木樨出苗、保苗。

（3）看植物：从指示植物来看，这个滩丘交界地段生长一些细齿草木樨、黄花草木樨、醉马草、斜茎黄芪（*Astragalus adsurgens*）、野艾蒿（*Artemisia lavandulaefolia* DC）、苦荬菜（*Ixeris chinensis* Nakai）、风毛菊［*Saussurea japonica*（Thunb.）DC］等直根性牧草，且植被稀疏，覆盖度不超过10%~15%，适宜补播草木樨（表1）。

在具备上述3个条件的滩丘交界地段播种草木樨是最容易成功的。在沙丘部位和丘间低地中心地段补播则一般不易成功。因为沙丘部位风大干燥，风沙流动强烈、风蚀沙埋，既不利于出苗，又不利于保苗。如果补播在下湿滩地的中心，土壤盐碱板结，草根纵横盘结，水分过大，雨季又常积水，不适于草木樨的生长发育。

表1　丘间低地各地段土壤植被比较

项目	寸草滩或根茎禾草滩地	滩丘交界处（补播草木樨适宜地段）	沙丘
植物种类	寸草薹、委陵菜、金戴戴、芦苇、拂子茅	风毛菊、苦荬菜、野艾蒿、斜茎黄芪、细齿草木樨、小花棘豆	沙蒿、沙米
植被覆盖度	90%以上	10%~15%	5%~10%或裸露
土壤性状	土壤板结，轻度盐碱化，夏秋雨季有季节积水	土壤表层轻度覆沙或覆沙厚度不超过30厘米，土壤疏松，经常保持湿润	沙

2. 补播时期

毛乌素沙区丘间低地、覆沙滩地补播草木樨，一般在早春顶凌播种（2—3月）、7—8月雨季播种和封冻前寄籽播种（11月上中旬）进行，这3个时期进行播种均能获得较好的效果。因为这3个时期风小（躲过了风季），水分条件好，容易出苗、保苗。尤其是采取顶凌播种和寄籽播种，要比雨季播种效果更好，由于生长时期延长，当年就能打草利用，可获得高产。

3. 补播方法

毛乌素沙区补播草木樨，一般采取耧条播、撒播、机播和飞机播种（一般是草木樨和其他牧草进行混播）4种方式，目前沙区人民在自己承包的草场上普遍推广采用的是耧条播和撒播。应用不同的播种方法，其播种量和播种进度也不同（表2）。

表2　毛乌素沙区补播草木樨的方法和进度比较

播种方法	播种量*（千克/亩）	覆土深度（厘米）	播种进度	备注
耧条播	1.5~2	3~4	一人一马日播20~25亩	行距为25厘米
七行马拉播种机	2~2.5	1~2	①一人二马日播50亩；②手扶拖拉机牵引日播100~110亩	行距为20厘米
人工撒播	5~6	0.8~1	一人日播40~60亩	赶羊群践踏覆土

＊　指带荚的种子重量

近年来，沙区人民为了加快补播改良退化沙地草场的速度，采用飞机混播草木樨和其他牧草，取得了显著效果，受到广大干部群众的欢迎和重视。飞播与耧条播、机播、人工撒播的地面播种相比较，具有速度快、省劳力、成本低、落种均匀、密度适中等优点。据调查，飞播平均每天可播1.75万亩，平均每亩飞播费仅为0.15元。因此，飞播是目前治理沙漠建设草原的有效措施，应大力推广应用。由于丘间低地寸草、禾草滩低洼易积水，不利于牧草生长发育，最好在播前放置一些秸秆、树枝等柴物，利用冬春风季拉沙积沙后，再行飞播，效果会更好。

播种时，草木樨一般不进行种子处理，只是加大播种量1～2倍。其目的是利用草木樨含硬实种子高的特点，避免和弥补风沙地区风蚀毁苗的问题。沙区补播后，往往出现风沙侵袭、幼苗被毁掉的现象，一旦遇到这种情况，硬实种子还可继续发芽出苗，以补救缺苗断垄的问题。

4. 留株落种

毛乌素沙区补播草木樨后，一般不进行田间管理，只是注意做好保护管理，防止牲畜践踏破坏。为了使补播地段达到多年连续利用，在刈割时采取"留株落种"的措施，以实现一次补种多年收草的目的。具体做法：播种当年刈割青草，在第二年刈割头茬青草时，选留一定植株不进行刈割（单株散生，稀疏间留），一般选留1%～5%的植株让其结籽自然落种更新，以补再生种源。

三、丘间低地、覆沙滩地补播草木樨的经济效益

丘间低地和覆沙滩地补播草木樨，其经济效益十分显著，是毛乌素沙区提高草原生产力、增加载畜量的有力措施。二年生白花草木樨在沙区作为退化沙地草场补播牧草品种，其特点是生长快，产草量高，营养好，投资少，见效快，适于大面积推广应用。尤其在这个地区，目前流沙面积大，草场狭窄，牲畜主要拥挤在丘间低地和覆沙滩地上放牧，畜草矛盾十分突出，限制着畜牧业生产的进一步发展。因此，在毛乌素沙区大力开展补播草木樨的工作，对于实现畜牧业现代化具有举足轻重的重要意义。当前补播草木樨的经济价值和现实意义在于以下几个方面。

（一）速生高产，可直接变为打草基地

草木樨枝叶繁茂，生长快，丘间低地和覆沙滩地补播后，无论当年还是翌年产草量都是很高的。据实测，补播后第一年亩产干草300～425千克，第二年亩产干草可达350～900千克，比同类条件下天然草场的产草量提高10倍以上（一般退化丘间低地的产草量为30～35千克）（表3）。再从补播草木樨后的株高、分枝、茎和根茎以及叶片发育等性状来看，植株繁茂，表现十分优良（表4）。

表3　毛乌素沙区补播草木樨后第一年和第二年产草量变化

生长年限	补播面积（亩）	平均株高（厘米）	产草量			测产时间（年/月/日）	测产地点
			鲜草（千克/米²）	鲜草（千克/亩）	干草（千克/亩）		
第一年	240	100	2.1	1400.7	420.2	1977/9/3	乌审旗图克公社塔布岱生产队
	2500	70	2	1334.0	346.7	1977/8/23	乌审旗陶利公社塔来乌苏大队
第二年	700	75	2.4	1600.8	384.2	1977/6/29	鄂托克旗苏米图公社苏米图大队
	500	140	3.9	2601.3	936.45	1977/8/17	乌审旗沙尔利格公社文贡生产大队

表4　补播后草木樨生长状况调查

生长年限	株高（厘米）	分枝（个/株）	茎粗（厘米）	根茎粗（厘米）	叶片发育（厘米）		产草量（千克/亩）		
					长	宽	鲜草	干草	籽实
第一年	66.2	1.2	0.3	0.9	1.9	1.1	605	199.7	
第二年	156.8	2.6	0.6	2.0	2.4	1.5	1315.5	434	125

目前，毛乌素沙区补播草木樨后主要作为打草基地利用。第一年一般刈割一次，第二年刈割两次比刈割一次产草量可大幅度提高。据试验，在6月17日（现蕾期）刈割第一次，亩产鲜草1700.7千克，第二次刈割在9月7日进行，亩产鲜草723.5千克，两次共产鲜草2454.2千克，晒制干草1359.25千克。第二年如果刈割一次（8月25日），亩产干草仅为916.5千克，两次刈割比一次刈割产草量可提高48.3%，且一次刈割其茎秆木质化程度高，叶子脱落，营养价值降低。

（二）营养丰富，是牲畜重要的优质牧草

各种牲畜都喜食，可以作为青饲、调制干草、放牧或青贮等利用，含粗蛋白较多，是高蛋白饲草，具有丰富的营养价值。据中国农业科学院畜牧研究所分析，白花草木樨含粗蛋白质为17.5%，粗脂肪3.17%，与苜蓿相似（表5）。

表5　白花草木樨的营养成分　　　　　　　　　　　　　（%）

样品	水分	粗蛋白质	粗脂肪	粗纤维	无氮浸出物	灰分
叶	12.0	28.5	4.4	9.6	36.5	9.0
茎	3.7	8.8	2.2	48.8	31.0	5.5
全株	7.37	17.51	3.17	30.35	34.55	7.05

（三）改土肥田，可以大大提高土地肥力

首先，白花草木樨由于根系发达，产根量高，加上枯枝落叶残存在地里，所以补播后土壤有机质含量显著增加。其次，草木樨根瘤菌很多，又能固定空气中的氮素，增加土壤的有效养分。再次，草木樨适应性强，具有抗旱、抗寒、耐盐碱、耐瘠薄等优点，补播后由于根系发达，能够吸收土壤深处水分，植株繁茂，减少地面蒸

发，降低地面盐分积累，可以起到改良盐碱土壤的作用。这一点，在目前沙区丘间低地和覆沙滩地都有不同程度盐碱化的情况下，补播草木樨具有特殊的现实意义。

（四）可以抑制毒草——醉马草的生长

毛乌素沙区丘间低地和覆沙滩地草场，都较普遍生长有醉马草，特别是遇到干旱年份，醉马草生长极为茂盛，牲畜采食后，轻者掉膘、瘦乏，重者死亡。因此，醉马草是毛乌素沙区发展畜牧业的一大祸害。1957年，这个地区的乌审召公社遭受严重旱灾，因采食醉马草而中毒死亡的牲畜占全社牲畜总头数的11%，其中马中毒死亡的占全社马匹总数的40%。清除和抑制醉马草生长，提高草场利用率，是这个地区改良建设草原的一项十分重要的措施。沙区广大干部群众近年来采取在生长醉马草的草场上补播草木樨，利用生物学竞争原理，抑制毒草生长发育，改变原生长地的环境条件，创造一个不适应醉马草生长的新环境，毒草受到抑制，由植物群落中的建群种或优势种逐渐退出群落。这样，既减少了毒草，又增加了优良牧草的成分，提高了草场的产量和质量，是一项一举多得、变害为利的好措施。据调查，在醉马草分布较多的草场，如每平方米内有3株以上草木樨生长起来，就可以抑制毒草的生长，与未补播草木樨相比，醉马草的数量可以减少60%～80%。

（五）可以促进多种经营的发展

草木樨是很好的蜜源植物，可以发展养蜂事业；种子产量高，一般每亩可产75～150千克，种子是很好的精饲料；收种后的秸秆可以作燃料，解决沙区群众烧柴困难。它是沙区贯彻落实"以林牧为主，多种经营"生产建设方针的一个好草种，值得大力推广应用。

参 考 文 献 （略）

在荒漠草原地区退化草场
补播柠条的技术和效果*

胡琏　陈桓

鄂尔多斯是中国北方重要的草原畜牧业基地之一。辽阔的草原又是畜牧业赖以生存和发展的物质基础。但是过去长期以来，由于一系列历史的和现实的、自然的和人为的盲目垦伐、滥牧过牧，再加干旱少雨、风大沙多、自然灾害频发，使草原遭到严重破坏，牧草低矮，植被稀疏，产草量下降，草原日趋退化沙化，对稳定、优质、高效地发展畜牧业生产造成极为不利的影响。如何提高天然草原生产力，尽力防止草场退化沙化，是当时草原畜牧业急需解决的一个重要问题。

20世纪60年代伊克昭盟盟委、公署针对当时草原退化沙化、生态环境日益恶化、严重影响畜牧业发展的现实，带领全盟广大干部群众，深入生产实践，认真开展调查研究，在进一步明确提出"以牧为主""禁止开荒、保护牧场"的生产建设方针的基础上，又制定了"种树、种草、基本田"的具体政策和措施，极大地调动了各地改造自然、治理沙漠、建设草原的积极性。我们在认真总结研究伊盟东部四旗（市）典型草原区推广种植柠条成功经验的基础上，从1964年开始在杭锦旗阿色尔大队蹲点，开展在荒漠草原区退化沙化的梁地草场上推广柠条种植试验。现初步总结如下，供各地大面积

---

*　原文发表于《伊盟科技》，1975年8月。

种植柠条时参考。

一、阿色尔大队的自然概况

阿色尔大队属杭锦旗阿色楞图公社。西、南两面紧靠农业区，是一个纯牧业大队，境内东面是茫茫一片的大明沙，占全大队总面积18.5万亩的1/3还多，西部约有11万亩的硬梁草场。这里海拔1388.4米，气候干旱、严寒、风大、沙多。年平均降水量280毫米，集中在7—9月，蒸发量约为降水量的10倍。最大风速每秒23米，风季长达半年之久。年平均气温5.9℃，1月最冷，7月最热，最高气温35.4℃，最低气温零下32.1℃。无霜期166天。

这里属荒漠草原区。土壤为淡栗钙土、棕钙土。主要植物有针茅、隐子草、蒙古葱、多根葱、兔唇花、小叶锦鸡儿、狭叶锦鸡儿、沙蒿、冷蒿等，草场退化较为严重。

二、退化草场补播柠条的技术

（一）补播用的柠条种类和特性

柠条有很多种。不同种的分布、特性及利用价值都不相同。一般所谓柠条是对豆科锦鸡儿属灌木的俗称。它在广义上包括锦鸡儿属中的各个种，狭义上指该属中株体高大的中间锦鸡儿、小叶锦鸡儿、柠条锦鸡儿。伊盟常见的锦鸡儿有中间锦鸡儿、小叶锦鸡儿、柠条锦鸡儿、康青锦鸡儿、狭叶锦鸡儿等。目前我盟群众栽培的多为小叶锦鸡儿、中间锦鸡儿、柠条锦鸡儿，并将这三个种统称为柠条。我们在阿色尔退化草场补播的柠条主要采用的是前两种。柠条适应性强，容易种植，营养丰富，在草原畜牧业地区为优良的饲用灌木，具有特殊的利用价值。退化草场补播柠条后，既可作为优质的放牧场，又可培育成割草场，是解决牲畜冬春缺草季节的优良备荒草牧场。

柠条是伊盟野生的优良牧草。在适宜条件下播种后，1～2天发芽，5～6天出土，两片叶子出土后，3～5天长出真叶。柠条生长的头1～2年属于营养期，主要生长根系，地上部分生长缓慢。这一时期根的长度一般为地上植株高度的4倍以上。条件适宜时，在疏松的沙质土壤上根系生长更发达，根长可达株高的6～7倍。据我们在阿色尔大队观察，1974年5月22日播种，7月15日测定，平均根深24.1厘米，而地上部分平均株高只有6厘米；同年7月25日在疏松的沙地上播种，9月6日测定，平均根深25.1厘米，株高平均仅有3.7厘米。可见柠条的根系生长在播种后的当年是很迅速的。由于它的根系发达，抗旱力很强，在降水量50～70毫米的大旱之年，其他牧草都已枯死的情况下，柠条仍能正常生长。

柠条对土壤要求不严，栗钙土、棕钙土、壤土、沙壤土、沙土都能生长；尤以表层覆沙，下层为轻壤的半沙地上（群众称为二沙沙地）生长最为理想。它耐贫瘠，耐风蚀沙压，防风固沙力强，寿命长，不论沙丘、沙梁、流沙地、硬梁或撂荒地都能种植，是荒漠化草原地区进行旱直播的优良牧草，深受群众欢迎，当地群众称为"四季青""保命草"，伊盟各地正在大力推广种植。

（二）补播柠条的技术

根据伊盟农牧区群众多年推广种植的实践，补播柠条只要是顶雨播或雨后抢墒播，发芽出苗都没有问题，主要问题是保苗。保苗的3个关键是保持必要的水分，防止风害和鼠害，而以水分条件最为重要。只要土壤水分有了保证，幼根能够迅速扎入湿土层中，保苗就没有什么问题了。

柠条不能深播。抢墒播种后，它发芽很快；而就伊盟的情况来说，地表土层的干燥也很快。如果幼根的生长速度超过表土层干燥的速度，就能保住全苗，等于或小于这个速度，发芽的幼苗都易旱死在干土层内，这是一个矛盾。怎样解决这个矛盾，根据阿色尔的经验，应着重从考虑和安排播种期、播种深度以及播种方法入手，采取适当的技术措施，就能够确保全苗，提高播种效率。

1. 播种季节

退化草场补播柠条在春夏秋三季均可播种。但从阿色尔大队在不同季节补播柠条的保苗效果比较（表1）来看，春、夏、秋三季播种的越冬率都很高，可从单位面积的实际保苗率分析，春播、夏播都不如秋播。实践证明，以夏末秋初（7月底至8月初）播种最为适宜。春季风沙大，降雨少，鼠害也较严重；夏季降雨也不多，加上气温高，蒸发量大。这两个季节播种的，往往不易捉苗保苗。7—9月是伊盟的雨季，全年降水量的60%～70%往往集中在这个时期，同时气温不高，地温适宜，有利于种子萌发保全苗。这个时期的风也较小，鼠害较轻。阿色尔大队的农牧民抓住这个季节，最近几年进行了大量补播，几乎是种一苗出一苗，取得了很好的效果。这个季节也是柠条种子成熟时期，可以一边采种，一边播种，这样柠条种子既不受虫害的损失，发芽率高，又利于保全苗，适于大面积补播。

表1　春夏秋播种柠条保苗效果比较　　　　　　　　　　（%）

补播时期	出苗率	成活率	越冬率
春播	79	30	98
夏播	80	50	95
秋播	85	90	94

2. 播种方法

点播：地形变化复杂，植被较为茂密的地段，宜用点播。点播的行距和株距一般是0.5~1米，每个劳力每天能播15~20亩。点播的生产效率较为低一点，但所用工具简单，方法易于掌握。先用小铲或铁锹铲3~4厘米的小坑，将种子置于湿土层内（每穴3~4粒），随后覆土即可。覆土时注意先入湿土，仍将干土置于表层，不可干湿倒置。每逢夏秋之交，伊盟许多牧工常常是一边放牧，一边用随身携带的羊铲挖坑点播。

条播：在地形平坦、植被稀疏的缓坡沙梁、平坦沙地或撂荒地上，可行条播。条播的工具是耧。在退化草场补播柠条建立基本草牧场的时候，一般进行不同宽度的带状条播。播种方向与主风向垂直。带宽2~3米，行距30~40厘米，株距10~20厘米，带与带之间保持4~6米的距离。播后最好用小石滚滚压，以利保墒出苗。条播下种均匀，幼苗成活率较高。一人、一畜、一耧每天可播80~100亩。

机播：在平坦的大面积退化草场，植被稀疏低矮的沙化草场或撂荒地上，都可进行机播。方法是将24行的播种机调节成12行，放宽行距，播一次为一个带，或来回2次为一个带。播种方向仍与主风向垂直。带与带的距离应为带宽的2~3倍。机播均匀，深度容易掌握，速度快，效果好，很受群众欢迎。阿色尔大队曾在拖拉机后面绑一根长椽，椽上再挂5~7支耧，前面用拖拉机牵引，后面人工扶耧，播种的工效也很高。

3. 播种深度和播种量

播种的深浅直接影响出苗率的高低。种深了，发芽后的种子要通过较厚的土层才能见到阳光，种子子叶大，出土较为困难，常在距地表1~2厘米，即因原贮营养耗尽而使幼芽萎黄，停止生长。播种过浅（1~2厘米），往往则因种子处于干土层内，不易萌动发芽。一般来说，伊盟地区表层湿土变干的速度，每日为0.6~1厘米，若种浅了，即使雨后抢种，也会因表土迅速变干而影响出苗，所以播种的深度一般都以3～5厘米为宜。春播可以深些，秋播可以浅些；表层干土可播深些，雨后抢播可播浅些；沙土可以深些，黏土应播浅些。

柠条籽千粒重37～38克。每亩播种量一般应为0.75～1.0千克。但要看具体情况而定，根据阿色尔大队的经验，在撂荒地和耕地上条播，下籽数量应比天然退化草场多些，每亩1～1.5千克为宜。耧播下籽应比机播多些，条播应比点播多些；种子质量较差，以及野鼠密集、多风的地区播种量都要适当增多。

（三）补播后的管理和利用

补播柠条的退化草场，从恢复草原植被、解决牲畜饲草料出发，要求播后封闭2～3年。因柠条在前1～2年处于营养生长期，其地上部分生长缓慢，两年后生长加快。其实柠条播后随生长状况利用可变化，阿色尔大队的实践证明，当年播种封闭一年就放牧了，其地上部分的幼苗虽被牲畜采食，但却抑制它向上生长，促进了次年根茎的分枝。据我们实地观察，平均每株有2～4个分枝，最多可达5～6个。这样有利于柠条提前进行强烈分枝，形成株丛，增加嫩枝绿叶。相反，如不进行放牧，地上部分便一直向上生长，很少分枝甚至没有分枝，木质化程度增强，形不成株丛，降低了饲用价值。因此，对于生长2年以上、株高0.5米的柠条，可采取重牧或刈割的办法，增加新枝嫩叶，以利于放牧利用。

三、退化草场补播柠条的效果

柠条扎根深，株丛大，耐贫瘠，抗风沙，不怕干旱，营养较丰富，寿命也很长。在退化草场补播柠条，不仅可以改善草群结构，提高产草量，还可防风固沙，保持水土，增加土壤肥力，可促进草原植被快速恢复，对发展畜牧业生产是非常有利的。

（一）产草量显著提高，柠条分枝多，再生性强

退化草场补播柠条后，由于柠条具有强烈分枝的特性，同时再生性也较强，2～3年以后就可形成株丛，可促进产草量提高。据我们在阿色尔大队补播柠条后的梁地放牧场进行产草量实地调查（调查地段是撂荒3年后补播柠条的放牧地，1965年带状补播柠条，带宽3米耧播，带间距4～6米，封闭2年后推行自由放牧），先后于1966年、1974年测定产草量（表2、表3），其产草效果变化很大。

表2　补播第二年的产草量变化

处理	鲜草产量				备注
	克/米^2	增产（%）	千克/亩	增产（%）	
补播区	140	55.6	93.35	55.6	撂荒3年后补播柠条1965年补播改良
对照区	90	100.0	60.00	100.0	撂荒3年后的撂荒地

表3　补播第九年的产草量变化

处理	产草量				增产	
	克/米^2		千克/亩		每亩增产干草（千克）	增产率（%）
	鲜草	干草	鲜草	干草		
补播区	512.5	265	341.69	176.68	126.67	253.29
对照区	162.5	75	108.34	50.01		100.00

注：测定产草量，以刈割柠条枝上部1/3（当年生枝）进行计算

从表2、表3可以看出，补播柠条放牧场和未补播柠条的放牧场相比，产草量显著提高，补播后第2年就可见实效，产草量可增加50%以上。尤其是随着补播年限延长，其产草量会逐年递增，补播后的第9年就可增加253%以上。这充分表现出柠条强烈分枝、再生

性很强、生长旺盛的特点，也表现出柠条寿命长、速生高产、耐啃耐牧、放牧稳定性强的独特优势。

（二）草群结构改善，草层增高，牧草密度提高

柠条是深根性的豆科牧草，根系发达粗壮，入土达3米以上，能从土壤深处吸收水分和营养，不仅不同其他牧草争养分，相反，它具根瘤菌还可肥沃土壤，植株高大又可改变草场小气候，这就为其他牧草特别是浅根性牧草的生长提供了适宜的条件，在其株丛之内或其周围常常伴生其他一些优良牧草，构成了补播草场增产性能。从阿色尔大队的调查比较（表4），可以看出补播柠条的退化草场牧草密度增加，草层增高的明显变化。植被组成的变化，主要表现为牲畜适口性好的禾本科、豆科牧草增加，生长郁闭，自然控制了粗硬杂类草的生长，使草群结构大大改善。由于牧草的高度和密度增加，无疑扩大了优质高产草场的面积，有利于打草储草，保畜过冬。

表4 补播柠条对牧草高度、密度、草群结构的影响

处理	草层高度（厘米）	密度		草群结构				覆盖度	
		万株/亩	增加百分率（%）	禾本科（万株/亩）	增加百分率（%）	杂类草（万株/亩）	增加百分率（%）	覆盖度（%）	增加百分率（%）
补播区	22	16.3	139.7	9.1	55.8	7.2	44.2	70	133.3
对照区	10	6.8	100.0	1.9	27.9	4.9	72.1	30	100.0

（三）柠条营养丰富，生命力强，放牧时既耐牧又是缺草季节的备荒草场

在十年九旱的荒漠草原地区大力种植柠条，可变成很好的牲畜缺草季节备荒草场。1965年，伊盟遭到百年未遇的大旱灾，在年降水量仅为50～100毫米的地方，其他牧草都已枯死的情况下，柠

条仍能正常生长。它能适应恶劣的自然条件，不怕风打、沙压、雪埋和牲畜践踏，是牲畜的"救命草"。它春天返青开花早，夏秋嫩枝绿叶多，冬季因其当年枝条上生有绿色越冬的冬眠芽，一年四季可供牲畜采食，群众称为"四季青"牧草。柠条营养丰富。据伊盟乌兰柴登草原试验站分析（表5），春天开花期的蛋白质含量高达19.8%，远为其他早春牧草所不及，是牲畜早春接口草，也是冬春青黄不接时牲畜的优质备荒草场。

表5　柠条营养成分

发育期	初水	吸收水	占风干物质中营养成分的（%）						
			粗蛋白质	粗脂肪	粗纤维	灰分	钙	磷	胡萝卜素
开花期	6.67	6.94	19.08	4.56	30.35	4.97	1.79	0.57	21.48
营养期	6.47	3.08	5.80	4.15	28.81	6.27	2.27	0.35	16.70

（四）补播柠条的放牧场有防风固沙，保持水土，有利于草原生态环境恢复改善

柠条植株高大，播种4～5年后，发育成熟，随着大量的新枝出现，形成较大的灌丛。在灌丛四旁积贮着许多残枝落叶和各种草籽。由于这些风积物的增多而逐步形成丘状体，容纳和蓄积较多的水分，有利于自然落种的草籽生长发育，促进草原植被的天然更新，它的枝条被沙土掩埋后，还可产生不定根，再生新枝，使灌丛逐年增大。据我们在阿色尔大队实地测量，补播10年后的柠条放牧场，灌丛直径可达30～80厘米。这些灌丛固土拉沙，连接成片，可形成肥沃的表土层，改善土壤结构，提高土地肥力。根据当地群众的实践，播种几年柠条的土地再种粮料作物，可获大幅度增产。此外，退化草场补播柠条形成灌木带，除具有防风固沙、保持水土的良好作用外，它还具有调节气候，保护生态环境的积极意义，可为

放牧牲畜创造一个"冬暖、夏凉、避狂风"的舒适环境，减轻不良气候因素对牲畜生长发育的危害。总之，种植柠条是荒漠草原区恢复改善草原植被的"先锋植物"，是改良退化沙化草场的优良饲用灌木，适宜在荒漠草原地区大面积推广种植。

四、结论

在荒漠草原地区退化沙化草场补播柠条过程中，针对荒漠草原区恶劣的生态环境，应注重和抓好柠条种植、播种配置方式以及培育管理的调控技术。在通常情况下应掌握在雨前播、顶雨播或雨后抢墒播种，发芽出苗都是没有问题的，关键是保苗。而保苗的关键又主要是水分，土壤水分有了保证，保苗壮苗就没有问题了。按照这个原则，适宜播种期应选择在夏末秋初的7—8月，进入雨季播种最为适宜，有利于大面积实现保苗壮苗；播种方式应以带状条播为好，每亩播量1～1.5千克，播种深度3～5厘米。作为放牧场时带宽2～3米、带间距4～6米较适合，有利于灌草生长，提高产草量；培育管理在封闭保护的情况下，视柠条生长情况进行调控，当株高达到40～50厘米时，就可以采取重牧或刈割的办法促进新枝绿叶生长，有利放牧利用。

柠条抗逆性强，再生性好，具有林、草共同的特点，它既具有防风固沙、保持水土、显现突出的生态效益，又是豆科优良的饲用灌木，对发展畜牧业具有特殊的作用和意义。在退化草场上补播柠条后，形成灌草结合，增加草群植物层次，光能利用率较高，产草量大大提高，群众称为"空中草场""立体型草场"，可极大地促进畜牧业发展；退化草场补播柠条，形成灌草复合型生态系统，不仅能促进草群结构快速恢复改善，而且有助于建成结构较复杂、稳定性较强的生态草牧场，可为大力发展畜牧业创造良好的条件和基础；退化草场补播柠条后，既可放牧，又可打草。四季牲畜均可利用，春季是"接口草"，夏秋季是"抓膘草"，冬季是"备荒草"，特别是冬季遇到雪封大地的"白灾"，夏季遇到大旱草枯死亡"黑灾"时，又是牲畜遭灾的"保命草"。柠条这些特点充分显示出其对发展畜牧业生产具有特别重要的意义。

柠条种子的采集技术和方法[*]

胡琏

　　柠条是伊克昭盟农牧林业生产建设上的一个重要植物种。在农业上，柠条可以用来作防风障，防风固沙，改变小气候，也可压绿肥，改土肥田；在林业上，柠条可以用来治沙造林，制作林网；在水利上，柠条可以保持水土，涵养水源，是水土保持进行植治的良好灌木种；在牧业上，是优良的饲用植物，营养丰富，饲用价值大，特别是冬春季节、"黑白灾"年份具有独特的作用。它具有林、草共同的特点，可以用来补播改良退化、沙化的天然草场，培植人工、半人工草场。大种柠条是一举多得、一本万利的基本建设，它能够把草原建设、治沙造林、水土保持三大基本建设紧密结合起来。多年来，受到了伊克昭盟广大干部群众的普遍重视和欢迎，群众誉为"百草之王""灌中之帅"。因此，做好种源调查，适时采集，积极增加和扩大种子采收量，是当前大种柠条，建设灌木草场迫切解决的问题。

　　要做到适时采种，必须了解柠条开花结籽的生物学特性。柠条开花一般在5月上中旬，到6月上旬形成荚果，7月中下旬种子成熟。种子成熟后5～7天，荚果即可爆裂落种，散落后很快就被鼠食沙压。采种时，必须掌握在7月上中旬，荚果未爆裂前，种子已饱满的乳熟期进行。过早或过晚，都会影响采种的数量和质量，甚至会造

---

　　*　原文发表于《鄂尔多斯日报》，1978年7月，本次收录有修订。

成事倍功半的现象。因此，只有正确掌握好采种时间，组织劳力适时抢收，才能做到采种效率高，获得数量多、质量好的种子。柠条种子的采收方法一般有以下几种。

（1）双手采摘。这种方法就是沿着结籽茎枝，选择饱满的荚果，用手采摘放进布袋里。这是最普遍的办法，可使籽粒纯净，夹杂物少，质量高，但是采种效率低。

（2）沿茎剥掠。柠条的荚果是沿着茎节成串的密集分布，茎上的针刺向上生长。因此，抓住果茎的基部，自下而上地掠剥，一次能掠下数十个荚果，又能防止针刺，比双手采摘提高效率3~5倍。如果戴上破旧手套，把布袋或布块用细绳拴在腰间和手上，用双手同时掠剥，效率更高。采用这种方法速度快，效率好。

（3）带茎刈割。用镰刀或剪树剪子，把带果茎从基部剪下，集中捆扎，带茎叶晾晒，然后打收。

（4）木棒敲打。到柠条成熟后期，荚果开始爆裂时，利用午前午后日晒强烈时候，可把帆布、麻袋等铺在柠条株丛周围，用木棒沿茎敲打，使种子、荚果掉落在布上，收集在一起。

（5）筛选落籽。柠条裂荚落籽后，利用头几天，很快把柠条株丛周围有种子的表土收集到一起，用筛子筛选。把土筛下去，把荚皮去掉，选其种子。采用这种方法，时间晚了，鼠害虫蚀，效果就不好。

上述5种方法，在采用前3种方法时，最好在上午11点以前和下午3点以后进行，这样既不刺手又不裂荚。后2种方法，宜在上午11点以后午间烈日下进行。不论用哪种方法采集，一般采集植株中部为最好，中部成熟得早，籽粒饱满。

采集下的荚果或种子，集中铺平在地上晾晒数日，荚果自然开裂，种子由软变硬，呈紫褐色，经筛选去皮去杂，获得纯净种子，即可保存或播种。在贮存时要充分干燥，严防潮湿霉烂、鼠害和虫害。

建设以柠条为重点的灌木草场，建立新的生态平衡，是伊克昭盟发展畜牧业生产的战略对策[*]

胡琏

党的十一届三中全会以来，伊克昭盟及时地确定和落实了"以牧为主，农林牧结合，因地制宜，全面发展"的生产方针，提出要把伊盟建成现代化的畜牧业基地。但从伊盟目前情况来看，人缺粮、畜缺草是两件带有根本性的大事，这两个问题解决不好，会拖我们搞四化的后腿。从何处着手解决？这就成了我们当前需要认真探讨的问题。多年来，盟委几次采取重大措施，尽力解决人缺粮、畜缺草的被动局面。1964年提出了"种树、种草、基本田"的三大措施；1974年又提出了以治沙为重点的总体建设规划意见。随着四化建设的深入发展，总结了30年农牧业经济建设的经验，从实际出发，上年盟委、行署又作出了"关于大力建设以柠条为重点的灌木草场的决定"，并以此为植被建设的突破口，作为实现畜牧业现代化的起步和过渡，这是完全正确的。这个重大措施较之前两次更为具体，是符合伊盟客观规律的，是由穷变富、改变落后面貌的根本出路，是实现畜牧业现代化的正确途径。这是一个极有远见的战略决策。

一、建设以柠条为重点的灌木草场是符合伊盟的自然规律

伊盟建设灌木草场这是从当地实际情况出发，立足于历史、民

---

[*] 原文发表于《伊克昭科技》1981年，第4期。

族、地区和经济特点而提出来的一项改造伊盟的建设措施。它不但能充分利用这里的自然资源，发挥其优势，还能改造已被破坏的生态环境，建立起新的生态平衡，从而为人民创造合理的生存、生产和生活三个基本环境条件。

伊盟位于鄂尔多斯高原，为典型的大陆性气候。年平均降水量仅有150～400毫米，且集中在7—9月三个月，占全年降水量的60%；而全年蒸发量为2000～2800毫米，超过降水量的5～7倍。由于降水量少而集中和蒸发量巨大，导致气候干燥，十年九旱。每年风期达4～5个月，8级以上大风日平均为40～50天，尤以冬春为多，占全年大风日数的65%。全盟地势较高，地形复杂，西部是波状高原，东部是山地丘陵沟壑，支离破碎，容易流失水土。地表土层薄，肥力低，而且多为沙质土壤，基岩又主要是质地疏松的白垩纪各色砂岩，极易风蚀沙化。在上述恶劣的气候、复杂的地形、疏松的土壤等综合作用下，构成了伊盟不同于其他地区的特殊的自然条件。其特点是干旱缺水，风大沙多，水土流失，土壤贫瘠，植被稀疏。干旱、风沙、霜冻、暴雨、冰雹等自然灾害交替侵袭，差不多年年有灾。再加上人类利用不合理（滥垦、滥伐、滥牧等），更加剧了土壤沙化和水土流失的严重程度。因而，目前全盟都不同程度地遭受"两蚀"的严重侵袭威胁（东部水蚀，西部风蚀）。据统计，全盟总面积12900万亩，其中沙漠和沙化面积有5850万亩，水土流失面积有6000多万亩。生态平衡遭到相当大的破坏，自然环境日益恶化。集中的表现是气候旱化，自然灾害越来越频繁，干旱年份周期缩短；土地沙化严重，面积不断扩大；水土流失范围越来越大；草原退化、沙化、盐碱化，植被稀疏，产草量大幅度下降；农田土层薄、肥力低，有机质含量下降也较普遍。以上这些原因造成了农牧林内部结构失调，给农牧业生产带来了困难，这是伊盟农牧业生产上不去的症结所在。在这种生态环境下，针对生产现实，建设以柠条为重点的灌木草场，能够更好地适应和改变这种生态条件。

在上述恶劣的自然条件影响下，形成了伊盟草原绝大部分植被群落是以灌木、半灌木为建群种、优势种的天然草场。在灌木、半灌木草场上柠条表现最优良，可谓"灌中之帅"，群众誉为"百草之王"。柠条是鄂尔多斯高原千百年自然选择下来的当地优良乡土灌木种。它旱不死，冻不死，风吹不死，牲畜啃不死，沙子埋不死，抗逆性很强。柠条在伊盟具有广泛的适应性，从南到北，从东到西，不论干旱梁地、丘陵沟壑，还是荒山荒坡、贫瘠土地，都能生长，分布普遍；它能够防风固沙，保持水土，改土肥田（豆科灌木根系发达，有根瘤菌），改变小气候，种植容易，是很好的"四料"植物（饲料、肥料、燃料、工业原料），有很多优越性；它具有林、草共同的特点，一般林、草是不可比拟的。它用途广，经济价值高，一次种植，百年受益，在农林牧业生产建设上具有特殊性。由于柠条本身具备这些适应性、优越性、特殊性，自然决定了它是伊盟建设灌木草场的重点。因此，提出大种柠条，广泛建设以柠条为重点的灌木草场，是完全符合伊盟自然规律的。只要抓住柠条，采取灌草结合，先种灌、再种草的建设方式，不但能充分利用这里的自然资源，还能造成一个合理的生存、生产和生活的环境条件，也可形成一个科学的"以牧为主"的经济结构，逐步使农牧业生产由恶性循环变为良性循环，从落后的自然面貌里解放出来。

二、建设以柠条为重点的灌木草场是符合伊盟的经济规律

伊盟的广大人民群众生活十分贫困，人缺粮，畜缺草，烧柴困难，收入又少。多年来，采取垦荒种地，不仅谈不上富裕起来，连维持生活也很困难。人民群众为了维持生活，滥垦、滥伐、滥牧无法制止，植被遭到严重破坏。结果出现的是"风多林少，地多粮

少，畜多草少"的状况。群众说"地表无植被，沙子满天飞，种地不打粮，养畜不长草。"不少社队群众由于风沙危害，生存、生活和生产条件受到严重破坏，不得不背井离乡，迁移搬家。面对这种现实，只有通过建设，恢复植被，发展林牧，才能从根本上改变目前"越三滥越穷，越穷越三滥"的贫困状况。建设以柠条为重点的灌木草场，对于加快恢复植被，建立新的生态平衡，解决群众生产、生活需要，都有其独特的意义。灌木具有林、草共同的特点，枝叶繁茂，根系发达，耐旱、耐寒、耐瘠薄，生长快，效益高。因此，在建设上抓住灌木这个重点，作为先锋植物种植，会促进草原生态快速恢复改善，可以达到改变落后面貌的目的。

（一）可以解决牲畜缺草的问题

灌木枝叶繁茂，饲用价值大。柠条这种灌木是牲畜很好的优良饲草，枝梢和叶子可作饲草，种子经过加工可作精料。一年四季都能放牧，特别是在枯草季节和遭到"黑白灾"年份，其饲用价值就更大了。柠条的叶子、枝梢、皮部和种子都含有丰富的营养物质。据伊盟乌兰柴登草原试验站分析，开花期粗蛋白质的含量为19.08%，粗脂肪含量为4.56%，蛋白质含量相当于谷草的4～5倍。每50千克柠条枝叶约等于130多千克玉米所含有的粗蛋白质（玉米粗蛋白质含量为7.2%），所以牲畜吃了膘肥体壮。柠条不仅质量好，而且产量也很高。一般每亩可产干草200千克（枝叶可食部分），平均3～4亩可养活1只羊。伊金霍洛旗掌岗图大队自1964年起，十多年来建设柠条灌木草场4.5多万亩，畜均6.5亩，畜牧业连续6年获得稳定增产，牲畜头数达到6500多头（只），人均11只。由原来的农业大队转变为牧业大队，牧业又获丰收。掌岗图大队的实践说明，建设以柠条为重点的灌木草场，可以促进畜牧业发展。

（二）可以从根本上解决粮食问题

建设以柠条为重点的灌木草场，可以促进畜牧业发展，也就改善了农业生产条件，从而有利于做到粮食自给和有余。这就是说，有了强大的畜牧业，种植业也就比较稳定，向它要畜产品，同时也就有粮；单纯要粮，则粮肉两失。有了大量畜产品，还能改变食物结构，减少人们对粮食的需求量。准格尔旗海子塔公社，几年来大力建设以柠条为主的灌木草场，现在全公社已种植的柠条有19.7万多亩，基本控制了水土流失，粮食生产稳定增产，由一个"缺粮户"变成了"贡献户"。深受风沙之害的杭锦旗胜利公社、四十里梁公社，通过种植柠条灌木带，不仅促进畜牧业发展，而且在带间粮食单产由过去的10~15千克提高到50千克左右，增长了2~3倍。这些社队的生产实践说明，只要坚持走林（草）—牧—粮的路子，就能解决粮食问题。这是伊盟经济的唯一生存路、幸福路，这条路早走早富，谁走谁富，具有普遍意义。

（三）可以迅速解决燃料问题

据调查，五口人之家，1年需要5000千克燃料。为了解决烧柴问题，群众到处砍伐，破坏植被。灌木是很好的薪炭林，是可取的生物能源。建设以柠条为重点的灌木草场，不但能促进防风固沙、水土保持工作，还能解决群众烧柴问题，一举两得。杭锦旗、准格尔旗、伊金霍洛旗3个旗的不少社队都是通过种植灌木解决了群众烧柴的问题。这样既节省了社员的开支，又腾出了劳、畜力。

（四）可以较快地增加农牧民的收入

杭锦旗胜利公社，从1975年开始调整了农业内部结构，大力建设以柠条、沙柳等为重点的灌木草场，植被得到恢复，防止了风沙的危害，改变了生产条件，促进了农牧业生产的发展。粮食产量提高了，畜产品增加了，社员人均收入由1976年的25元增加到43元，提高72%。胜利公社的实践为由农转牧的社队指出了一条走向富裕的道路。阿色楞图公社阿色尔大队，近年来大搞以柠条为重点的草原基本建设，促进了畜牧业的发展，社员人均收入由1976年的22元增加到49元。阿色尔大队的实践为牧区社队走出了一条由穷变富的道路。准格尔旗纳林公社十犋牛塔是一个以农为主的生产队，从1970年以来，改变了过去"不耕百垧地，不打百石粮"的落后耕作方式，由原来的800亩耕地压缩为500亩，大力种灌木、牧草发展畜牧业。通过这样的调整，近3年农牧业都大发展了，社员收入也大大提高了，人均集体收入由1975年的50多元，增加到1979年的96元；工分值由1975年的4～5角增加到1979年的1元。十犋牛塔的实践为农区社队如何富裕起来找到了出路。此外，还可增加副业收入。准格尔旗近10年来，收购柠条籽100万千克，仅此一项为集体和社员增加收入160多万元。长滩公社1979年仅出售柠条籽一项收入5.3万元，平均每户增加收入35元。伊金霍洛旗通过种植沙柳，每年搞编织和出售去皮柳条，收入近10万元。总之，不论是牧区，还是农区，或者是由农转牧的地区，只要大力建设以柠条为重点的灌木草场，既能防止风沙，又能保持水土，促进建立新的生态平衡，是改变落后面貌的根本途径，是生财之道，可以使农牧民尽快富裕起来。

三、建设以柠条为重点的灌木草场，在伊盟地区具有"举一抓三"的战略意义

只要抓住以柠条为重点的灌木草场这项建设，就可以同时搞好草原建设、治沙造林、水土保持三大基本建设，使三者紧密地结合起来，是实现农、林、牧互相结合的纽带，也是伊盟扬长避短、趋利避害、充分发挥地区优势的积极措施。它的深远意义在于一举解决以下三个重大问题。

（一）有利于草原建设，可以加快草原建设的步伐，为畜牧业发展建立巩固的物质基础

建设以柠条为重点的灌木草场，不仅本身能够为牲畜提供优质的饲草饲料，提高草场利用率，增加载畜量，而且更重要的是能为保护和建设草原创造极有利的条件，促进牧草的生长发育，更新复壮，有利于建立新的生态平衡。灌草二者相比，这一点灌优越于草，草不及灌。在伊盟目前恶劣的自然条件下，建设灌木草场对于恢复草原植被，提高产草量，具有其独特的作用。它的特点在于以下几个方面。

其一，建设以柠条为重点的灌木草场，对恶劣的自然环境有较强的耐性和抗性，生物产量比较稳定。灌木根系发达，根扎得深，能够吸收土壤深处的水分和营养，对于干旱、风沙等自然灾害有较强的抗逆性。例如，柠条遇到干旱能健壮生长，而其他浅根性牧草会连片死亡，它就可变成牲畜的"救命草"；在冬春缺草季节或"白灾"年份，它又是牲畜的"接口草"。柠条不仅产量比较稳定，又很耐牧，在畜牧业生产中有着很重要的价值。

其二，建设以柠条为重点的灌木草场，可逐步形成灌草结合的植物群体，能充分利用空间太阳能，也能充分利用早春、晚秋的光、热资源。生长季节比牧草、农作物长2~3个月，生物产量也比一年生牧草和作物大几倍。畜牧业可以进行第二性生产，可把灌木光能产物的一部分转化为畜产品，增加经济效益。

其三，建设以柠条为重点的灌木草场，是伊盟草原建设的先决措施，可为牧草生长发育创造条件，特别是对于退化、沙化和盐碱化草场的恢复有其重要意义。在草场上只要灌木植物生长好，其他人工优良牧草和野生牧草也会自然繁茂起来，能够起到以灌护草、以灌育草的作用。据国外资料报道，在年降水量只有160~240毫米的条件下，草场每隔100米栽植一条灌木防护林带，经过7~10年，

灌木林带达到3~4米高时，林带间的草场在不采取任何措施的情况下，其产草量可增加2~3倍。伊盟的生产实践也证明了这一点。在毛乌素沙区的不少社队，通过栽植沙柳这种灌木，经过6~7年，草群的结构、组成和覆盖度等发生很大变化，可使天然草场的产草量提高4~5倍，有的甚至提高7~8倍。近年来，伊盟牛数量的下降也说明了这个问题。原来伊盟有大量的柳灌丛草场（牧民叫柳湾林），当时全盟牛达到54万头。后来随着柳湾草场的退化消失，牛数量也逐渐下降了，现在全盟仅有牛13万头。1956年，在毛乌素沙漠地区有6个万头牛公社，这些社队的特点是柳湾草场生长茂密，分布广泛。后来由于柳湾草场的破坏，牛下降到现在的2000~3000头，减少了70%~80%。原因是只要在草场上有柳灌丛，就能促进其他优良牧草生长发育，也就是说，有灌就有草，有高草就有牛。通过上述牛和柳湾草场盛衰的密切关系，充分说明了在伊盟建设灌木草场的现实意义。

其四，建设以柠条为重点的灌木草场，还能为发展畜牧业生产创造其他有利条件，对牲畜的生存、生长发育和生产性能也有良好的影响。灌木能够改变近地面层的小气候，减少不良气候因素对家畜生理过程的危害，可使家畜在降低饲料消耗的同时提高生产能力。

（二）有利于治沙造林，是中国建设"三北防护林体系"重要组成部分，可以加快伊盟林业生产的步伐

建设以柠条为重点的灌木草场，不仅能阻止沙漠的侵袭和扩大，加快沙化变绿化的速度，而且还有利于乔木的发展，能够做到乔灌结合，以短养长，增大防护效益。它的作用在于以下几点。

其一，建设以柠条为重点的灌木草场，可以起到农田、牧场防护林的作用，调节气候，涵养水源，改变自然生态环境。据西北水土保持生物土壤研究所在伊盟纳林川调查，柠条林网内，部分地方比林外空旷地风速明显减缓。由于风速减缓，林网中的气温和湿度普遍增高，白天林网内平均气温高于林外空旷地1.2℃左右，夜间林网内相对湿度较空旷地高0.5毫巴及5%。林网内由于风速和湿度的变化，在林带高度10倍地方的土壤蒸发量比林外空旷地减少54.6%。另外，林网内由于能够大量积雪和保持水土，所以网内土壤水分显著增加，1亩地可多蓄水11.43米³（11430千克），这样就可为牧草生长创造有利条件。

其二，建设以柠条为重点的灌木草场，防护效益高，容易使沙化变绿化，能够防止草原沙漠化的侵袭和扩大。伊盟西南部和北部有毛乌素沙地和库布齐沙漠，呈"丁"字形分布，近10多年来沙化面积达1000多万亩。大力建设以柠条为重点的灌木草场，不但可以改造和治理毛乌素沙地，还可以阻止库布齐沙漠的南侵。据伊盟各地试验，采用沙柳、杨柴、花棒等灌木可以固定流沙，也可以防止草原沙漠化，能使沙漠变成优良的草牧场。特别是在条件比较差，乔木生长不良或不能生长的荒沙、荒坡和硬梁地上，灌木能够大面积种植，灌木比乔木适应性强，根系发达，耐干旱瘠薄，很少受土壤内"白干土"（钙积层）影响。种植容易，省工，省钱，成本低，种苗来源容易，成活率及保存率都高，固沙护土效果好，生长快，2~3年就可见到效益。

其三，建设以柠条为重点的灌木草场，在造林上可以起到以灌促乔、以灌带乔、以短养长的作用。在沙漠里造林，乔灌结合效果最好。灌木不仅在乔木幼林阶段能迅速有效地固定流沙，保护乔木免遭风蚀和被沙埋，还可适当积沙促进乔木生长，提高乔木保存率。特别是插条造林和栽一年生实生苗乔木，更有必要配置灌木。否则乔木生长衰退，风蚀根露，容易形成"小老头树"，甚至倒伏死亡。

（三）有利于水土保持，可以防止水蚀侵袭

通过建设以柠条为重点的灌木草场，能够扭转伊盟东部四个旗（其中一部分属于黄土高原地区）目前"越垦越穷，越穷越垦"的恶性循环，改变自然生态环境，使它逐步恢复绿色。据历史地理学家的科学考证，历史上的鄂尔多斯东部地区，曾是草丰林茂的沃野。但由于历代统治者的大破坏，至新中国成立前夕，森林被砍光，茫茫的草原被破坏，植被覆盖率不到20%，使伊盟东部地区变成光山秃岭，千沟万壑，水土流失严重，并使黄河下游水患无穷。大量的史料还证明，在草原几千年的历史上，凡是在森林、牧草生长茂密，植被覆盖率高的时期，畜牧业就繁盛，水土流失就可被控制，人民生活就安然；相反，凡是大面积垦荒破坏，植被减少，跑水、跑土又跑肥，就是广大人民遭殃的时期。新中国成立后，党和政府十分重视治理这个地区的水土流失，投入了大量的人力、物力，但收效不是很大，水土流失面积仍在扩大，每年仍有1.4亿～1.7亿吨泥沙泄入黄河。主要原因在于生产方针不正确，单一搞粮食，违背了客观规律；治理方法上存在缺点，重视工程措施，生物措施没跟上；人口成倍增长，粮食压力太大。为了解决吃饭问题，不断垦荒扩种，形成了农牧业生产两败俱伤，恶性循环。千百年的历史和新中国的实践都证明了：这个地区只有贯彻"以林牧为主"的生产方针，加强水土保持工作，才能变被动为主动，创造一个新的生产和生活环境，展现新面貌。建设以柠条为重点的灌木草场，既能涵养水源，又能有效地控制水土流失。它的意义在于以下几个方面。

其一，灌木树冠对降雨有截留作用，减少降落地面的雨量，削弱雨滴对地面的溅击侵蚀能力，延缓产生径流的过程，保持水土。荒山坡地种植柠条保持水土作用很大。据试验证明，陡坡4年生柠条较荒坡减少径流量73%，减少冲刷量66%。

其二，灌木林地能阻截表土、枯枝、落叶等，增加地被物，提高吸水能力；同时能减弱雨滴对表土的直接冲击。据调查，一丛7～8年生柠条，其周围固土范围可达13.6米^2。每亩栽培柠条平均有80～100丛，10年后可固沙保土8～10吨。

其三，灌木林地有很强的透水作用。灌木有改良土壤结构的作用，可以提高土壤透水性。据测定，灌木林地平均初渗量（产生径流前的雨量）为12.6毫米，比草坡3.17毫米的初渗量增加3.4倍。由此可见，在水土流失地区建设灌木草场，由于树冠截留，地被物吸水和林地透水作用，可以大大减少地面径流量，削弱土壤冲刷，滞蓄洪水、保持水土的效果是十分显著的。因此，只要我们认真建设以柠条为重点的灌木草场，就可有效地控制水土流失，人民生产和生活就有保障，也就抓住了治黄之本，可使黄河下游人民免遭水患。

四、建设灌木草场，要根据地区特点，坚持因地制宜、各有侧重的原则，不搞"一刀切"、一种建设模式

在建设重点上，不同的地区，适宜种植哪种灌木就发展哪种灌木。要发挥自己的优势，避开自己的短处，建立各具特色的灌木草场群体结构。实践证明，一律搞成一种建设模式，往往阻碍优势的发挥，甚至把优势变成了劣势。伊盟就草原来说总体有四大区域，即干旱硬梁草原区、巴拉草原区、丘陵沟壑草原区和沿河灌区。在干旱硬梁草原区，应该发展以柠条、优若藜等为主的灌木草场；在巴拉草原区，应该发展以沙柳、杨柴等为主的灌木草场；在丘陵沟壑草原区，应该发展以柠条为主的灌木草场；在沿河灌区，应该发展以沙柳、红柳等为主的灌木草场。要从实际出发，按照客观规律，扬长避短，积极发挥本地区的自然优势，大力建设灌木草场，促进畜牧业生产发展。

在建设方法上，坚持灌木带、网、片相结合，注意提高防风保土和放牧利用效率。丘陵坡地要沿等高线水平种植，形成带状梯田；平缓梁地要布设主副带，形成灌木网格；沙区要沿沙丘走向进行镶边多行种植，形成灌木片林。

　　在建设步骤上，要把灌木作为先锋植物，先种灌，再种草，坚持灌草结合，积极提高建设效益。不论带、网、片哪种建设模式，都要逐步在其带、网内或丛间混播耐旱的豆科和禾本科优良牧草，逐步建成永久性人工或半人工草场，增加产草量，提高载畜量，为建设现代化畜牧业基地创造条件。

大种柠条改造荒漠草原[*]
——伊克昭盟种植柠条的八大好处

胡琏

　　伊克昭盟位于鄂尔多斯高原，属于干旱荒漠草原地区。干旱缺雨，风大沙多，植被稀疏，水土流失。由于历史上违背自然规律的农垦和新中国成立后的不合理利用，全盟都不同程度地遭到"两蚀"（东部水蚀，西部风蚀）威胁，自然植被退化、沙化，严重地破坏了生态平衡，农牧业生产处于两败俱伤的局面。如何摆脱这种被动局面，使农牧业生产由恶性循环变成良性循环，从破坏的自然环境中解救出来，着手以植树种草为根本的畜牧业基地建设，这是摆在伊克昭盟各族人民面前的迫切任务。

　　面对这种现实，在贯彻党的十一届三中全会精神以后，伊克昭盟盟委、公署通过调查研究，总结新中国成立以来工作经验，参考科研成果，反复酝酿讨论，作出了在伊克昭盟广大地区建设以柠条为重点的灌木草场的决定，并广泛发动群众，按规划付诸实施。多年来，特别是1980年以来，人工建设的柠条灌木草场有了很大的发展，截至1982年底统计，全盟先后累计建设面积达到370多万亩。就这样坚持下去，广种柠条，对于尽快改变自然面貌，促进畜牧业现代化建设，必将产生深远影响。

　　伊克昭盟从实际出发，广种柠条，改造荒漠草原，这是一项

---

　　[*]　原文发表于《内蒙古畜牧业》，1982年，第4期。

搞好植被建设、造福子孙后代的正确措施，是适应条件、合乎规律的，是一个极有远见的战略决策。柠条是鄂尔多斯高原千百年来通过自然选择生存下来的优良豆科灌木植物，它抗逆性很强，耐旱、耐寒、抗风蚀、耐沙压，既有广泛的适应性，又有很多优越性，还有其独特性，因而自然决定了它是伊克昭盟植被建设的重点。总结多年的植被建设经验，大种柠条有以下八大好处。

（1）牲畜的优良饲草。柠条枝梢和叶子可作牲畜饲草，种子经过加工处理可作精料，一年四季都能放牧利用，特别是在冬春枯草季节和遇到"黑白灾"时，饲用价值更为重要。柠条的叶子、枝条、皮部和种子都含有丰富的营养物质。据伊克昭盟乌兰柴登草原试验站分析，开花期粗蛋白质的含量为19.08%，粗脂肪含量为4.56%，蛋白质含量相当于谷草的4～5倍。每50千克柠条枝叶等于130多千克玉米所含有的粗蛋白质（玉米粗蛋白质含量为7.2%），所以牲畜吃了膘肥体壮。柠条的产草量也很高，一般每亩可产干草200千克左右（枝叶可食部分），平均3亩即可养活一只羊。伊金霍洛旗红海子公社掌岗图大队是贫困山区，从1964年开始坚持年年种柠条，至1981年全大队实有柠条7.1万亩，畜均十多亩，畜牧业连续7年获得稳定增产，牲畜总头数超过了历史最高水平。杭锦旗阿色楞图公社阿色尔大队，从1964年开始种柠条，人工种植面积累计达到22500多亩，牲畜从1972年的2000多头（只）发展到1981年的6000多头（只），9年增长了近2倍。

（2）能够防风固沙。柠条适应性强，耐旱、耐风蚀，不怕沙压，能够降低风速，固定流沙，保护农田和牧场。据准格尔旗调查，种植4年的柠条带沙埂高21厘米，5～6年的高39厘米，25年的高1.1米，40年的高达2.2米，株丛越大，防风固沙效能越高。杭锦旗胜利公社，近几年种植柠条14.6万多亩，布设成柠条带网，加上天然柠条，保存面积达25万多亩，种植沙蒿、沙柳和其他牧草近13万亩，治理了全社70%的风蚀沙害面积，植被得到了恢复，农牧业生产连年获得较好收成。东胜县柴登大队种植柠条带状"风界子"1万多亩，粮食单产由过去的10～15千克提高到50千克左右。

（3）能够改土肥田。柠条为豆科植物，根系发达，并含有大量的氮素和矿物质，根系腐烂后可使土壤增加有机质和团粒结构。另外其根部有许多根瘤菌，能够固定空气中氮素，改土肥田效益十分显著。据各地经验，种过几年的柠条地，耕翻后种农作物成倍增产，可以实行林粮、林草轮作。柠条是理想的绿肥，柠条枝叶繁茂、株丛大，切碎沤制绿肥，肥效长，肥力强。据有关单位测算，每亩柠条可提供氮29千克，磷5.5千克，钾14.3千克，相当于4000千克羊粪的肥效。

（4）可以改变农田、牧场小气候。柠条枝叶繁茂，由其组成带、网具有防风和改善农田、草场小气候的作用。据西北水土保持生物土壤研究所在伊克昭盟纳林川调查，在柠条林网内，距树高30～40倍的地方，其风速较林外空旷地减低20%左右，白天气温平均较林外空旷地高1.2℃左右，夜间相对湿度较林外空旷地高5%左右。因而，在林带高度10倍地方的土壤蒸发量比林外空旷地减少54.6%。另外由于林网内能大量积雪和保持水土，可使网内农田土壤水分显著增加，一亩地可多蓄水11.43米^3（11430千克），这样就为农牧业增产创造了条件。

（5）能够保持水土。荒山坡地种植柠条，防止水蚀，涵养水源，保持水土作用很大。据有关单位试验，陡坡4年生柠条较荒坡减少径流量73%，减少冲刷量66%。一丛5年生柠条，其周围固土范围可达13.56米^2。每亩平均栽植柠条80～100丛，10年后可固沙保土8～10吨。柠条除了护坡之外，还可以营造沟壑防护林、护岸林、护宅林、护路林、护渠林、护库林、梯田和引洪淤地生物埂，对保护水土作用很大。准格尔旗海子塔公社，种植柠条20多万亩，其他林草5万多亩，水土治理面积占总面积的60%以上，实现了农牧业连续增产。

（6）提供优质燃料。柠条皮内含有丰富的油脂，烧柴火焰旺、耐燃，是很好的薪炭林。据群众总结，1.5千克干柠条可代替0.5千克煤，15～20千克干柠条就可供4～5口人家烧一天。有50亩柠条，平均5年平茬更新一次，则常年不缺柴烧。

（7）有多种用途，可促进多种经营的发展。柠条既可编筐、箩，皮可拧绳，又可造纸、做纤维板，是很好的轻工业原料。种子价格高，一般为0.35～0.4元/千克，是增加集体和社员个人收入的"摇钱树"。杭锦旗四十里梁公社1981年全社采收柠条种子4.5万千克，户均收入40多元，最高的户收入达200多元。

（8）种植成本低、见效快，利用时间长。柠条耐旱、耐寒、耐瘠薄，适应性强，栽培种植容易，管理简便，成本低，见效快，寿命长，一次种植，百年受益。

综上所述，柠条具有林、草共同的特点，广种柠条是一举多得、一本万利的基本建设。它可以把植树造林、草原建设、水土保持三大基本建设紧密结合起来。

柠条"选地段、抢雨季、浅条播、带网片、促控平"直播法*

胡琏

　　大力种植柠条（主要指小叶锦鸡儿、中间锦鸡儿、柠条锦鸡儿）是加快植被建设、恢复生态平衡的重要措施。只要抓好柠条种植，就可以同时搞好草原建设、治沙造林、水土保持三大基本建设，就能促进农牧林生产不断发展，具有"举一反三"的战略意义。因此，在中国北方特别是西北地区都十分重视柠条的推广种植。近年来，伊克昭盟盟委、行署做出决定，制定规划，全面开展了以种植柠条为重点的植被恢复和建设工作，并取得了可喜的成效。但是，由于播种技术不掌握、不普及，出苗率较低，造成的损失浪费也还是很大的。据初步调查，伊克昭盟1981年有30万～40万亩柠条出现少苗或无苗的情况，大约占播种面积的1/3。

　　为了科学地掌握柠条的种植技术，保证播种质量，提高经济效益，促进大面积推广，我们通过总结群众多年种植柠条的经验，参考各地科学研究成果，结合实地调查研究，针对种植柠条的几个关键技术环节，提出了"选地段、抢雨季、浅条播、带网片、促控平"的柠条直播法，从1981年以来在各地试验推广，效果显著。这个直播法的出发点是"抓全苗、壮个体、稳群体"，即围绕柠条的

---

　　* 　原文发表于《中国草原与牧草》，1985年，第1期。

生物、生态学特性，在个体苗壮生育的基础上，保证苗全，促进群体合理的生长。该方法既能充分利用空间，又可避免争水争肥；既能减少生产上的损失浪费，又可做到加速推广，提高经济效益。据初步估算，推广这种柠条直播法后，在伊克昭盟地区每年种植100万亩柠条，较之前种植可节省种子约15万千克，节约成本30万～40万元。这是一项技术操作简便、容易掌握、适宜农村牧区推广的栽培方法，应大面积推广应用。现将这个直播法的栽培技术要点概括如下。

选地段：柠条栽培地一般选择黄土坡地、黄土梁地、硬梁地、浅覆沙梁地、河谷阶地、固定沙地以及植被稀疏的退化地、弃耕地（包括轮歇地）较为适宜。地下水位高（2米以内）的滩地、盐碱滩地以及风沙移动性大的沙丘、沙坡、流沙地、风沙化地等不宜直播柠条。在这类沙地上播种必须设置风沙障，才能获得成功。柠条对土壤要求不严格，除风沙土不宜直播外（风沙土易抓苗，但不易保苗），其他各种土壤都可种植。柠条喜欢在排水条件较好的沙壤土、黏壤土、黑垆土和栗钙土上生长。耕翻后播种，柠条长势好，但最好在播种的前一季或前一年进行耕翻，土壤经踏实后形成上实下虚环境，再进行播种，一般不宜采取现耕现种。有条件的地区，对于现耕地也可以采取播前镇压作业措施，使土壤稍压实后再进行播种，防止种子发芽生根时出现"吊根"死亡现象。

抢雨季：种植柠条只要是掌握在雨前种、顶雨种或雨后抢墒种，发芽、出苗都没有问题。关键是保苗，保苗有三大问题：一是水分，二是风害，三是鼠害。土壤水分是保苗的主要问题，设法迅速使柠条幼根扎入湿土层中，水分有了保证，保苗就容易了。如果遇到土壤水分的强烈蒸发，表土层干燥加快，幼苗处于干土层，就会造成死亡。因此，柠条从播种到幼苗生长，各种矛盾主要表现在土壤水分上，具体反映在干土层增长的速度和幼根生长的速度问题上。要想保全苗壮苗，幼根生长的速度必须超过干土层增长的速度，等于或小于都会导致死亡。按照这个原则，伊克昭盟地区播种柠条最好时期是在7—8月的雨季。春播、夏播都不如夏末秋初的雨季播种，春夏季一般降雨少气温高，蒸发量大，连续干旱时间长，干土层厚，又容易遭受风、鼠害。在7—8月雨季播种正值水热同期，幼根生长速度快，容易获得全苗壮苗。在雨季播种时能遇上连阴雨天效果会更好，表土层能够保持较长时间湿润，有利于发芽出苗。对于一次性降雨，应掌握好雨后播种的时间，一般在降水量为30毫米以上时，应严格掌握在雨后5～6天进行播种，到第7～8天最好停止播种，因为此时土壤干土层已达5～7厘米（秋季湿土层变干的平均速度大约为每天增加0.6厘米以上），采取撵墒播种就容易出现深播不出苗的现象。

浅条播：播种柠条一般有点播、条播、撒播三种方法。伊克昭盟目前主要采用不同宽度的带状条播，带距根据立地条件不同有宽有窄。发芽率在75%～90%的柠条种子，每亩播种量一般为0.3～0.5千克即可。播种深度宜浅不宜深，一般为2～4厘米，要把种子播在湿土层中。雨后1～2天浅播，4～5天后干土层变厚时则应深些，壤土或黏土浅些，沙土可深些。播种过深，由于柠条种子发芽后子叶大，顶土力弱，出苗困难，种子常常需通过较厚的土层，耗尽原贮营养，见不到日光便停止生命活动，农牧民称这种现象为"种子在土里生豆芽了"。

带网片：根据立地条件和利用目的不同，在种植方式上要坚持带网片结合，以带为主。在地形平坦植被稀疏的缓坡梁地、硬梁地以及撂荒地上，一般种植呈带状，带宽1.5～3米，带间距8～12米。丘陵坡地要沿着等高线水平种植形成带状梯型，带宽1米，带距随坡度不同而变化，坡度越大带距越窄。这样，既可起到防风固沙、保持水土的作用，又便于植被恢复，还有利于放牧利用。为了提高防风沙、保水土的效益，在平坦梁地或撂荒地，可布设主副带，形成柠条网格，网格5～10亩为一块，网格面积与灌丛所占面积的比例应为（12～20）∶1。地形变化复杂的地段，如河边、丘陵、沟边需多行片状锁边种植，提高防风固沙、蓄水保土能力。不论带、网、片哪种建设模式，都要做到先种柠条再补草，坚持灌草结合，逐步建立新型的人工、半人工草地。

促控平：柠条具有林、草共同的特点，从恢复草原植被、增加牲畜饲草出发，播种柠条后应采取促（促进生长）、控（控制向上生长）、平（平茬复壮）的措施，这是柠条种植后管护工作上的重要环节。就是说在柠条播种出苗后应严格封闭2～3年，因为这个时期是柠条营养生长期，让其充分生长发育。从第3年开始柠条地上部分强烈分枝，木质化程度显著加强，饲用适口性有所降低，这时候可实行重牧，控制其向上生长，促进其根颈和茎的再分枝，增加新的幼嫩枝叶，提高牲畜可食利用率。5～7年后，老枝条增多，木质化加强，生长衰弱，牲畜采食困难，甚至常常出现放牧绵山羊挂毛现象，灌丛旁土埂显著增高，此时应采取刈割平茬的办法，使其重新复壮，再生新枝，幼枝鲜嫩，牲畜喜食。采取以上这种封闭、重牧、平茬的"促控平"的办法，可使柠条保持较长时期生长旺盛，枝叶嫩绿，可大大提高牲畜采食利用率，促进畜牧业发展，充分提高其经济效益和生态效益。

伊克昭盟坚持建设、发展生态
牧场及生态畜牧业[*]

胡琏　云生彩　孟守诚

研究和发展生态畜牧业，对草地农业生态系统从恶性循环变为良性循环具有重要意义。本文根据伊克昭盟生产实践对建设、发展生态牧场及生态畜牧业提出一些粗浅的认识，以利于促进"种草种树，发展畜牧，改造河山，治穷致富"生产方针的进一步发展。

一、自然条件及畜牧业生产概况

伊盟地处鄂尔多斯高原，海拔1000～1500米，其自然条件的特点主要表现为干旱缺水，风大沙多，水土流失，土壤贫瘠，植被稀疏。全盟处于干旱与半干旱的过渡地带，可分为干草原、荒漠草原和草原化荒漠三个亚地带。受地貌的影响，草原又可分为梁地草场、滩地草场、固定半固定沙地草场和流沙相间分布。

伊盟是我国重要的畜牧业基地之一，新中国成立后畜牧业生产获得了很大的发展。但是，由于自然条件的特殊性，加上经营利用不合理，水土流失和沙漠化威胁比较严重。新中国成立初期沙漠面积占全盟总面积的16.9%，到20世纪80年代初约占86%；50年代初期

---

　　* 原文选编于中国农业科学院草原研究所草原改良利用研究室《中国北方天然草场改良技术交流会议资料汇编》，1986年3月。于1989年12月被评为内蒙古自治区自然科学优秀论文三等奖。

水土流失面积为4800万亩，目前扩大到7094.79万亩，草原面积不断减少，产草量下降，致使畜牧业生产长期停滞不前。1949—1979年的30年间，牲畜总头数前15年累计年平均递增8.2%，后15年累计年平均无递增。根据杭锦旗记载，牲畜胴体重1964年和1979年相比，牛下降10%，羊下降22.3%。由于畜草矛盾加剧，1963年和1979年相比，草原面积减少20%，产草量下降30%。据中国科学院等有关部门考察，1963年全盟天然草场可食干草41亿千克，到1979年可食干草包括人工饲草在内仅有30亿千克左右，牲畜超载40%，每个绵羊单位平均占有饲草由1964年的477.5千克降为394千克，天然草场只能提供牲畜需草量的2/3。因此，牲畜一直处于严重缺草局面，尤以冬春季节更为突出。加上丰、歉年不平衡，放牧经营粗放，在平常年景下常出现"夏壮、秋肥、冬瘦、春乏"现象，一遇灾年则大量死亡。

二、坚持"三种五小"建设生态牧场的方向

党的十一届三中全会后，伊盟从实际出发，及时地把生产建设方针转到"林牧为主，多种经营"上来。通过深入调查研究，提出"三种（种树、种草、种柠条）、五小（小草库伦、小流域、小水利、小经济园林、小农牧机具）"战略决策，并以此作为植被建设的突破口，进一步建设和发展生态畜牧业，逐步使农牧业生产由恶性循环向良性循环转变。

近年来，伊盟以"三种五小"为中心的植被建设有了很大发展。1984年与1978年相比，种草、种树、种柠条、小草库伦面积分别增加196.4%、94.8%、357.4%和231.4%。人工治理和林草建设的累计保存面积达1500万亩，占全盟总面积的11.8%左右。

"三种五小"植被建设是统一的整体，"三种"是建设的内容，"五小"（主要是"四小"）为建设基地。它既适应当前一家一户的

生产责任制，又便于在适宜的地段搞建设。通过"三种五小"这种建设措施发展起来的多种形式的生态牧场，较当地天然草场提高产草量8～10倍，而且草质优良。在建设过程中一般实行封育、改造和建立三结合的综合办法。"封"能起恢复天然植被和管护人工建设林草的作用；"改"是采取人工改良措施，提高草场的质量和生产力；"建"是选择适宜地段，实行"乔草""灌草"或"乔灌草"结合的措施建立人工饲草料基地，生产高额饲草料。人工培育建设的这种新型生态牧场，是一种更高级的人工草场，有以下显著特点。

（1）生长期长，生物学产量高，经济效益显著。草、灌、乔搭配的三层立体布局，既符合当地自然特点，提高光合作用的效率，生长期又长。据观察，一般乔灌木从萌发到落叶，生长期长达200天左右，特别是一些优良饲用灌木，当冬春草场一片枯黄时，其幼嫩枝条仍带绿色，生物学产量比一般牧草高2～3倍。在乌审旗一些地区，利用丘间低地栽培旱柳、沙柳同补播草木樨结合起来，每亩产干草和枝叶饲料达600多千克，较一般放牧草场生产力提高5～7倍。

（2）抗逆性强，生态适应幅度广，生态效益突出。乔灌木比一般牧草更为抗旱，耐严寒，耐风蚀，对土壤要求不严格，生态适应性较强，能够起到屏障作用，改变牧场小气候。据西北水土保持生物土壤研究所在伊盟纳林川调查，在柠条灌木林网内距树高30～40倍的地方，其风速较空旷地会降低20%左右，白天气温平均较空旷地高1.2℃左右，夜间相对湿度较空旷地高5%左右。在林带高度10倍的地方，土壤蒸发量比空旷地减少54.6%。由于林网内积雪和保持水土，土壤水分显著增加，1亩地可多蓄水11.43米^3（11430千克）。在牧场上营造乔木防护林，对改善草场生态环境的作用更突出。这样既有利于牧草生长，又有利于放牧牲畜。特别是遇到"黑白灾"时其意义更大。

（3）生物学产量稳定，保持年限较长。乔灌木生长繁茂，周期长，牧草生长期短，这样长短结合，能够使生物学产量保持较长时期的稳定，对维护草原生态系统的完整性，保持其稳定性，促进畜牧业生产的发展有着重要意义。

三、建设和发展生态畜牧业

从大农业的观点出发，农业生产目前正在走建设生态农业的道路，建设和发展生态畜牧业也迫在眉睫，势在必行。只有这样，才能实现草原生态系统的良性循环，才能尽快实现畜牧业现代化。生态畜牧业是随着生产实践、社会经济的发展及科学进步逐渐建立和发展起来的。30多年来，伊克昭盟的畜牧业总体经历了3个阶段：在历史上一直沿袭着传统的游牧经营方式，新中国成立后在党和政府的领导下和草原植被较好的条件下，牲畜头数得到了很快发展，20世纪60年代和70年代，草原植被处于严重"三化"状况，草原建设速度缓慢，只重视牲畜头数，不重视质量，这是第一阶段；党的十一届三中全会后，伊盟调整了农牧业生产的结构，注重畜牧业经济效益，从而出现了效益畜牧业（也叫质量畜牧业），这是第二阶段；80年代以来，加强了草原建设，伊盟认识到要大力发展畜牧业，必须从恢复生态系统入手，才能做到稳定、优质、高产地发展，这就进入第三阶段，成为建设和发展生态畜牧业时期。

从1980年以来，伊盟在建设和发展生态畜牧业方面着重抓了"三个相结合"。一是乔、灌、草相结合；二是农、林、牧相结合；三是种植业、饲养业、加工业相结合。只要抓住了这三个环节，并且有机地结合起来，就能初步形成发展生态畜牧业的基础。目前伊克昭盟已出现了林多、草多、粮多、畜多、副业多、收入多、经济效益高，正在实现草原生态系统良性循环。伊盟具体的做法和经验概括起来有以下四点。

1. 依靠政策，依靠科学

由于家庭承包生产责任制的实行，特别是牲畜、草场、"五荒"、林地四到户后，农牧民对承包的畜群、草场、荒地等有了使用权、自主权、受益权以及继承权，"责、权、利"到户，极大地调动了农牧民大搞植被建设的积极性、创造性。

在植被恢复、生态牧场建设中，全面实行了乔、灌、草结合，农、林、牧结合以及采取种植业、饲养业、加工业并举的措施，再加布局合理，结构协调，效益显著，使饲草饲料生产能力有了很大提高。1980年全年冬春可食饲草贮存量为26.1亿千克，1984年提高到52.8亿千克，增加了1倍多。目前全盟已出现了一个牲畜发展、粮料自给、环境改善的好势头，生态条件开始由恶性循环逐步向良性循环转变，生态畜牧业的效益不断得到提高。

2. 乔、灌、草相结合

乔、灌、草相结合能更充分利用水、土、热和光照条件，取得更高的饲料产量。当地群众称这样的草场为"空中草场""立体草场"。

采取乔灌草结合建成的生态牧场，下层提供优质饲草，上层可收获乔灌木的优质枝叶饲草。同时，乔灌木结合，还能防风固沙，保持水土，涵养水源，调节气候。据测定，在护牧林保护下的草场，产草量可提高15%～20%，牲畜的乳和肉产量提高10%～18%，仔畜的成活率提高8%～15%，羊的产毛量提高7%～10%。

3. 农、林、牧相结合

1980年以来，伊盟认真调整了农、林、牧的内部结构和牧区的产业结构，本着从实际出发，宜牧则牧，宜农则农，宜林则林的原则，实施"立草为业、引农入牧、以林育草、以种促养"的措施，充分发挥资源优势，融合多种产业、发展多种经营，形成和促进了生态畜牧业发展，增加了畜产品，提高了商品率。

4."种、养、加"三业并举

随着畜、草双承包牧业生产责任制的落实，通过种草种树，发展草业，畜牧业经济有了很大发展，农牧民的经济收入逐年增加。由于种植业、饲养业的发展，为兴办饲料工业打下了基础。实践证明，饲草料通过加工处理，可以提高其利用率40%～50%。近年来，广大农牧民自筹资金，购买了不少饲料加工设备，开始走上了"种、养、加"三业并举的路子，逐步向商品化生产发展。

植被建设是伊克昭盟最大的基本建设*

甘英才　胡琏　宁志一

　　伊克昭盟处于干旱和半干旱地带，其特点：一是风大沙多，二是水土流失严重。与这两个特点相伴随的又有水、旱、冰雹、病虫等自然灾害，从而致使农牧业生产低而不稳定，人民群众收入水平一直不能大幅度提高。

　　那么，这是伊盟固有的特点吗？否。历史上，这里曾经是"沃野千里，土地宜牧"的好草原。5世纪初的大夏王赫连勃勃和13世纪的一代天骄成吉思汗都称赞这里是林草丰美、山清水秀的好地方。特别是成吉思汗，亲征欧亚大陆之后，还遗告子孙，让把他葬在伊金霍洛旗。可见当初的这里不比当今的澳大利亚、新西兰差，也不比国内其他畜牧业地区差。对于这种历史演替，恩格斯在《自然辩证法》中举例："美索不达米亚、希腊、小亚细亚以及其他各地的居民，为了想得到耕地，把森林砍完了，但是他们却梦想不到这些地方今天竟因此成为荒芜不毛之地，因为他们把森林砍完之后，水分积聚和贮存的中心也不存在了。阿尔卑斯山的意大利人，因为要十分细心地培育山北坡的松林，而把南坡的森林都砍光了，他们预料不到，这样做把他们区域里的高山畜牧业的基地给摧毁了；他们更没有预料到，他们这样做，竟使山泉在一年大部分时间都枯竭了，而在雨季又使更加凶猛的洪水泻到平原上。"这段论述不仅是美索

---

　　*　原文发表于《伊克昭科技》1981年，第4期。本次收录有删改。

不达米亚等地的演替史，而且是鄂尔多斯高原的演替史。几千年来，居住在鄂尔多斯草原上的人们不懂得"规律、法则，任何人不能改变它，只能利用它"这条真理，一味地对大自然进行破坏、掠夺，一代跟着一代在理论上、实践上重复犯着前人所犯过的错误，把鄂尔多斯正常的生态环境毁掉了。

了解了这个过程，我们就不难从中发现，目前制约着伊盟经济建设的沙化、水土流失问题及其他自然灾害无不是植被破坏后所发生的生态环境条件失调的结果。而改变这种状况的唯一途径，必须是按着大自然固有的规律、法则从头做起。那就是说，要从植被建设入手，用人工的或人工促进的办法恢复生态平衡。植被建设是伊盟最大的基本建设，非搞不可，而且非大搞不可。

一、植被建设是根治伊盟"三蚀"的需要

伊盟总土地面积12900多万亩。其中风蚀，即沙漠和沙漠化面积6480万亩；水蚀，即水土流失面积4800万亩。两项加起来占全盟总土地面积的86%；剩下14%，即1800万亩，除了村镇、道路、河川、水面之外，就是我们视为眼珠的黄河沿岸平原和梁外的滩川地了。这些土地是伊盟百万各族人民群众赖以生存的基础，但是现在也有大约40%碱化了。这就是我们所说的碱蚀。风、水、碱这"三蚀"使我们吃够了苦头，而且目前仍在恶性循环。沙漠化过程还在以每年300万亩的速度继续着，水蚀沟川亦在不断延展加深。据科学探测，源于我们这里的悬浮沙已经在污染北京的空气；鄂尔多斯高原每年要向黄河中下游输送1.4亿～1.7亿吨泥沙，致祸于那里的人民群众。面对这种局面，我们是像恩格斯在《自然辩证法》中所指出的那样继续犯我们前人所犯过的错误——通过对大自然的掠夺，加速"三蚀"过程？还是总结经验，吸取教训，能动地去减缓，进而从根本上制止这个破坏过程？这是我们必须回答的严肃问题。

对于这个问题，伊金霍洛旗的干部和群众用他们的实践做出了很好的答案。1974年，这个旗的900万亩土地有304万亩沙化了，再加上严重的水土流失，他们那里的环境已经到了无法控制的地步。但是从1975年以来，他们首先从旗委一班人开始，在调查研究、提高认识的基础上，广泛发动群众，狠抓植被建设。6年来，新增人工幼林112.3万亩，使有林地面积达到181万亩，森林覆盖率达到20.1%，再加上种草以及通过封育手段恢复起来的天然植被，大大地提高了绿色植物覆盖度，从而使"三蚀"过程明显减缓了。

除此之外，1974年杭锦旗胜利公社全社90万亩土地的70%沙化了。1975年以来，他们积极封育天然植被，大搞种树、种草，至20世纪80年代初植物覆盖度已经恢复到70%。乌审旗乌兰什巴台公社是个风蚀极其严重的公社，现在变了，成了沙漠中的绿洲。这也是他们种树种草，大搞植被建设的结果。这样的典型不少，如农区的白泥井公社、牧区的苏米图公社、沙区的布尔陶亥公社，山区的海子塔公社都正确地解决了加强植被建设就是改善生态环境的问题。

所以我们说，"三蚀"逼着我们大搞植被建设，而以植被建设为主又是根治"三蚀"的唯一正确途径。

二、植被建设是发展畜牧业生产的需要

伊盟干旱少雨的气候特点，严重的"三蚀"等条件都决定了我们不能以农为主。在这方面，我们试过了，试了20～30年，碰得头破血流。伊盟有较为丰富的工业原料，诸如褐煤、盐、碱、芒硝、硫黄等，但我们也不能因此而走以工业为主的道路。因为我们没有基础，财力、物力的缺乏以及全盟百万各族人民群众长期形成的历史习惯，目前伊盟的盟情都不允许走这条路。摆在我们面前一个很重要的事实是我们这里是一个以蒙古族为主体的少数民族聚居区。蒙古民族千百年来的习惯是搞畜牧业生产。这样的地区特点、民族

特点就客观地规定了伊盟的主体经济必然是畜牧业经济，除此别无出路。因此，伊盟制定并推行了以林牧为主的经济建设方针，从自然界获取生活资料和再生产原料，积极发展畜牧业经济。

科学上，人们为了区别能量的相互转换过程及其在这个极其复杂的过程中的不同存在形式而创设了第一性生产和第二性生产的概念。所谓第一性生产，就是摄取光能的生产。植物通过它的叶面组织吸收光能，再经过叶绿体的作用，把光能转化为化学能，以脂肪、蛋白质、淀粉、纤维等形式贮存于根、茎、叶、花、果实、种子中。这就是第一性生产的产品。这是包括人类在内的所有动物所赖以生存繁衍的能量基础。可见，伊盟的主要生产手段恰恰就是建立在第一性生产基础之上的，属于第二性生产范畴之内的生产。没有第一性生产所形成的尽管还是相当粗糙的脂肪、蛋白质、淀粉、纤维等产品，便不可能出现第二性生产。这就是说，发展畜牧业必须从发展植物生产做起，必须从有效地、尽可能多地摄取光能做起。鄂尔多斯草原上日照相当丰富，但我们目前所能利用于第一性生产上的远远不够。因而，伊盟天然草场的产草量相当低，一般情况下每亩10～15千克，多者也不过平均75千克左右，更何况我们的许多土地上一没树、二没草，在那里裸露着。所以说，我们把绝大部分光能都浪费掉了。这就是伊盟畜草矛盾日趋严重，畜牧业生产一直不能大步向前发展的症结。找到了原因，也就找到了解决问题的途径，那就是要通过扩大绿色植物覆盖面积、完善植物层片结构的途径，尽可能多地摄取光能，增加第一性生产产品。有了这个基础，畜牧业生产才能大力发展，以牧为主的经济结构才有保障。保护建设植被是发展畜牧业生产的物质基础。

三、植被建设是各行各业现代化建设的基础

理论和实践都已经证明，农业、工业、交通运输业等不少行业

都和植被建设有着极其密切的关系，都受着植被状况的制约。

我们搞了20～30年农业，粮食产量却一直上不去，总产量总在2亿千克上下徘徊。农民解决不了自己的吃饭问题，近年来每年不得不靠国家返销3.5万～4.5万千克粮食。其原因一般地都归结为我们这里干旱、自然灾害多。其实，干旱也好，其他自然灾害也好，都是由植被稀疏这个基本因素所造成的。达拉特旗树林召公社园子特拉由于破坏了植被，到1958年变成了农不能农、牧不能牧的沙化地带，原来居住在那里的19户人家搬走了18户。后来，公社组织人马到那里种树种草，建设植被，很快改变了面貌，改善了生产条件，农业就上去了。在防护林保护下的粮食作物亩产达到200多千克。这样，不仅搬走的户子又搬回来了，而且移来不少新户。准格尔旗布尔陶亥公社原来是个穷沙窝，1958年以来，他们大搞植被建设，坚持了23年，种树24万亩，种草1.2万亩，有力地促进了农业生产的发展，使粮食单产由26.5千克提高到80千克。该公社所在的营盘塔过去是三种不捉苗的黄沙滩，现在变成了林成网田成方的基本田，亩产提高到150多千克。这样的事例很多，都有力地说明了农业发展的基础是植被建设。抓好了植被建设，农业问题、吃饭问题就都容易解决了。

我们搞了20～30年水利，花了国家1亿5000多万元投资，结果不仅没把粮食产量大幅度提上去，反而造就了不少险库、悬河，到了雨季又不得不动用大批人马防洪、抢险。即使这样，也常常成灾。我们总结农牧业生产上不去的时候，说原因是干旱少雨，1979年雨多了点，应该好一点吧，但结果却相反，不算农牧业生产及人民群众所受到的损失，全盟仅水毁水利工程总值就达460万元之多。当然，降水少而集中是伊盟的自然特点，这种雨量季节分布不匀现象确实客观存在，是造成伊盟农牧业生产以及水利事业多灾多难的原因。但有没有办法解决这个问题呢？我们可以通过大搞植被建设，利用植物来涵养保护水资源。据科学测算，1亩阔叶林可以比1亩农田多含蓄水分20米^3，5万亩森林所含蓄的水量就相当于1座库容为100万米^{3}的小型水库；草坡对于雨水的初渗量、滞流量也都比农田、更比光山秃岭大得多。所以我们说，种树种草，扩大植物覆盖面积，实质上也等于建水库，是"绿色水库"。这绿色水库不仅本身稳定、耐用，对其他水利工程也有保护作用。在这里，我们有必要说明一点，我们不是说不要搞水利工程了，必要的工程还要搞，但搞工程必须有生物措施做保证。没有工程流域、源头的绿化，这个工程就是危险的，并且有可能报废。这一点已经被我们许多地方的实践所证明。

伊盟的重点工业是毛纺工业，它的基础是畜牧业生产，只有畜牧业发展了，它的原料才有保障。所以说，植被建设又是毛纺工业的基础。并且，近年林业、轻工业等部门开始重视沙柳和柠条在工业上价值的研究。已经取得的资料证明，沙柳、柠条、马莲等又是纤维板工业、造纸工业的极佳原料。从这些意义上讲，建设植被同时也是在建设工业原料基地。

公路交通是联系城市乡村和工农业生产的重要纽带。没有现代化的畅通无阻的公路交通事业，便不可能进行工业农业的现代化建设。试想，一个地方连汽车都通不了，产品运不出来，技术设备传不进去，拿什么搞现代化建设呢？目前伊盟的许多地方就存在这个问题。严重的水土流失，从径流至洪水甚至泥石流，每年都要使不少路面、桥梁、涵洞遭到破坏，年均水毁路段总土石方量要达3万～4万个。严重的风沙灾害，在每年11月到翌年5月期间内使全盟2/3的公路程度不同地受到沙害。乌审旗的一些路段曾因沙阻1个月没通客车，不得不动用500余人清沙补路。相反地，达旗姑子梁路段，过去秋冬春三季虽然养路人员成天在那里清沙，客车上的旅客们到那里还是不得不常常下来推车。后来在那里种树种草，从1978

年开始，到1979年结束，仅用了2年的时间就把那里的沙治住了，养路工人无须再受清沙之苦了，汽车乘客也用不着受推车之难了。同样，从东胜至杭锦旗的公路经过伊金霍洛旗苏泊罕公社那一段，前几年风沙很大，不得不计划改线；后来伊金霍洛旗的公尼召林场到那里造林，很快把沙治住了，公路部门再没改线之忧了。可见，防治路灾的最好办法也是种树种草，大搞植被建设。

据1979年统计，伊克昭盟农区人均收入45元；牧区多一点，也不过是127元。人民收入水平很低，生活也很苦。用什么样的办法改变这种状况，治穷致富，使人民群众的生活像中央所提出的那样，到20世纪末达到小康水平呢？我们认为，植被建设是重要途径之一。准格尔旗布尔陶亥公社李家塔大队林场坚持种树20余年，目前已有林5.2万亩，立木总价值达200余万元。该旗的海子塔公社有个社员叫黄四，种树种草十几年，目前自有柠条2000余亩，长成柁材的杨柳树44株，长成檩材的达2000余株。伊金霍洛旗台格庙公社利用沙柳条搞编织，半年收入5万多元。准格尔旗羊市塔公社大抓柠条等牧草种子采收工作，全社收入22万元，户均157元。长滩公社仅柠条籽一项户均收入就达57元。由此可见，种树种草又是开展多种经营、使群众治穷致富的重要途径。

上述种种已充分说明，植被建设是改变伊盟面貌的需要，是伊盟包括畜牧业现代化建设在内的一切现代化建设的基础工程，是我盟走向文明繁荣与先进的必由之路。所以我们说植被建设是伊克昭盟最大的基本建设。

灌木草地的培育和利用技术[*]

胡琏　余清泉　傅德山　张强

近年来，中国华北、西北地区都十分重视锦鸡儿属灌木的开发和利用，大规模地开展该属几个主要种的人工草地建设，并取得了显著成效。中国著名的植物学家吴征镒先生，曾把锦鸡儿属（*Caragana*）与针茅属（*Stipa*）等列为欧亚大陆草原区的代表属种，它发源于东南区，在中国西北及内蒙古干旱条件下获得旱生化特征，成为砂砾质、沙质天然草地上广布种。并由于适应性强，种子直播繁殖后成活率高，故内蒙古、陕西、甘肃、山西等地广为栽植，建立各种不同类型的锦鸡儿属灌丛草地。特别是地处黄河河曲的伊克昭盟，土地粗劣贫瘠，轻度沙漠化到强度沙漠化土地面积占全盟土地总面积的87.9%，最适宜于种植锦鸡儿属灌木。已建立不同类型的锦鸡儿属灌木草地800多万亩，畜均1.3亩左右，在解决牲畜缺草方面取得了显著成效。这是符合内蒙古沙区自然特点种草方向的战略转移，它不仅对实现畜牧业现代化起重要作用，而且对防风固沙、保持水土、整治国土、恢复生态平衡等方面起着多种功效。然而，对锦鸡儿属灌木草地建立过程中如何进行科学地培育、管理和利用却研究较少，这是沙区草地建设中亟待解决的问题。

笔者从1980年开始，在总结群众培育利用锦鸡儿草地经验的基础上，进行实地调查研究，针对这类灌丛草地培育利用中几个关键

---

　　* 原文发表于《草与畜杂志》，1988年，第2期。于1989年12月被评为内蒙古自治区自然科学优秀论文二等奖。

性环节，总结出"促、控、平、加"的培育利用措施。现将其技术要点和效益简述如下。

一、促进锦鸡儿人工群体的形成

锦鸡儿属灌木是豆科灌丛的属，群众俗称柠条。目前栽培利用的主要是柠条锦鸡儿、小叶锦鸡儿、中间锦鸡儿3个种。柠条锦鸡儿（*Caragana korshinskii*）为中国内蒙古、陕西、甘肃等省自治区特有种，主要在年降水量150～200毫米以下的沙区分布，植株直立，茎叶多白色，群众称为大白柠条，主要分布干旱区沙地。小叶锦鸡儿（*C. microphylla*）分布在中国东北、华北、山西、内蒙古、陕西、甘肃等地，植丛为下繁型，小叶倒卵形或近椭圆形、尖端钝，在内蒙古、陕西、山西及伊克昭盟东部栽培。而中间锦鸡儿（*C. intermedia*）是荒漠草原向草原过渡区转化的种，也是陕西、甘肃、山西、内蒙古（伊克昭盟、乌兰察布盟）等地广泛栽植的种，株高70～120厘米，树皮灰黄色或淡黄绿色，群众称为黄柠条，是上中部繁茂型植丛。上述3种灌木是优良的饲用灌木，其寿命长达60～70年。据测定，含粗蛋白质16.97%～23.09%，粗脂肪2.38%～4.07%，也是重要的可更新资源。其生长发育的节律有以下几个阶段。

在幼苗阶段地上部分生长缓慢，以地下根系生长为主。伊克昭盟地区一般雨季播种，当年入冬前苗高仅为5～7厘米，最高达10厘米，主根长20厘米以上，第一年根深为茎长的5～7倍；生长第二年在生根同时，地上茎枝相应发展，株高达30～50厘米；生长的第三年地上茎枝高50～70厘米，生长条件较好的地段进入始花期，地下根系生长更繁茂，向下伸展到3～4米以下。故前3年是建立锦鸡儿灌木草地培育管护工作的重要阶段，这时植株幼嫩，易被牲畜啃食，一二年生时甚至会被连根拔掉。故在这个阶段必须严格封禁，采取围栏或专人管护等措施封育2～3年，让其深扎根，繁茎枝，促进生长发育，在株高达到50～60厘米时，形成结构合理的灌木群体，为以后发挥灌丛群落优势奠定基础。可是，目前不少地区种植锦鸡儿后既不加强保护管理，又随意放牧啃食，造成不良后果。据笔者实地测定，在生长前期封与不封的中间锦鸡儿，其株高相差2.6倍，地上部分鲜重差3.4倍，干重差3.54倍（表1）。

表1　伊克昭盟高头窑人工种植中间锦鸡儿初期封育效果

处理	株高（厘米）			地上部分生物量				备注
	平均	最高	最低	鲜重（克/米²）	干重（克/米²）	鲜重（千克/亩）	干重（千克/亩）	
封闭	32	38	18	550	250	366.75	161.5	1984年播种，1985年7月2日调查
不封闭	12	18	6	125	55	83.5	36.75	同上

注：播种地为丘陵坡地，耕翻后带状种植锦鸡儿，每带宽1.2米种两行，带间距2米

二、控制生长高度

当锦鸡儿生长3～4年时，植株生长速度加快，开始强烈分枝。如以改良恢复草原植被兼顾解决牲畜饲料，应采取控制柠条生长高度。具体做法：实行重牧利用，提高牲畜放牧强度和频率，使株丛保持和稳定在50～60厘米。这样，通过调控株型可获一举多得的好处。

（1）通过控制高生长，促进多生产分枝，增多分枝数量和当年生嫩枝条数，使其向半灌木化方向发展，增加鲜枝嫩叶数。根据笔者在伊克昭盟东部覆沙黄土丘陵沟壑区调查，重牧当年可增加一级分枝5～8个，二级分枝30～50个，提高了利用率。

（2）控制在50～60厘米适中的灌丛株型，便于绵山羊采食利用。植丛高度适中冬春特别早春放牧牲畜一般不发生或很少发生挂毛现象。如果灌丛高过畜体，放牧时坚硬的枝叉往往勾挂绒毛，造成不应有的损失浪费。

（3）重牧控高有利于植株形成下繁型株丛，形成近地层下垫形的覆盖层，形成合理的灌丛群体，能发挥和增强防风固沙、保持水土等生态效益。总之，应随着利用目的控制其不同等的生长高度，如作为防护林灌木林带的不应控制其生长高度；冬春上风向沙子富集区的锦鸡儿灌丛带，及冬春多雪地区则应适当提高灌木株丛高度，以利防沙埋、积雪。

三、平茬复壮

建成的锦鸡儿灌木草地进入重牧利用阶段后，能维持较高效益。一般情况下，能够较好地利用4～5年。到8～10年生这一阶段，其老枝条增多，木质化程度明显加强，生长势衰退，再生性能下降，枯枝增多，易遭病虫为害。此时，放牧牲畜对草场为极度利用，再加上灌丛逐渐增多，丛旁地被物堆积的土埂变大，牲畜采食困难，并常出现绵山羊挂毛现象。此时在培育利用措施上应采取"刈割平茬，培育更新，适时放牧"等培育措施。通过平茬刺激更新芽形成新枝，重新复壮，枝叶繁茂，产量提高（表2）。

表2　锦鸡儿灌木草地平茬效果比较

项目	丛径（厘米）		高度（厘米）		地径（厘米）		分枝（个）		平茬前生物量			平茬后生物量		
	平茬前	平茬后	平茬前	平茬后	平茬前	平茬后	平茬前	平茬后	合计	其中：可食部分（克）	折亩产（千克）	合计	其中：可食部分（克）	折亩产（千克）
编号1	100×100	60×80	90	56	1.5	0.10	50	210	1719	69	3.45	900	900	45
编号4	200×150	50×70	95	38	1.8	0.25	70	102	3770	70	3.50	500	500	25
平均			92.5	47	1.65	0.175	60	156	2744.5	69.5	3.45	700	700	35

注：1.中间锦鸡儿生长10年左右，带状种植，带间距10米，每亩按50丛计算。
　　2.产量为平茬当年秋天测定结果。

由表2可见：平茬第一年秋植丛分枝可达156个，为平茬前的2.6倍，每亩较平茬前增产31.5千克，为平茬前产量的10倍（平茬后第二年转旺，嫩枝鲜叶更多）。同时高度降低，枝条变细，这不仅大大提高了牲畜采食利用率和草场生产力，而且可以提高生态效益。

平茬复壮具体办法是于立冬后至翌年早春解冻前，将地上部分枝条全部刈割。平茬可分年限、分地块轮流进行，对易遭风蚀起沙的柠条草场可实行隔带或隔年交替平茬，在隔带老枝保护下，提高平茬幼枝成活率。这是本地区平茬必须掌握的关键技术。

四、加工粉碎

近年来，随着饲草料加工业的发展，结合锦鸡儿灌木草地的平茬复壮，把平茬后获得的大量枝叶（除已木质化枯枝作燃料外）加工成草粉饲喂家畜，保畜过冬，尤其在大旱之年解决草荒，其效果是比较显著的。据伊克昭盟草原站测试，锦鸡儿灌木平茬后的干枝条含粗蛋白质8.58%、粗脂肪2.22%，都大大高于农作物秸秆的营养价值。

可见，锦鸡儿草粉营养价值高，90%以上均可被牲畜利用，而放牧利用率仅为30%~40%，在冬春季饲喂草粉不但不减膘，反而有增膘的效果。目前，在锦鸡儿加工利用方式上，除采取加工粉碎外，还推广了锦鸡儿灌木的热喷技术，其效果也很好。

综上所述，根据锦鸡儿属灌木植物生长发育规律，在不同的阶段通过促、控、平、加等综合措施后效果显著，今后只要认真、全面推广这些措施，对建立豆科灌木草地、发展干旱半干旱地区草地畜牧业将起到深远的作用。

参 考 文 献（略）

伊克昭盟人工灌木草场的特点和作用*

胡琏　余清泉

摘　要

本文以伊克昭盟开发建设灌木草场的实践为例，通过深入分析人工灌木草场的概念、类型、特点和效益，着重论述了培育建立灌木草场对于畜牧业发展、生态建设和国土整治所起的重要作用与意义，同时指出建立灌木草场是改良极度退化、沙化草场以及荒漠草原、荒漠的有效途径和措施。

※　　　　　　　※　　　　　　　※

草场退化沙化是当今世界性问题之一。伊克昭盟草场退化沙化十分严重，是我国草原退化的典型地区之一。多年来，伊盟广大农牧民和科技人员面对草场退化沙化的现实，大力开发和利用灌木资源，走出了一条培育建设人工灌木草场的新路子，找到了顺应自然、积极建设草原的新途径。

人工灌木草场是指以灌木（包括半灌木、小灌木、小半灌木）饲用植物或以灌木和优良牧草的种苗为播种材料而建立的以灌木为建群种优势种的人工、半人工草场。其形式多种多样，目前在伊盟地区总体上有灌木单一型、灌草带状结合型、以灌育草型、灌草混播型和灌木与饲料结合型五类。种植的常见灌木种有小叶锦鸡儿、

---

*　原文发表于《中国草地》，1989年，第2期。

中间锦鸡儿、柠条锦鸡儿、北沙柳、花棒、杨柴、柽柳、优若藜、白沙蒿、黑沙蒿等10多种，由这些灌木种建立的人工灌木草场已在伊盟普遍推广，并取得了很好的效益。据1986年不完全统计，全盟已建成人工、半人工灌木草场1360多万亩，其中柠条灌木草场760万亩，沙柳灌木草场318.4万亩，杨柴半灌木草场30多万亩，沙蒿半灌木草场250多万亩，其他灌木草场约2万余亩。多种灌木草场的建成，为逐步形成一种旱作草业系统打下了基础，目前初步出现了一种相当好的"立体型草牧场"。根据伊盟人工培育建设灌木草场的实践，现对人工灌木草场的一般特点和效益做了简要研究总结。

一、人工灌木草场的特点

培育建设的人工灌木草场不同于通常所见的人工草场，由于它主要是以灌木作为改良草场的饲用植物，因而决定了它具有不同于一般草场的特征和特性。

1. 抗逆性强，对恶劣的自然环境有较强的耐性和抗性

灌木有许多优异特性，如耐干旱、耐严寒、耐贫瘠、耐风蚀沙埋、耐盐碱等。灌木一般根系都很发达，入土深、穿透性强，不仅能够吸收土壤不同层次的水分与养分，而且对草原钙积层形成的隔水板具有很强的穿透作用，从而可改善土壤的结构。因此，在通常认为不能造林的干旱地区，灌木却生长良好。林业学家传统观念是在年降水量400毫米以下地区就不能造林，但是灌木一旦引种，便会迅速适应，适生能力与繁殖能力都相当惊人。如伊盟推广的柠条在−39℃严寒或地表温度高达55℃时仍不受伤害，在降水量70~100毫米的特大旱年，其他植物大都枯死，它仍能正常生长。沙柳耐沙性能强，越埋越旺。梭梭、柽柳被称为"盐木""碱木"，其耐盐耐碱能力极强。通过灌木建设成的草场，适应性很强，一般旱不死、冻

不死、风吹不死、沙埋不死，牲畜也不容易啃死。

2. 生长期较长，生态适应范围广

灌木草场的植物群体，既能充分利用空间的太阳能，又能充分利用早春、晚秋的光热资源，生长季节较牧草、农作物长2~3个月。据观察，柠条从萌发到落叶生长期长达200天左右，特别是在冬春季节，其当年枝条仍带绿色。在400毫米降水量以下的广大干旱、半干旱地区，无论是干旱梁地、黄土梁地、沙石梁地、固定或半固定沙地，或是丘陵沟壑荒山荒坡、贫瘠土地灌木均能生长，甚至在地下水位很高的盐碱地或流动沙地它也能生存下来。

3. 速生高产、生物量大、稳定性强

灌木寿命长，根系发达，适应性强，人工种植第1~2年生长缓慢，3~4年后生长速度迅速加快，生物产量比一年生牧草和作物大几倍。如5年生柠条灌木草场一般亩产可食干枝叶200多千克，平均3~4亩就可以养一只羊。灌木草场不仅生物学产量高，而且能够维持较长时间的产量高峰期，在合理利用条件下一般可维持十几年至几十年，其灌丛结构、生物学产量稳定性能强的特点，是人工牧草地远远所不及的。可见只要对灌木草场管理得当，合理利用与更新，是完全能够实现其资源永续利用的。这对草地资源实现可持续发展具有特别重要的价值。

4. 萌蘖力强，再生性好，解决牲畜饲草潜力大

灌木萌蘖力强，通过牲畜采食或人工平茬都可以达到更新的作用，被牲畜啃食的株丛能萌发出更多的幼嫩新枝条，提高牲畜可食部分的产量。据观察，一丛7年生柠条平茬后，平均丛径由59厘米可增长到128厘米，萌芽枝条由16个增长到46个；沙柳平茬当年萌生条平均高度达2~2.5米，且数量大大增加；6年生杨柴植株，其根蘖苗多达23个，蔓延面积达48米^2。

5.耐啃，耐牧，饲用价值高

由于灌木具有萌发力强、生态适应性广、系统弹性大和生物学产量稳定的特点，因而在放牧利用中突出表现为耐啃食、耐牧的特性。灌木草场草群结构复杂，植物种类较多，营养丰富，适口性较好，干物质含量高，各种牲畜都喜食。

6.灌丛化植被，冬春枝叶保存率高，可作为牲畜抗灾备荒饲草

柠条、沙柳的枝条以及沙蒿、优若藜的枝叶在冬春季节不易被风吹掉，能比较完整地保留下来，这对干旱草原牧区的冬春枯草季节来说，其饲用价值是较大的，特别是在畜牧业遇到自然灾害时，其抗灾保备的作用就更大。

7.保土蓄水，养草护畜能力强，是良好的"立体牧场"

灌木株体高大，生长茂盛，枝叶繁多，一旦建成灌木草场一般可形成灌木、草本和地被物三个层次，这种"立体牧场"既可加大叶面积指数，提高光能利用率，又可发挥很高的生态效益。除具有防风固沙、保持水土、防止风蚀和水蚀的作用外，能够延缓草原沙化和水土流失的扩展，对草场牧草生长发育起着以灌护草、以灌育草的作用，有利于牧草覆盖率和产草量的提高，可促进退化、沙化和盐碱化草场的恢复，对农田、牧场起着防护林的作用，调节气候，涵养水源，减少不良气候因素对农牧业生产的影响和危害。

二、人工灌木草场的作用

培育建设灌木草场不仅具有显著的经济效益，而且生态效益和社会效益也是非常明显的。特别是其生态作用与一般人工草场相比更为重要。

1.是稳定发展畜牧业的优良饲草料基地

在自然条件较为恶劣的严重沙化退化草场上或植被稀疏的土地

上，建立人工、半人工草场，一般很不容易成功。这样，由于缺乏足够的草场，往往会限制畜牧业的发展。但在这些地区培育建设灌木人工草场就容易得多，其成本低、效益高，一次种植多年受益，是永久性的人工草场。伊盟准格尔旗20多年来培育建设柠条草场180多万亩，畜均2亩多，近年畜牧业连年稳定增产，在很大程度上是灌木草场发挥了作用。伊金霍洛旗掌岗图村，在全村10万亩天然草场上建立人工柠条草场7.2万亩，牲畜连续8年稳定发展，已由1978年的4874头（只）增加到1985年的7305头（只），创造历史最高水平。

沙化退化草场补播灌木后建成的半人工草场，可提高产草量4～5倍。由于灌木草场生物产量大，近年来随着饲草料加工业的发展，这种草场为牲畜提供饲草的潜力就更大了。例如，把部分牲畜不食的粗枝平茬后加工成草粉喂家畜，可以大大提高利用率。据实地试验，柠条加工成草粉后利用率可达95%以上，比放牧情况下的利用率（30%～40%）高50%多，而且在冬春季节饲喂还有增膘效果。

2. 是畜牧业抗灾防灾的备荒草场

灌木草场全年都能放牧利用，夏秋季节牲畜采食草本，冬春季节可利用灌木层和地被落叶层，遇到"黑白灾"年份，其饲用价值将更大，对于畜牧业抗灾防灾具有重要作用。在中国北方草原牧区，冬春枯草季节长达7～8个月，畜草矛盾较为尖锐，牲畜由于缺草给畜牧业造成的损失是巨大的。因此，在冬春季节提高放牧场的质量，增加牲畜的饲草来源，无疑是发展草地畜牧业生产的重要课题。一般来说，灌木草场在这些方面优于一般放牧场，其冬春季地上生物量保存率高，秋季下霜后枯黄较晚，是牲畜的"抓膘草"；春季返青早，是牲畜的"救急草"；冬季遇到"白灾"时，是牲畜的"保命草"；夏季遇到"黑灾"时，是牲畜的"救命草"。这些特点和作用，在大面积天然草场处于严重退化的地区尤为重要。例如，伊盟1982年和1986年2次遭受严重干旱，牲畜始终能够稳定发展，并保持在500万头（只）以上，主要是天然灌丛和大面积人工灌木草场起了巨大作用。

3. 改善生态环境

沙地上建设灌木草场能防风固沙，调节小气候，促进牧草生长发育；坡地及丘陵沟壑区建设灌木草场，能防止水蚀，涵养水源，保持水土。通过发展人工、半人工灌木草场，建立灌木草地生态系统，可以使畜牧业生产逐步扭转其脆弱性与波动性，增强其自身发展的经济实力。伊盟杭锦旗胜利乡近年来培育建设灌木草场32万亩，全乡70%以上的风蚀沙化地得到治理，畜牧业连年获得丰收，牲畜由1972年的2万多头（只）增加到1985年的5万多头（只），人均收入由过去的30～40元增加到现在的200多元。此外，豆科灌木能够固氮，改善土壤养分，增加有机质，改土肥田效果比较显著。据测算，每亩柠条灌木草场（密植型）可提供氮29千克、磷5.5千克、钾14.3千克，相当于4000千克羊粪的肥效。

4. 是农牧区重要的燃料来源

灌木茎秆木质化程度高，有的还含有挥发油，通过人工平茬更新的粗老枝条，用于烧柴火力旺，燃烧值高，是农村牧区解决燃料紧缺的重要途径之一。据测定，柠条燃烧值为4489.5千卡/千克，1.56千克柠条相当于1千克标准煤，15～20千克柠条就可满足4～5口人之家一天烧饭所用，十几亩就可供一年，一户种上50～60亩柠条，5年轮流平茬更新常年不会缺柴烧。因此，通过建设灌木草场，既能解决薪柴，杜绝乱砍、滥伐、乱搂柴草，又能保护草场植被。

5. 有利于发展多种经营，增加农牧民收入

建设灌木草场还可以利用灌木发展多种经营，繁荣农村牧区经济。用柠条可以搞编织、制绳、造纸、做纤维板、酿酒、发展养蜂

等。伊盟杭锦旗四十里梁乡，1981年以来收柠条籽4.5万千克，总收入达7万多元，户均 40多元，收入最高户达200多元。利用沙柳不仅能造纸、做纤维板、围篱、搭棚盖圈，同时是很好的建筑与编织原料。1985年伊盟生产沙柳白条360万千克，建起柳编厂84处，245种工艺品已远销欧美等20多个国家和中国香港、澳门等地区，1978—1985年柳编总收入达609.6万元，年均收入达70多万元，仅1985年总收入就达219万元，极大地促进了商品经济的发展。

内蒙古伊克昭盟大面积柠条灌木草地培育建设的主要技术[*]

胡琏　余清泉　傅德山

多年来，伊克昭盟广大科技人员和农牧民针对草地极度退化沙化的现实，大面积推广种植柠条（中间锦鸡儿、小叶锦鸡儿的俗称）饲用灌木，形成了以柠条为建群种或优势种的柠条灌木草地，找到了顺应客观自然条件、迅速改良建设退化草地的有效途径和新的路子，并取得了良好的效果。据1990年统计，全盟已建成人工柠条灌木草地1002万亩，约占全盟天然草地总面积的11.2%，这对促进农牧业的发展都起到了重要作用。现将各类型人工柠条灌木草地培育建设的主要技术措施简述如下。

一、灌草带状结合型的柠条灌木草地

该类草地是在柠条带间种植其他优良牧草，形成灌木草和牧草结合的、分层次的人工柠条灌木草地。在培育建设时，一般是先选择面积较大、地势比较平坦开阔的高平原、平梁地、高燥的丘间低地、坡度不大的平缓丘陵地等水土条件较好的退化沙化草地或弃耕地，然后再种植与主风向垂直的柠条带，每带种2～4行，行距

---

　　*　原文发表于《中国草地》，1993年，第3期。后选编入《中国农业发展文库》，1999年，团结出版社。

0.5~1.0米，带宽1.5~3米，带间距5~12米。对于水土流失区的丘陵坡地，沿等高线种植柠条带，带距要窄一些，一般4~8米，坡度越大，带距配置越小，以便保持水土。当种植的柠条生长3~4年形成一定的灌丛并开始发挥生态效益时，在其柠条灌木带间耕翻种植或直接补种沙打旺、苜蓿、草木樨、杨柴、草木樨状黄芪、披碱草等优良牧草，实现"带间种草"，灌木柠条作为生态屏障，牧草在带间生长，灌草分层高低相间，形成灌草带状相结合的新型柠条灌木草地。该类草地一般作放牧和打草利用，即夏季封育保护，秋季打草贮备，冬春放牧利用。它的特点是可以迅速改变退化沙化草地的低产性和不稳定性，通过补播柠条和牧草，既能克服草地生态系统的脆弱性，增强其稳定性，又能实现生态建设上的多样性，提高草地的丰产性。

二、以灌育草型的柠条灌木草地

该类草地是在柠条带间不进行耕翻或不补播其他优良牧草，靠恢复带间天然植被提高产草量。在培育建设时，一般选择植被退化沙化较轻、天然植被容易恢复的草地种植柠条带，也可种植成主、副带交织的"网状"型。种植的柠条要与主风向垂直，带宽一般为2~4米，带间距为3~8米。对于坡度较大，容易形成水土流失的丘陵坡地草场，要沿等高线种植柠条带，带距一般为2~5米，以防止水土流失。当柠条生长形成株丛发挥生态效益时，实现"以带促草"。柠条作为屏障，促进带间原生牧草恢复生长，形成以灌护草、以灌育草形式的半人工柠条灌木草地。该类草地一般作放牧利用，夏秋季牲畜多采食牧草，冬春季以采食柠条灌木为主，能够全年较均衡地为放牧牲畜提供可食饲草。它的特点是不仅能够起到护牧林的作用，而且能够增加草地的产草量，使草地的生态效益和经济效益有机地结合起来，有效地改良退化草地。

三、灌草混合型的柠条灌木草地

该类草地是仿照天然柠条灌丛草地的植物群体结构方式建植的。在培育建设时，一般选择严重沙化退化草地或水土流失严重的丘陵沟壑区以及需要更新改良的弃耕地、裸露地。补播地段地表粗糙度大，并有稀疏植被覆盖，更有利于抓苗保苗。对于硬结土壤也可以在播种前利用农机具进行破土整地，以利提高种植效果。建立时，一般先人工穴播灌木柠条，每穴投放3~4粒种子，穴距2~3米，种植成"满天星"式的稀疏状态，然后在其穴间撒播一种或几种优良牧草种子，2~3年后即可形成2个层次（柠条灌木层和补播牧草层）的灌草混合生长的柠条灌木草地。在伊盟地区，当地有的农牧民也采取将柠条和牧草种子按比例混合在一起利用降雨前后的有利时机人工进行撒播，播后赶进羊群踩踏覆土，其效果也较好。该类草地主要作为放牧场利用。其特点是灌木柠条逐渐形成株丛，株丛周围每年聚积一定厚度的枯枝落叶和表土层，有利于其他牧草生长发育，不仅能够提高产草量，也可以大大改善饲草的营养品质。

四、单一灌木型的柠条灌木草地

该类草地是单纯采用饲用灌木柠条进行多行密植成片状或网状的单一型人工柠条灌木草地，其株行间不补种牧草。在培育建设时，主要选择在年降水量250毫米以下、旱直播牧草一般不易成功的沙化退化草场，严重风蚀水蚀的风沙区和山地丘陵沟坡地，以及地形变化复杂的沟边、路旁、堤坝等荒废地段。建立时采取缩小株行距、片状密植种植，一般行距为0.5~1.0米，株距0.3~0.5米。由于株行距小，柠条株丛矮小，分枝多，促进灌木柠条向适宜放牧采食的牧草转化。其特点是可以控制柠条的生长高度，保持放牧需要的适当株型；可以促进柠条植株多分枝，增加嫩绿枝叶，提高牲畜采食利用率；可以使柠条株丛变小，有利于保持草场地面平整；耐牲畜践踏、啃食，放牧时一般不发生钩挂小畜体毛的现象。该类草场主要作为牲畜放牧场利用，既能承受常年重牧利用，又是冬春季节以及"黑白灾"年份很好的备荒渡灾草地。

五、灌料结合型的柠条灌木草地

该类柠条灌木草地是在柠条带间种植粮料作物、多汁饲料以及青贮作物，以增收饲草饲料。建设时，一般选择地势比较平坦、土层较厚、含腐殖质较多、不容易风蚀沙化的农耕地或弃耕地。种植的柠条带要与主风向垂直，带宽1~2米，带距8~15米。由于农耕地条件较好，所以在其上种植柠条带生长迅速，很快可以发挥生态屏障作用，这时在带间采用农业技术措施种植粮料作物、青贮作物和多汁饲料，能很好地实现"以灌护料""以灌促料"。目前，在带中间推广种植的主要有玉米、谷子、糜子、豆类等草料兼收作物以及胡萝卜、饲用甜菜、蔓菁、马铃薯等多汁饲料，在栽培技术上还注意轮作倒茬、改土肥田，以促进农作物稳定增产。该类草场一般夏秋季节封育不放牧，到农作物收获后进入冬春季节实行重牧利用，在秋末冬初是牲畜很好的抓膘保膘放牧场。据笔者在伊盟胜利乡测定，该类柠条草地比没有设置柠条灌木带的同类农耕地提高粮料产量0.5~1倍，增加产草量200~250千克（包括农作物秸秆）。

这些年来，伊盟地区建立和发展的各类人工、半人工柠条灌木草地，产草量较建设前的退化沙化草地提高3~10倍（表1）。建立的草地，将柠条灌木因地制宜种植成带、网、片、丛4种形式，牧草随之则相应地采取间（与柠条带状间种）、补（在柠条带间补种）、混（柠条和牧草混播）、轮（柠条带间进行粮草轮作）4种方式，把二者合理地配置到一起，形成既有柠条灌木又有优良牧草，灌草协调发展的植物群落结构，起到了互相依存、互相促进、互相补充、互相转化的作用。实践证明，通过科学合理地配置柠条灌木和优良牧草而建立起来的柠条灌木草地，与一般人工改良草地相比其垂直厚度较大，生物种类较多，稳定性较强，光合利用率较合理，生物产量较高。它不仅具有较好的生态效益，而且具有显著的经济效益，是改良建设退化沙化草地的主要途径和措施。

表1　不同柠条灌木草地类型的面积及其效益

草地类型	培育建设面积（万亩）	人工柠条灌木草地占总面积比例（%）	产草量较建设前沙化退化草地提高倍数
灌草带状结合型的柠条灌木草地	180	18	10.3
以灌育草型的柠条灌木草地	710	71	4.3
灌草混合型的柠条灌木草地	30	3	3.5
单一型的柠条灌木草地	46	4.5	9.1
灌料结合型的柠条灌木草地	36	3.5	17

参 考 文 献（略）

实行畜牧业企业化经营，发展市场畜牧业[*]

胡琏　李庆德　殷伊春　刘敏　胡卉芳

党的十四大提出，中国经济体制改革的目标是建立社会主义市场经济体制，以进一步解放和发展生产力。实现这一目标，在中国无论是广大农村还是辽阔的牧区都需把畜牧业和农牧民逐步引向市场，使农村牧区改革和农牧区经济进入新的发展阶段。在这新形势下，就畜牧业和农牧区经济如何抓住机遇，深化改革，加快发展，实现新的飞跃；如何使传统畜牧业向市场畜牧业转变，妥善解决好生产管理体制，完善畜牧业生产运行机制，逐步向现代化畜牧业过渡；如何实现高产优质高效畜牧业和建立市场畜牧业有机结合，使农牧民尽快致富达小康，这是摆在我们面前的一个十分重要的新课题。我们认为，以稳定和完善家庭经营为基础，以种植业起步，养殖业铺路，加工业延伸，全面实行畜牧业企业化经营，大力发展市场畜牧业，这是加快畜牧业经济高速发展的正确途径。

一、畜牧业企业化经营是深化改革和发展市场畜牧业经济的迫切要求

畜牧业的企业化经营就是借用工业企业的经营方式来改造传统的畜牧业经营方式，逐步形成一种机制，使农牧区种、养、加等各

---

* 本文在1993年12月获农业部畜牧兽医司、全国畜牧经济研究会举办的"全国畜牧企业发展研究"征文三等奖。

业的生产经营单位依托本地或自身的资源优势，面向市场并参与竞争，自觉按照价值规律组织生产经营，独立经济核算，追求经济效益。既成为具有法人地位的商品经济实体，又逐步形成种养加、产供销、牧工商、牧科教一体化的经营体系。

畜牧业企业经营的提出和发展并不是偶然的，而是深化改革和市场经济发展的必然结果，反映了畜牧业和农牧区经济向专业化、商品化、市场化发展的客观要求。特别是在当前大力发展市场经济新的体制下，国家、集体、个人由于资金紧缺，投入畜牧业生产建设方面的财力有限，如不控制核算和科学管理，就难以提高或实现应有的效益。引导经营者实行企业化经营，进行科学的管理，开辟财源、扩大财源，使有限的资金、物质和技术的投入发挥最佳的经济效益，增强畜牧业经济的自身"造血"功能。畜牧业生产建设全面推行企业化经营，其突出的特点如下。

——有利于把经济核算制引进畜牧业，提高畜牧业产出率和经济效益。现在的牧户，既是生产者又是经营者，作为生产者名副其实，作为经营者还不够。把经济核算制引进牧户，可以提高农牧民商品意识、市场意识、经营意识，使千家万户都讲究经济效益，就可加快农牧民致富的步伐。

——有利于建立新的市场畜牧业运行机制。按照企业化组织经营畜牧业，可使畜牧业更好地面向市场，调整产业结构，促进生产要素的流动和资源的开发利用。可把种植、饲养、加工、销售、科研、教育融为一体化管理，既能根据市场需求，组织生产，发展生产，又能培育专业人才，开发高科技产品，提高市场竞争力，建立起一整套适应发展畜牧业的经营体系，使潜在的生产力变为现实，增加社会有效供给。

——有利于规模经营、区域化生产和高新技术的推广应用。畜牧业实行企业化经营，可以实现足够的产品资源供应市场需求，同时可做到加工企业和原料生产相对集中，建立起商品生产基地，从而也促进区域化生产和规模经营的发展，扩大生产能力，发挥规模效益。同时，随着专业化、商品化生产的形成，为推广应用高新技术创造了有利条件。

——有利于畜产品加工增值，促进农牧区走向工业化。畜牧业企业化，使生产、加工、销售等形成系列化体系，一体化模式，这就为打破城乡界限，大力发展二、三产业创造了条件。这样，使技术、人才、资金、物质、信息等与产业资源结合起来，形成整体优势，推动产业经济的发展。特别是随着企业化经营的深入开展，农牧户会千方百计开辟新途径，为追求综合经济效益而积极兴办各种畜产品加工企业，从而为发展畜牧业提供较多积累。同时，也可以促进劳动者的素质提高，培养和造就农牧民企业家队伍。这对于农牧经济和社会的发展，将会产生不可估量的作用。

——有利于畜牧业自我积累，自我完善，自我发展。畜牧业实行企业化经营，可以改变畜牧业单纯提供原料产品和简单劳动力的境地，实现从资源型向商品型、市场型生产转变，促进资源优势转化为产品优势，大大提高畜牧业本身的经济效益，缓解畜牧业效益比较低的矛盾，增强自我积累、自我完善、自我发展的能力，为发展高产优质高效畜牧业奠定良好的基础。

二、实行畜牧业企业化经营的具体构想和做法

通过总结各地的实践经验，分析当前农牧区大力发展市场经济的新形势，在畜牧业生产建设上实行企业化经营不仅能够使畜牧业生产提高产出率、商品率和经济效益，而且能使畜牧业保持稳定发展，是实现"两高一优"畜牧业的前提和条件，其意义十分重大。但如何在农村牧区全面推行和实施，这里仅提出一些实行畜牧业企业化经营的基本构想和做法。

（1）以家庭经营为单元，大力建设发展"一场两户"（家庭牧场、养殖专业户、养殖重点户），是实行畜牧业企业化经营的基础。从现阶段整体看，无论是农村还是牧区，家庭经营是适合当前生产力水平的，这种新的生产关系建立起来以后，需要相对稳定，不能按照主观愿望随意改变，以免引起徘徊和震荡。实行企业化经营只能是对家庭联产承包制的完善和发展。在当前畜牧业生产建设上实行企业化经营方式，坚持以家庭户经营畜牧饲养业，大力建设发展"一场两户"，这既体现了畜牧业企业化经营的基础，又可体现户搞养殖业的专业化、商品化和规模效益。家庭企业化经营畜牧业，必须是从各地实际出发，因地制宜，运用系统工程的科学方法，遵循畜牧业内涵和外延并重，开放与开发相连，生态与生产兼顾，速度与效益同步的原则，逐步形成种植业、养殖业、加工业"三业"并举的"户营畜牧小经济区"。在以家庭经营畜牧业生产过程中，要认真抓好畜牧业产业结构调整，重点在"调整畜种结构，改变饲养方式"上下功夫。当前在牧区和半农半牧区尤其要突出地抓住"四改一化"措施：①改天然草地为人工、半人工草地，提高草地生产力；②改常规放牧饲养为舍饲、半舍饲或短期育肥，提高饲草料的转化率；③改接春羔为冬羔，节省草料，减轻冬春草场压力；④改少出栏为多出栏，加快畜群周转；⑤饲养的家畜要实现良种化，充分发挥品种优势，发展效益畜牧业。要实现规模经营，达到规模效益，做到种植多元化、养殖多样化、产品市场化、经营企业化。

（2）坚持种、养、加一条龙，产、供、销一体化，是实行畜牧业企业化经营的基本形式。企业化起步阶段应以家庭经营形式出现，随着企业化经营的发展，逐步建立"种、养、加"一条龙，"产、供、销"一体化，为家庭户提供全面服务的独立的产业企业，通过延伸产业链条，构成"种、养、加、销"整体生产系统经济格局，逐步形成由产业链纵横延伸的经济带、经济区。具体讲就是从当地畜牧养殖业优势出发，以畜产品加工企业为依托，内联千家万户，外联国内外市场，进行深度开发，发展有特色的区域经济。在企业化经营整体实施过程中，要认真抓好"五个转变"：①在畜牧业发展的目标上，要从牲畜头数增长型向经济效益增长型转变，把农牧民增收致富达小康作为主要经济指标；②在畜牧业产业结构上，要从传统畜牧业的第一产业为主向一、二、三产业并重的方向转变，把畜产品加工业作为开发和提高效益的重要手段；③在畜牧业生产安排程序上，要从先生产后流通向先市场、后生产转变，把市场需求作为发展生产的依据；④在畜产品流通上，要从依赖主渠道经营向多渠道、全方位放开经营转变，把牧户作为组织畜产品流通的基础；⑤在畜牧业社会化服务上，要从行政事业型服务向经济实体型服务转变，使经济实体成为畜牧业社会化服务的载体和龙头。要树立生产为赚钱的观念，出路在开发的观念，效益靠规模的观念，市场是导向的观念。把生产、交换、分配、消费融为一体，真正搞好产前、产中、产后的服务，使服务的内容和形式系统化、社会化、多样化。这样真抓实干，牧业肯定会有一个新突破，会有个超常规的发展。

（3）建立股份合作制，是实现畜牧业企业化经营的主要成分。实行畜牧业企业化经管以后，农村牧区所有制形式将会有很大变化，有个体的、私营的、合作的，还有国有的、集体的，甚至会有它们之间融合交叉的。但是，这种多元化所有制结构中以股份合作制企业经营为主要成分。从目前情况看，牧户企业化、企业股份化、生产经营集团化是畜牧业经济发展的总趋势。并逐渐形成了种植业起步、养殖业铺路、加工业延伸的经济发展态势。

（4）建立相配套的政策法规，这是实行畜牧业企业化经营的根本保证。畜牧业实行企业化经营，政府必须制定与企业化经营相配套的政策法规，以保证顺利发展。目前，有些地方虽制定了一些有关政策和规定，但很不系统、不全面，不适应企业化经营发展的要求。这就需要提出更明确、更完善的政策法规，积极鼓励和引导他们实行企业化经营。

三、摸索畜牧业企业化经营的模式，引导农牧民走向市场

近几年来，各地在发展畜牧业商品经济的过程中摸索出一些行之有效发展市场畜牧业经济的模式，主要有以下5种：①"公司加牧户"，就是以公司为龙头，联系千家万户，形成"小规模、大群体"的模式；②"中心引牧户"，就是以牧、科、教等组建的各种中心，培训牧民群众，传授技术和经验，提供信息和咨询服务，引导牧民走向市场的模式；③"基地项目联牧户"，就是通过实施建设各种基地、项目，联结基地项目区的牧民发展市场畜牧业的模式；④"工厂带牧户"，就是通过兴办各种畜产品加工厂，加工增值，带动农牧户脱贫致富达小康模式；⑤"协会帮牧户"，就是通过在农牧区基层建立的各种专业协会、研究会组织，为农牧民提供科技、信息服务，帮助和引导农牧民根据市场需求进行生产经营，调动他们参与流通、奔向市场的积极性，把分散的小生产与社会化大市场紧密联系起来的模式。从总的情况看，上述这些模式，虽然目前还不完善、成熟，但是可以充分地体现出这些模式都是引导畜牧业和农牧民走向市场的好形式，也体现出畜牧业实行企业化经营，有利于发展市场畜牧业经济。

实行畜牧业企业化经营后，就可逐渐形成市场牵龙头，龙头带基地，基地连牧户，使"小生产"与"大市场"对接，把企业经营变为连接牧户与市场的纽带和桥梁。这样，就能够建立起新的畜牧业市场运行机制，把生产、加工、销售、科研、教育融为一体化经营管理，形成一整套适应畜牧业发展的新经营体系。还能够促进传

统畜牧业的改造，逐步向现代化畜牧业过渡，实现"畜牧业经济再上新台阶，农牧民率先达小康"的奋斗目标。

立足伊克昭盟实际　抓好特色产业发展*

胡琏

　　伊克昭盟位于鄂尔多斯高原，处于干旱、半干旱区过渡地带，西、北、东黄河三面环绕。属于典型的大陆性气候，干旱少雨，十年九旱，呈现为恶劣的气候条件。境内北有库布齐沙漠，南有毛乌素沙地，两大沙漠占全盟国土面积的48%，西部为波状高原硬梁区，东部为山地丘陵沟壑区，两区又占伊盟面积的48%，形成了支离破碎、沙漠广布、复杂的地形条件。由于干旱缺水、风大沙多、水土流失、土壤贫瘠、植被稀疏，又构成了恶化、脆弱的生态环境条件。鉴于上述伊盟这些特殊的地理位置和恶劣的自然条件，党的十一届三中全会以来全盟集中精力，大规模地开展了草原建设、治沙造林、水土保持三大基本建设。目前，伊盟生态保护建设在整体上得到了恢复和改善，初现生态恢复、生产发展、生活改善的良好态势。但是，我们清楚看到伊盟当前农牧业发展，仍然还是传统农牧业生产方式，结构不合理，效益不显著。解决这些问题必须依托科技支撑，立足伊盟实际，根据不同区域的自然经济特点，认真抓好主产业，搞好区域特色产业，实行规模化、产业化经营，一定会促进农牧林业跨越式发展。

　　当前伊盟经济社会发展已进入新的时期，在计划经济转向市

---

　　*　原文为伊克昭盟科技智囊团座谈会上发言稿，发表于《鄂尔多斯日报》，2001年4月12日。

场经济这个前提下，要重视科技更要注重创新，特别是盟委、行署提出调整结构，改善生态，建设绿色大盟和畜牧业强盟的战略性措施，按照这个决定，我们要多安排一些科技创新项目，抓住带有全局性的问题，进行突破。这次项目安排和原来的做法一样，各部门应联合起来搞研究、搞攻关、搞推广，这样效果更好一些。采取技术创新、促进生产力跨越式发展。要瞄准国内科技前沿，立足伊盟实际，注重效益，提出伊盟特色的科技成果进行攻关，形成特色产业发展。回顾这几年的一些突破，主要还是有伊盟特色，如畜产品山羊绒加工利用问题，工业上天然碱的开发问题，我们走在了前面。再如生态建设上推广的种柠条，建设灌木草地，这也是伊盟最早提出来的，是我们很重要的创新成果，现在已推广到各省区，甚至推广到了国外。立足伊盟，把资源优势变成经济优势这种办法很好，所以建议科技局安排项目要按系统工程理论，抓住主要矛盾，要有意识地把带有全局性的项目给予重点安排。现在知识更新非常快，科技局应组织科技人员进行一些考察、调研，搞技术论证，形成整体合力，进行整体突破。以下就草原畜牧业和生态建设提几点建议，供大家参考。

（1）伊盟水资源贫乏，搞生态建设，水的问题非常重要。最近几年对水的认识有所提高。生态用水是个新观念，按水资源平衡利用观点，安排乔灌草用水。水资源使用不合理给我们造成一定影响，例如毛乌素沙地由于水资源利用不当，地下水位下降，造成植被退化演替，柳湾林不见了，应该启动一个项目，按水资源生态平衡理论安排林、草、农种植比例。

（2）应该研究生态环境建设的稳定性问题。我们搞了几十年，种草种树、水土保持建设，但年年种树不见树，不注意就又成沙化地了，利用率不高，重复沙化问题严重。技术上要注意稳定性，要运用科技保持生态稳定，要保持几十年甚至上百年，这个问题应引起有关部门高度重视，"十五"期间，应立项研究，要考虑经济性、稳定性、抗逆性。

（3）伊盟草原植被主要是天然的灌木、半灌木草场，应加强灌木草场的研究。因此，我们推广灌木种植，建设灌草结合型灌木草场，这是伊盟的一大特点，且符合伊盟实际。推广飞播沙蒿、杨柴、柠条，各部门应联合起来，统一行动，加快生态环境建设速度。目前，我们推广的灌木种类还是比较单一，应立项研究推广如优若藜、伏地肤、胡枝子等优良饲用灌木，以丰富灌木种，建设新型生态经济体系。

（4）认真研究解决好草原畜牧业的产业化经营，大力提高草牧业发展效益。当前伊盟应坚持以稳定和完善家庭经营为基础，以种植业起步，养殖业铺路，加工业延伸，实行产业化、市场化经营，这是加快草原畜牧业经济高速发展的正确途径。在畜产品加工方面，伊盟绒产品在全国率先有了很大突破，而细毛羊产品就差了些。饲草料加工也应急需解决，我们会种草但不会用草，损失浪费很大。柠条沙蒿加工利用率很低，我们只用来放牧牲畜，应加强这方面的开发利用研究。

全面推行牧草生长期禁牧（休牧）、枯草期适度放牧和舍饲、半舍饲相结合的饲养技术[*]

胡琏

加强生态环境保护和建设是国家实施西部大开发首要的战略任务。在伊克昭盟地区解决生态环境保护建设的主体是草原。伊盟虽有广阔的草原分布，但多年来由于传统的放牧畜牧业不合理的经营利用，造成了超载过牧，草畜矛盾尖锐，加剧了草原生态环境恶化的速度。这种恶性循环的状况直接影响和制约着全盟生态环境的保护建设，致使传统放牧畜牧业已走到了必须重新调整和改革的地步。面对这种现实，经深入调查研究并被生产实践所证实，只要采取调整畜牧业生产结构和改变经营方式，是治理沙化退化草原、改善草原生态环境最有效的途径和措施。只有这样，才能积极地解决伊盟当前畜牧业生产、农牧民生活与生态环境恶化等诸多矛盾。

基于上述实际，我们根据中国北方地区牧草植物生长发育规律和牲畜饲养季节性变化的特点以及伊盟当前草原畜牧业发展的客观现实，提出全面推行牧草生长期禁牧（休牧）、枯草期适度放牧和舍饲、半舍饲相结合的饲养方法，并将其主要技术规程简介如下，供各地因地制宜地参考应用。

---

* 本文选编于《回顾与畅想——"九五"回顾与"十五"设想》一书，2001年。

一、建立"牧草生长期禁牧（休牧）、枯草期适度放牧"的草原利用制度的技术要点

在中国北方地区牧草植物的生长发育，由于受气候条件制约是有严格季节性的，一般春夏季节为牧草生长旺期，秋冬季节为牧草枯草期。在草原畜牧业生产实践中，草原牧草不断被牲畜采食利用，天然草地上牧草的供给与牲畜的需求之间经常存在着严重的季节性不平衡的矛盾。只有人为地通过对草原和牲畜这两个方面进行科学合理的调控，才能实现草畜平衡、协调发展。在当前草原生态极度恶化的情况下，只要在牧草生长季节里免遭危害，得到充分生长发育，就能发挥其增产优势，提高产草量。在牧草停止生长的枯草期，重牧对草原破坏性很大，而进行适度利用则有助于促进牧草再生资源的生长。在草原上放牧牲畜，对草原生态环境的危害突出地表现在两个关键时期，一个是在早春牧草萌发返青期，另一个是在冬春牧草枯草期，特别是在早春牧草返青期是草地植被牲畜危害的敏感期，常称"忌牧期"。我们依据这些草地牧草和牲畜发展的规律及特点，结合伊盟当前农牧区饲草料生产的现实，提出全面推行"三五休牧法"的草原利用制度，其主要做法是：对于饲草料生产贮备较差的地区实行4—6月3个月（牧草生长期）休牧；对于饲草料生产贮备充足的地区应坚持实行从4月开始到8月底止的5个月（牧草生长期）休牧；在牧草生长晚期和枯草期推行适度放牧，加大牲畜出栏数，严禁超载过牧。具体掌握的标准为：草原牧草生物量只利用1/2～2/3，放牧后草原上的牧草基本利用完，不出现牲畜啃食牧草根茎和灌木树皮的现象为止。

实行上述这种放牧制度的作用和意义在于以下几点。一是在早春季节牧草返青期，对放牧和践踏十分敏感。幼苗受到啃食，牧草用于光合作用的叶面积减少，严重影响牧草生长期生物学产量的提

高。尤其是由于早春的返青牧草不能满足牲畜的需求，再加上牲畜此时只吃青草不愿吃干草，形成严重的逐食"跑青期"，这时牲畜对草地的践踏破坏性很大，践踏后不仅会引起牧草死亡，还会使土壤松散活化，极易造成草地的沙化、扬沙、退化。因此春季返青期是草地的"禁牧期"。二是在冬春冷季枯草期，是草畜矛盾表现最尖锐的时期，也是牲畜超载放牧引起草原沙化、退化、生态恶化不可忽视的重要时期。这个时期由于牧草枯萎、营养降低，牧草数质量已满足不了牲畜的需求，再加牲畜因天冷热能消耗多，极易造成牲畜"体乏"掉膘，此时也是母畜怀孕中后期或分娩，哺育胎儿和幼畜需要充足的营养时期。如果在这个时期采取传统的自由放牧利用经营方式，无节制地践踏利用，挖草根啃草皮，超载放牧利用对草原生态环境危害也十分严重。因此，在这个时期应该提前加大牲畜出栏，减少牲畜数量，保持草畜平衡发展，实行适度放牧，坚持对草原保护性利用，不仅不会造成草原生态恶化，还会有助于促进牧草的生长发育。三是在每年8—11月的秋季，草原牧草生长旺盛期已过，产草量高，营养价值高，是草原最适宜放牧利用的时期，此时又是牲畜草足、气候凉爽、适宜抓膘季节。因此，各地应根据当地实际情况，科学地安排放牧利用，以利实现牲畜育肥、提前出栏、减轻草原冬春压力的目的。

二、实行牲畜舍饲、半舍饲的一般饲养技术

推行牧草生长期休牧、枯草期适度放牧的利用草原制度，就必然需要实行牲畜舍饲、半舍饲和划区轮牧的饲养方式，并且必须使草原休牧和舍饲、半舍饲有机地结合起来，形成相互协调、相互统一的完整畜牧业生产饲养系统。在实施这种畜牧业饲养方式，还需要在饲草料生产贮备、畜群基础设施建设等方面做必要的准备，要求饲养的牲畜根据数量多少、规模大小，必须具备有"两个基

地、六配套"的基础设施建设，即"两个基地"为培育建设的改良草地和建设高产优质的人工饲草料基地，以备为实施舍饲养畜提供充足的饲草料；"六配套"为具备塑料暖棚（每只羊占有面积0.7～1米^2）、饲养圈（运动场每只羊占有面积2～3米^2）、加工贮草棚、饲草料加工机具（单户或联户设置）、青贮窖及氨化池、饮水饲喂槽。只有这样创造了良好的基础条件，才能保证草原休牧、牲畜舍饲顺利进行。下面简要介绍牲畜实行舍饲、半舍饲的饲养方法。

1. 禁牧舍饲期

在每年4月初至8月末，此时是牧草萌发、生长期，早春又是牲畜"春乏"跑青阶段，是最不利于放牧时期。放牧牲畜会把刚萌发的嫩草生长点咬掉，来回践踏，破坏了牧草正常生长发育机能，可使牧草生长缓慢，影响全年产草量。另外，春季灌木枝叶嫩绿，特别是幼林，绵山羊啃咬严重。6月后牧草生长加快，在保护条件下能迅速提高鲜草产量。

禁牧舍饲时要根据当地贮备的饲草料资源进行搭配饲喂，并加工成混合粗草粉（一般人工牧草40%～50%，农副产物及秸秆40%～50%，杂草及树叶10%～20%），每只羊每天饲喂1.5～1.8千克，另外加喂精饲料100～200克。条件好的牧户，最好加工成草料科学配制的颗粒状，利用率可达到95%以上。而长草整喂不进行加工调制，其利用率仅40%～50%。在有条件的地区可补喂一些青贮饲料，效果更好。舍饲期间，24小时自由采食、饮水。如果贮存的是以作物秸秆、低质的杂类干草为主的饲草，不宜进行配混合饲喂，就将粗草粉进行氨化或发酵调制后饲喂。对于加喂的精饲料最好不要单纯喂玉米颗粒，应改喂全价的配混合饲料，以补充饲养牲畜营养缺乏的问题。

推行禁牧舍饲，可使天然草地休养生息，增强草地植被恢复和再生能力，不但可以大幅度提高现有草地的产草量，还能给草地的改良和建设提供有利条件，对加速生态建设和发展生态畜牧业奠定良好的基础。

2. 放牧育肥期

在每年7月初至11月末，俗称牲畜"夏饱秋肥"阶段。此时正值夏秋季，牧草生长快，产草量高，饲草品质好；到秋季牧草又结籽，树枝落叶，农作物收割留茬，是适宜放牧的抓膘季节。放牧时首先要依据草地产草量确定合理的载畜量，防止过牧践踏影响冬春放牧场的利用。通过科学的适度放牧，牲畜不仅吃得饱、吃得好、生长发育快，而且在绵山羊的配种季节，对提高生产性能、实现育肥出栏、实施季节畜牧业非常有利。

同时，要坚持适度放牧，最好是全面实行划区轮牧的放牧制度，根据草地生产力和放牧畜群实际情况，将放牧场先分成季节牧场，在每一季节牧场内分成若干轮牧小区，按照一定次序逐区放牧采食，实现轮回利用草地的一种放牧制度。实施划区轮牧可以由初级到高级，逐步完善提高。这种分区轮牧方式与无计划地自由放牧相比，效果十分突出，不仅可以减少牧草浪费，节省草场，促进草地生态环境的恢复，而且可以提高载畜量，增加畜产品，提高畜牧业生产效率。

3. 放牧补饲期

在每年12月初至翌年3月末，俗称牲畜"冬瘦"阶段。冬季牧草枯萎，营养成分降低，牲畜一般吃不饱，加上天气寒冷，热能消耗多，是造成掉膘的主要原因。另外，此时又是母畜怀羔后期或分娩、哺育幼畜需要充足的营养时期。由于冬季放牧满足不了牲畜对各种营养的需求，往往造成流产、羔羊成活率降低。

为了减轻草地的负载力，实现牲畜"保膘"越冬达到保胎、保羔的目的，在实施草原放牧的同时，必须要注重对牲畜补饲草料、满足营养需要。在这个时期要全面实行放牧、补饲相结合的饲养方式。在草地上放牧要坚持划区轮牧的放牧制度，实行保护性的放牧利用。补饲时，最好采取上午放牧、下午补饲或白天放牧、傍晚提前归牧补饲的饲养方式。放牧使绵山羊采食一些枯草落叶，又能得到适当运动，补饲可使牲畜所需的各种营养物质得到满足。补饲期也用混合粗草粉或颗粒饲料，与舍饲期相同，各地要根据当地饲草资源进行适当调整。每只羊每天补喂1～1.2千克混合粗草粉，另外加补精饲料50～100克，或配混合饲料100～150克。对怀孕母羊和产羔母羊可增加一些豆科牧草和精饲料。有条件的地区可再补喂一些青贮饲料，效果会更好。

舍饲、半舍饲养畜模式饲养技术要点[*]

胡琏

进入21世纪，鄂尔多斯市根据多年来草原生态日趋恶化、畜牧业发展缓慢的现实，从实际出发，及时提出"瞄准市场、调整结构、改善生态、增效增收"和建设"绿色大市、畜牧业强市"的总体战略决策，同时又明确提出和实施了"改变畜牧业生产经营方式，全面实行禁、休、轮牧，坚持舍饲养畜，发展生态畜牧业"的近期奋斗目标，取得了十分突出的效果。使鄂尔多斯市成为内蒙古地区舍饲养畜实施时间最早、推广范围最大、取得的效益最显著的地区，促进了草原生态快速恢复和改善，走出了发展集约型现代化畜牧业新的路子。为进一步完善和提高舍饲、半舍饲养畜水平，结合农牧民养畜做法和存在的问题，同时考虑到农牧民通俗易懂便于掌握的要求，我们总结提出以下舍饲养畜实用技术，供各地参考应用。其主要内容包括有以下几个方面。

一、要注重畜群基础设施建设

坚持做到具备"两个基地、六配套"："两个基地"是指培育建设的改良草地和高产优质的人工饲草料基地，"六配套"是指塑料暖棚、活动场地（圈）、青贮窖氨化池、饲草料加工机具（一户或联户配置）、贮草棚、饮水饲喂槽等。在人工草地、饲草料基地

---

[*] 本文成稿于2002年1月3日。

建设中，要调整饲草料种植结构，坚持为养而种。按照家畜营养需求，全面推行优良牧草、饲料作物、青贮作物的"三元立草"种植模式，或在有条件的地区种植一些多汁饲料，形成"四元立草"的种植结构，实现草料科学配比、优化种植、高产优质，为家畜优化饲养提供丰富的物质基础。按人工草地平均亩产青干草800千克、饲料地亩产饲料500千克、青贮饲料亩产鲜草4000千克、多汁饲料亩产2500千克计算，每个羊单位建成0.1亩饲料地和0.4亩人工草地，再加一些其他秸秆、杂类草可以满足全年舍饲的需要。畜群基础设施建设需建立半棚式塑料暖棚畜舍一处，平均每只羊单位占有建筑面积达到0.7米^2，肉奶牛3米^2；建青贮窖一处，每立方米青贮650千克左右，平均每只羊拥有0.5～0.8米^{3}青贮窖容积；建贮草棚每个畜群面积不低于25米^2，水井、提水饮水设施齐全；一户或几户拥有打草机、搂草机、青贮切割机、粉碎机等成套饲草料收获加工机具。另外，根据家畜改良和疾病防治的需求，联合几户牧户需建人工授精室，面积不小于15米^2；建立长方形药浴池一处，长10米，深1米，上口宽0.6～1米，底宽0.4～0.6米。

二、要注重牲畜科学饲养

坚持做到"三强制，一扩大"："三强制"是强制饲草混合加工饲喂，强制粗饲料开展青贮、氨化、微贮等调制后饲喂，强制精饲料加工成配混合饲料饲喂；"一扩大"是指牲畜活动场地（圈）要扩大。养殖户饲养牲畜应逐渐实现按营养需要定额配方化饲喂。根据饲草贮备情况，一般搭配比例为：豆科牧草40%～50%，作物秸秆及农副产物40%～50%，树枝叶和杂类青干草10%～20%，混合后切割加工成2～3厘米，秸秆最好经揉搓、粉碎，结合青贮饲料，混合饲喂。有条件的牧户实施混合粗草粉、精饲料、配备维生素和矿物质加工成颗粒化饲喂。牲畜圈养活动场地一般每只羊占有面积2～3

米^{2}为宜。如果贮存的以作物秸秆、低质的杂类草为主的饲草，就应将加工后的粗草粉进行氨化、微贮发酵调制后饲喂。对于加喂的精饲料不要单纯喂整颗粒，应粉碎加工配制成配混合饲料，以补充牲畜营养缺乏的问题。实行半舍饲，在草原上放牧家畜要全面推行划区轮牧制度，轮牧时至少要采取"七区制"的简便轮牧法，冷季放牧4小时左右，采食量占日食量的30%，主要依靠贮草来满足家畜需要，实行冷季半舍饲。

三、要注重改变饲养方式，加快牲畜周转

坚持做到"四改、一化"："四改"是改常规放牧饲养为舍饲、半舍饲，改配春羔为配冬羔或早春羔，改少出栏为多出栏，改常规出栏为饲养加短期育肥（育肥瘦弱羊、育肥羔羊）四季出栏；"一化"是饲养牲畜实现良改化。育肥牛羊前期采用天然草地季节优势实行放牧育肥，后期进行短期强度育肥，育肥期为肉牛3个月，细毛羊、山羊、肉羊45～50天。

四、要注重牲畜疫病防治

坚持做到认真贯彻"预防为主、防重于治"的动物疫病防治方针，大力加强舍饲养畜的疫病防治。在保证饲料安全、满足畜群营养需求、提高牲畜抗病能力的前提下，注重突发性疾病疫情以及人畜共患疾病的防控工作。重点突出抓好按常规要求，搞好"三防治、一清洁"："三防治"是依照有关技术规程要求按时进行牲畜体内外寄生虫驱治，注射羊三联、绵羊痘等疫苗，及时治疗常见病和多发病；"一清洁"是每天要及时清理棚圈牲畜粪尿，保持饲养牲畜环境整洁卫生，促进牲畜健康成长发育。家畜在入圈饲养前对棚圈要进行彻底消毒处理，并要求每隔半个月用2%来苏儿水或2%的苛性

钠水喷洒消毒一次。对调入、调出牲畜严格执行防疫制度，严防疫病扩散，确保畜产品安全。

综上所述，在畜牧业生产中只要认真执行这些舍饲、半舍饲饲养技术，就会不断提高养殖业集约化水平和效益，就会使牧户尽快实现"六化"的奋斗目标：一是草地经营建设实现科学高效化；二是饲养牲畜实现良种化；三是饲养管理实现科学化；四是生产主要环节实现机械化；五是生产技术实现标准化；六是畜牧业经营管理实现产业化。这样，既可为鄂尔多斯市畜牧业与国际市场接轨创造条件，使畜牧业生态效益与经济效益协调发展，又可为全市发展集约型的现代化畜牧业提供示范，还为实现畜牧业可持续发展奠定良好的基础。

第二辑 鄂尔多斯草原生态保护建设省部级重点工程项目技术报告

本辑选编了在鄂尔多斯实施的省部级草原建设重大工程研究应用项目的技术报告，具有超前性、创新性及适用性，项目实施都取得了突出的成效，初步建立和构筑了知识密集型草业生产体系，为草业科学发展开创了新的路径，获得了有关部门科技进步奖励，项目实施对草业科技创新发展做出了突出贡献。

其一，伊克昭盟大面积种植柠条技术推广应用项目，在柠条种植技术、带网片配置技术以及培育利用技术等许多方面创新发展，五年推广种植600多万亩，规模之大，生态、经济、社会三大效益显著，创造了我国草原改良建设先例，达到国内外先进水平。该项目获内蒙古自治区科技进步集体一等奖。该项目不仅使荒漠化草原构建形成灌草结合型灌木草地，实现了生态优先、快速恢复改善，凸显出草原从生产到生态的巨大效益，而且为鄂尔多斯提出创建的"灌木草地科学基本理论框架和运行模式"提供了科学依据和实践应用基础。

其二，运用草业系统工程科学方法发展中国现代化草地牧业模式研究项目，是在我国著名科学家钱学森院士草产业理论思想指导下，由我国草业界老专家李毓堂先生按照他创建的"草业系统工程基本理论和模式"，主持在鄂尔多斯实施的重大工程研究项目，进一步在生产实践中把草业系统工程提升拓展为全面可操作运转状态。该项目获得国家农业部科技进步二等奖。曾得到中国工程院院士任继周、中国科学院院士李博等专家教授高度赞赏和评价。同时得到我国著名科学家钱学森的赞同，钱老审阅项目材料后在给李毓堂研究员的信中指出："草产业的理论在您和大家努力下，已有了初步的框架，今后还要在实践经验的总结中不断提高。这几年我国草产业已有不少成功的试点，从实践中证明草产业的概念是可行的，大有前途的……真正知识密集型草产业的出现，中国的第六次产业革命，将在21世纪下半叶。"

其三，内蒙古准格尔旗开发黄河沿岸盐碱荒地发展种草养畜项目，是农业部（现农业农村部）在鄂尔多斯地区实施的草产业发展项目，它主要针对盐碱荒废地开发利用，发展现代草牧业的重点工程建设。该项目按照草业系统工程理论和科学方法实施的，坚持以草为基础、引草入田、引牧入农。发挥草业促牧、促农、促林、促经的主体作用，多种产业的融合，从而形成致富性牧业、服务型农业、保护性林业、创收性经济作物，实行综合开发建设的绿色经济结构布局。同时更加凸显出钱学森院士创导建立的"知识密集型草产业"生产经营体系，并逐渐引进到"草业深度加工业"，促进绿色产品经济不断提质增效。

其四，进入21世纪后，鄂尔多斯被列入国家首批实施"退牧还草"工程建设重点地区。我们按照创新、绿色、快速恢复改善草原生态的理念，实施了退牧还草草原生态快速恢复技术及其应用项目。该项目针对草地生态严重恶化现实，聚集十多种创新科技，形成鄂尔多斯系统完善的草原生态快速恢复的技术体系和建设模式，称为"鄂尔多斯草原生态建设模式"。其特点是创建成具有抗逆性、稳定性、丰产性以及可持续发展的复合型草原生态系统。特别是鄂尔多斯率先提出以改变草地畜牧业经营方式为突破口，以"禁休轮牧、舍饲养畜"为切入点，构成了当前和今后草地利用的一项重要经营制度，走出了草原生态优先、家畜发展成倍增长、产业化经营规模不断扩展的绿色发展新路子，受到了国家有关部门和领导的重视和好评。

伊克昭盟大面积种植柠条技术
推广应用项目技术报告 *

胡琏　云生彩　傅德山　余清泉

内蒙古自治区伊克昭盟是祖国重要的畜牧业基地之一。新中国成立后，在党和政府的领导下，畜牧业生产有了很大发展。但是到了20世纪50年代后期、60年代初，开始出现了畜草矛盾，草场退化、沙化，风大沙多，水土流失，"两蚀"（西部风蚀，东部水蚀）状况日益加剧，带来了生态环境的恶化，阻碍了畜牧业进一步发展，广大农牧民生产、生活和生存条件受到严重威胁。为了解决这些问题，盟委、行署在20世纪60年代、70年代曾几次采取重大措施，尽力解决人缺粮、畜缺草的被动局面。但由于"左"的路线干扰破坏，几经变更，一直未能贯彻始终。党的十一届三中全会后，伊盟盟委、公署从实际出发，认真总结了多年来农牧业经济建设的经验，于1980年明确提出了"关于大力建设以柠条为重点的人工草牧场的决定"，把大力推广柠条种植作为草原建设的突破口，作出规划，付诸实施。5年来，按照这一战略决策，经过各级干部、科技人员和广大人民群众的积极努力，推广种植柠条工作取得了可喜的成果，并为今后大搞草原植被建设、发展农牧业生产、整治国土提供了条件，奠定了基础。

---

　　* 伊克昭盟大面积种植柠条技术推广应用项目，起草于1985年。该项目于1987年11月获内蒙古自治区科学技术进步集体一等奖。胡琏同志是该项目主持人。

一、自然特征和生态条件

伊盟位于北纬37°35′42″—40°51′40″，东经106°30′00″—111°27′20″之间，地处鄂尔多斯高原，东、北、西三面濒临黄河，南与陕西、宁夏接壤。全盟总面积12957.9万亩，辖有七旗一市，144个乡、苏木（其中牧业苏木46个，林牧乡59个，农业乡25个，城镇14个），110多万人口，实行"林牧为主、多种经营"的生产方针，是一个以蒙古族为主体、汉族为多数的少数民族聚居地区。本区为典型的温带大陆性气候，热能资源丰富，年平均气温6～9℃，全年日照时数为2800～3000小时，≥10℃的积温为2700～3200℃，无霜期130～150天。年平均降水量由东向西450～150毫米，多集中在7—9月，占全年降水量的60%～70%，降雨强度较大，多以暴雨形式出现，而且年变率大。全年蒸发量为2000～2800毫米，超过降水量的5～7倍。由于降水量少而集中和蒸发量巨大，导致气候干燥，十年九旱。据历年气象资料统计，一般6年左右遇一个大旱年，2～3年就出现一个旱年。年平均风速3～4.5米/秒，风力强，大风天气多，每年风期达120～150天，最多可达200多天，八级以上大风日平均为40～50天。全盟地势较高，海拔1100～1500米，地形复杂，东部是山地丘陵沟壑，西部多为波状起伏的剥蚀高平原，境内有不少固定、半固定的沙地分布其间，沙地内有湖盆滩地，流沙呈斑块状散布。地表土层薄，肥力低，而且多为沙质土壤，基岩又主要是质地疏松的白垩纪各色砂岩，极易风蚀沙化，水土流失。在上述恶劣的气候、复杂的地形、疏松的土壤等综合作用下，造成了伊盟不同于其他地区的特殊自然条件。其特点表现为干旱缺水，风大沙多，水土流失，土壤贫瘠，植被稀疏，自然灾害频繁。据统计，在伊盟总面积中沙漠和沙化面积有5850万亩，水土流失面积有6000万多亩。生态系统遭到相当大的破坏，自然环境日益恶化，造成了农牧林结构失调，处于严重的恶性循环，生产上不去，人民群众生存、生产和生活处于十分困难的境地。

伊盟地区处于干旱与半干旱的过渡地带，可分为干草原、荒漠草原和草原化荒漠3个亚地带。草场和植物区系具有明显的多样性、复杂性。植被组成中多年生的小半灌木、半灌木、小灌木以及灌木占有一定的优势，比重较大。在灌木、半灌木中，从生物学特性以及经济效益、生态效益看，表现最优良的是豆科锦鸡儿属中的几个种，即通常人们所说的柠条，主要是小叶锦鸡儿、中间锦鸡儿和柠条锦鸡儿。这3种锦鸡儿的生物学与生态学特性相似，它们共同具有的优良特性有以下几个方面。

（1）抗逆性强，生长期长，生态适应幅度广泛：柠条抗逆性强，主要表现为耐严寒和酷热，抗旱性能强。据观察，小叶锦鸡儿在-39℃严寒或地表温度达55℃条件下不受伤害。柠条是本地区耐旱性最强的植物种，在降水量仅为70～100毫米的特大旱年，其他植物都枯死，但它仍能正常生长发育。根据几项表征植物抗旱性的生理指标——束缚水含量、束缚水含量／自由水含量、吸水力和保水力的测定，柠条锦鸡儿比本地区公认的耐旱植物刺叶柄棘豆、油蒿、籽蒿和细枝岩黄芪均高，更高于一般植物。同时，柠条还耐风蚀、沙埋和冰雹打击。由于柠条抗逆性强，它旱不死，冻不死，风吹不死，牲畜啃不死，沙子埋不死。在本地区具有广泛的适应性，从东到西，从南到北，不论干旱梁地、丘陵沟壑，还是荒山荒坡，贫瘠土地，都能生长。柠条的生长期也比较长，据观察从萌芽到落叶，生长期长达200天左右，特别在冬春季节草场上一片枯黄时，其当年枝条仍带绿色。另外，柠条具有生态适应幅度广泛的特点，在本地区除地下水位过高的滩地、盐碱滩地和高大沙丘外，几乎所有生境条件内均可生长，但以梁地、黄土梁地、覆沙梁地及固定沙地等较为适宜。

（2）饲用价值高：柠条适口性好，营养丰富，山羊、绵羊、骆驼和牛都喜食它的嫩枝、叶和花，种子和荚皮经过加工还可饲喂牛羊。一年四季都能放牧利用，特别是在冬春枯草季节和遇到"黑白灾"时，饲用价值更大。尤其在本地区草场退化、沙化，普遍生长一些生命周期短的植物和一年生牧草，而且只在夏末秋初才发挥生长优势的情况下，柠条在早春返青早，能够较早地抽枝放叶，现蕾开花，发挥青绿饲料的优势，是早春放牧牲畜的"接口草"，这是难得的饲用特点。农牧民对它评价很高，认为它是一种抓膘恢复畜体的优良植物，也是很好的"四料"植物（饲料、肥料、燃料、轻工业原料）。

（3）易繁殖、寿命长，产量稳定性强：柠条为种子繁殖植物，繁殖容易，产籽量高，为大面积推广种植创造了有利条件。柠条寿命长达40~75年。在退化草场上通过补播建立起来的人工柠条草场，不但生物学产量高，而且能维持较长时间的产饲料高峰期，在合理利用条件下，可保持十几年甚至几十年，这一点一般人工栽培牧草是比不上的。

（4）具有林、草共同的特点：柠条不但有林木方面的特性，突出表现为有很高的生态效益，它能够防风固沙、保持水土、改变小气候等，这是一般牧草所不及的，而且具备牧草的特性，它生长茂盛，枝叶多，营养丰富，改土肥田，牲畜喜食，可放牧、刈割、加工利用，能够提供较多的饲料，这又是一般树木不可比拟的。它用途广，经济价值高，有很多优越性。

二、推广经过和所取得的成果

伊盟大面积推广种植柠条，这是从伊盟实际出发，立足于历史、民族、地区和经济特点而提出来的一项改造伊盟的建设措施。种植柠条符合"三个特点、两个现实意义"。"三个特点"：一是符合伊盟自然特点，"两蚀"严重，自然条件恶劣；二是符合伊盟经济特点，畜牧业经济是主体经济；三是柠条本身的生物学特点，它适应生长于伊盟地区生态环境。"两个现实意义"：对农牧林生产发展有现实意义，对整治国土、改变生态环境有现实意义。因此，伊盟在植被、草原建设中，把柠条确定为种植推广重点。实践证明，这是完全符合伊盟自然规律和经济规律的。只要抓住柠条，就可以同时搞好草原建设、治沙造林、水土保持三大基本建设，可使三者紧密地结合起来，起到"举一反三"的作用。在草原建设中，只要抓住柠条这个优良灌木种，先种灌、再种草，或者以灌促草，逐步建设灌草结合的人工、半人工草场。这是草原建设的正确途径，是伊盟特色的草原建设方式。有利于创造一个适宜的人类生存、生产和生活的良好环境条件，有利于形成一个科学的"林牧为主"的新的经济结构，有利于农牧业生产由恶性循环逐渐向良性循环转变，从落后的自然面貌里解放出来。

新中国成立后伊盟就提倡种柠条，农牧民开始小面积种植柠条。从1980年在全盟范围内大规模进行推广种植。5年来，我们在推广柠条的过程中，认真抓了认识、政策、科技、基础（物质基础建设）、领导5个方面的工作，经历了不断实践、不断总结、不断认识、不断提高的过程。在推广实施中，按照推广规划，由盟统一组织，以旗市为单位，各部门协作，上下结合，调动各方面积极性，使伊盟以种柠条为重点的植被建设工作推进到一个崭新的阶段。概括起来，总体经历了3个阶段：1980年我们提出了坚持以大种柠条为重点的草原建设，1981年又提出了"植被建设是伊盟最大的基本建设"的认识，1982年又把"林牧为主，多种经营"的生产方针具体化为"三种五小"的建设措施。随着认识的深化，三个阶段的发展，在全盟上下贯彻落实这几项工作的过程中，我们自始至终把大种柠条、推广柠条作为核心和重点，抓了5年，迈出了五大步，使全盟草原建设达到了一个新的水平，为今后建设和发展生态牧场、生态畜牧业创造了良好的条件。

5年来，推广种植柠条后，这项绿色工程正在牧业、林业、水保、农业、综合利用5个方面发挥着巨大的作用，表现出显著的经济效益、生态效益和社会效益（图1）。现将5年来推广种植柠条取得的成果简述如下。

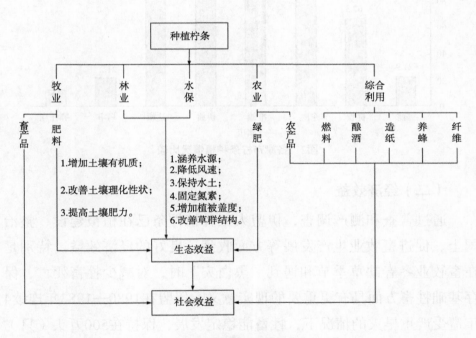

图1　种植柠条效益示意

（一）种植面积

据1985年春季普查统计，全盟实有柠条面积12798760亩，其中人工柠条种植面积有6072069亩，天然柠条草场面积6726691亩。人工柠条按地类划分，高平原地区种植柠条2237332亩，丘陵地区种植柠条3834632亩；按种植方式划分，带状种植5970891亩，网状种植23154亩，片状种植175320亩。各旗市柠条种植情况详见图2。

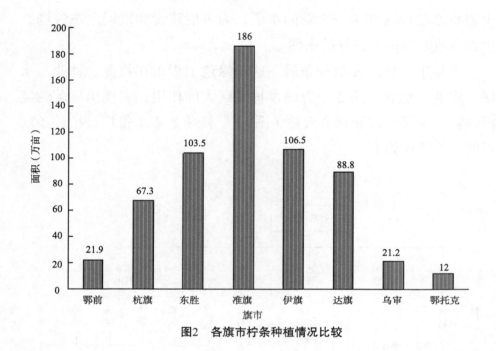

图2　各旗市柠条种植情况比较

（二）经济效益

通过普查和测产调查，伊盟人工种植柠条已在植被建设、整治国土、促进畜牧业生产发展等方面收到了良好的经济效益。特别是在畜牧业冬春缺草季节和遇到"黑白灾"时，对减少牲畜死亡、保存基础牲畜方面具有更重要的现实意义。伊盟在1980—1983年连续4年遭受严重旱灾的情况下，牲畜能稳定发展，保持在500万头（只）以上，这与大面积推广种植柠条起重要作用分不开的。如伊旗红海子乡掌岗图村，全村10万亩草牧场，其中人工建设柠条草场7.2万亩，牲畜连续8年稳定发展，由原来的4874头（只）增加到1984年的7305头（只），这充分显示了种植柠条后产生的巨大经济效益。据全盟初步测算，改良后的人工、半人工柠条草场比改良前的草场产草量提高3倍以上，全盟增产饲草591445吨，可增养266900只绵羊单位，增加产值1775.39万元（表1）；柠条粗老枝条平茬粉碎加工，年均增加可利用饲草547340吨，可饲养317600只绵羊单位，对解决冬春抗灾保畜缺草的问题具有十分重要的作用；柠条种子年均采收1050吨左右，价值189万元；柠条带、网间种植粮料作物，年增产1810.6吨，价值43.45万元。仅上述几项合计可增产饲草（料）114.0亿吨，增养58.45万只绵羊单位，增收产值2007.84万元，极大地促进了国民经济的发展（表2）。

表1　种植柠条效益概算

地区	人工柠条面积（亩）	平均亩产（千克/亩）	增加饲草量（吨）	增加载畜量（绵羊单位）	按畜产品计算合款（万元）
全盟合计	6072069	82.0	591445	266900	1775.39
准格尔旗	1859505	141.8	278095	125500	834.81
东胜市	1034986	95.95	108830	49100	326.61
伊金霍洛旗	1065049	68.65	75225	33900	225.50
杭锦旗	672935	67.5	38790	17500	116.41
达拉特旗	888200	77.4	60100	27100	180.27
鄂托克旗	119902	62.5	5520	2500	16.63
鄂托克前旗	219334	67.0	18365	8300	55.21
乌审旗	212158	75.0	6520	2900	19.29

表2　伊盟人工种植柠条经济效益估算

类别	提供饲草料（吨）	增养绵羊单位（只）	种子、饲料产量（吨）	增加产值（万元）	备注
柠条饲草	591445	266900	—	1775.39	
柠条平茬粉碎加工	547340	317600	—	—	
柠条种子生产			1050	189.00	

类别	提供饲草料（吨）	增养绵羊单位（只）	种子、饲料产量（吨）	增加产值（万元）	备注
柠条带间粮料作物			1810.6	43.45	
合计	1138785	584500	2860.6	2007.84	

（三）生态效益

退化、沙化草场以及裸露土地上补种柠条后可发挥显著的生态效益。在一定程度上讲，这种生态效益要比直接提供的经济效益带来的作用和效果更大，是可持续性发展。

（1）可防风固沙，保持水土，减轻"两蚀"的危害（表3、表4）。事实说明，种植柠条在伊盟脆弱的生态环境中有其不可取代的作用，它将对治理和保持水土流失产生久远的意义。

表3 不同种植形式的防风、固土效果

种植形式	测定地点	防风效果			固土效果			
		林内风速（米/秒）	旷野（米/秒）	降低（%）	林内积沙（厘米）	折合亩固沙（米³/亩）	旷野风蚀（厘米）	折合亩风蚀（米³/亩）
带状	长滩	3.25	5.06	35.77	1.8	12.00		
	纳林	3.53	4.50	23.33	1.33	8.88	1.67	11.11
	平均	3.39	4.78	29.55	1.55	10.44		
网状	长滩						1.90	12.67
	纳林	3.80	4.53	16.11	3.27	21.78	1.40	9.32
	平均						1.65	11.00
片状	长滩	2.94	5.06	41.90	2.2	14.67		
	纳林	4.93	5.33	7.50	1.13	7.56	0.90	6.00
	平均	3.94	5.19	24.70	1.67	11.12		

表4　柠条水保效果

项目	坡向	坡度（°）	盖度（%）	产流次数	起止日期（月/日）	降水量（毫米）	径流量（米³）	平均含沙量（千克/米³）	径流深度（毫米）	径流模数（米³/公顷）	侵蚀模数（千克/公顷）
荒坡	W	6	90	9	7/7—8/15	148	1.755	14.05	3508	351	4932
柠条林	W	9	95	9	7/7—8/15	148	0.565	5.194	1134	113.4	589
保水土效益（倍）							3.1	2.7	3.09	3.09	8.37

注：本表引自苗宗义"柠条灌木林试验研究总结"材料。

（2）可改良土壤，培肥地力。柠条是豆科植物，可有效地固定氮素，也可增加有机质，提高土壤肥力（表5）。据有关单位测定，7年生柠条地土壤含氮量为0.05%，有机质0.61%，分别比同类未种柠条的土地高35%和26%。种植柠条后，土壤的机械物质组成发生显著变化，可直接影响土壤的理化性状。此外，柠条又是优质的绿肥原料，其枝叶富含氮磷钾，平均每百斤枝叶含氮1.45千克，磷0.275千克，钾0.715千克，相当于200千克羊粪的肥效。

表5　准格尔旗纳林乡人工柠条地内外土壤养分含量

土壤深度	柠条地内			柠条地外			备注
	氮（毫克/千克）	磷（毫克/千克）	钾（毫克/千克）	氮（毫克/千克）	磷（毫克/千克）	钾（毫克/千克）	
0～20厘米	18.7	2.5	70.7	12.7	2.3	47.0	
20～100厘米	12.7	1.3	43.3	11.7	1.9	45.7	

（3）可改变草群结构，增加覆盖度。不仅能提高草场产草量，而且能改善牧草营养状况，有利于草场数质量的提高和发展。

（4）可改变小气候，促进生态环境的改善，为放牧牲畜创造一个冬暖夏凉的舒适环境，减轻不良气候因素对牲畜生理过程的危害，有利于牲畜生长发育。据国外研究，护牧林保护下的羊群生病率为0.7%～6%，而无林保护的高达20%。有防护林保护的羊群每只平均比空旷地增重8.09千克，剪毛量多0.34千克。

（四）社会效益

推广人工种植柠条带来了十分突出的社会效益。杭锦旗胜利乡坚持"三种"，面积达到32万多亩，其中人工柠条面积就达24万多亩。由于植被恢复，生产、生活条件发生显著变化，农牧业得到发展，群众收入增加。粮食产量由过去的500多吨增加到现在的每年可产1500多吨；牲畜由1972年的2万多头（只）增加到1982年的4.5万多头（只）；人均收入由过去的30～40元增加到现在150元。全乡由过去沙进人退、背井离乡的状况（全乡从1966—1976年搬迁到外地700多户、3500多人），变成现在各民族安定团结、安居乐业、欣欣向荣的新局面。

柠条被牲畜利用转化为畜产品，再经加工、深加工，产品增值，一般增值4～5倍，社会经济效益十分显著。此外，柠条可作绿肥，也可作造纸原料，花可养蜂，枝条作燃料，种子还可制酒，通过合理开发、综合利用、多层次利用，可以大大增加收入，间接地反映出柠条的社会效益。

三、推广工作中采取的主要技术措施

（一）因地制宜地确定柠条推广区域范围

多年来，伊盟在毛乌素沙地草场建设上，摸索出一些办法，取

得了一定成效。1977年和1979年在2次全盟草原建设普查的基础上，通过调查研究，总结经验，参照科研成果，从立地条件出发，又确定了梁地建设的对策，提出了大力推广种植柠条的决定，同时制定了推广方案，明确了柠条推广区域范围。伊盟适宜种植柠条的各类草场有7000多万亩，占全盟总土地面积的53%（表6）。这样，在柠条推广中，做到了因地、因种制宜，避免了推广中的盲目性，增强了自觉性，达到了有的放矢的目的。5年来，伊盟有不少单位，由于坚持因地制宜、推广柠条的原则，正确地选择种植柠条的立地条件，在退化草场上大力补播柠条，取得了显著效益，促进了畜牧业生产的发展。

表6　伊盟适宜种植柠条的草场类型面积

草场类型	面积（万亩）	占总土地面积的百分率（%）
低山丘陵草原草场	1331.9	10.10
低山丘陵半荒漠草场	156.9	1.19
高平原草原草场	209.1	1.58
高平原半荒漠草场	2269.9	17.20
高平原荒漠草场	614.4	4.66
沙丘沙地草场	6417.0	18.32
合计	7059.2	53.05

（二）天然柠条草场的保护和管理

天然柠条草场是本地区主要的草场之一，大面积分布对发展畜牧业生产起着重要作用。在全盟常见的天然柠条草场总体有11个类型（表7）。这种灌草结合形式的天然复合型草场，其草群结构比较复杂，植物种组成比较丰富。以伊金霍洛旗为例，据调查这种类型草场植物种有13科，40多种，主要是禾本科、菊科、豆科，其次是蒺藜科和藜科，随着立地条件不同，其草群结构、植物种组成、生物学产量以及可利用产草量表现不一样。在沙地草场一般半灌木层片占优势，草本层片发育不明显；在梁地草场一般灌木层片占优势，草本层片发育较显著。这类草场产草量较高，但由于柠条在群落中发育不一，加上人为干扰等，所以产草量变化幅度大，高者是低者的2~6倍。

表7　常见的天然柠条草场类型

草场类型		盖度（%）	层次	高度（厘米）	25米²植物种数	其他主要植物	鲜草（千克/亩）	载畜量（亩/年·只）
中间锦鸡儿群系	中间锦鸡儿、百里香放牧场	50	I II III	100 25 7	23	黄蒿、本氏针茅、狗尾草、胡枝子、糙隐子草、虫实、地锦等	125~175	18.3
	中间锦鸡儿、禾草放牧场	40	I II III	100 25 4	23	细叶苦荬、野胡麻、油蒿、隐子草、白草、狗尾草、细叶远志等	250~300	10.0
	中间锦鸡儿、冷蒿、禾草放牧场	45	I II III	100 30 5	25	细叶苦荬、砂珍棘豆、糙隐子草、白草、针茅、赖草、牛心朴子等	75~100	31.3
	中间锦鸡儿、禾草、冷蒿放牧场	50	I II III	100 50 5	22	无芒隐子草、针茅、冷蒿、紫苑、黄蒿、胡枝子、百里香、赖草等	225~275	11.0
	中间锦鸡儿、油蒿、禾草放牧场	40	I II III	100 15 8	31	无芒隐子草、针茅、冷蒿、兴安天冬、紫苑、胡枝子、黄蒿、香青兰等	150~200	15.6

续表

草场类型		盖度（%）	层次	高度（厘米）	25米²植物种数	其他主要植物	鲜草（千克/亩）	载畜量（亩/年·只）
小叶锦鸡儿群系	小叶锦鸡儿、油蒿放牧场	30	Ⅰ Ⅱ Ⅲ	79 28 10	20	狼毒、细叶苦荬、蒙古葱、黄芪、白草、兴安天冬等	50～75	36.5
	小叶锦鸡儿、冷蒿、油蒿放牧场	55	Ⅰ Ⅱ Ⅲ	55 30 4	29	黄蒿、紫苑、无芒隐子草、细叶远志、兔唇花、兴安天冬等	175～200	14.8
	小叶锦鸡儿、针茅放牧场	40	Ⅰ Ⅱ Ⅲ	75 40 10	40	冠芒草、细叶葱、赖草、虫实、细叶远志、大戟等	50～75	36.5
	小叶锦鸡儿、胡枝子、杂类草放牧场	50	Ⅰ Ⅱ	60 15	26	白草、黄芪、油蒿、猪毛菜、乳浆大戟、紫筒草、针茅等	75～100	31.3
柠条锦鸡儿群系	柠条锦鸡儿、无芒隐子草放牧场	25	Ⅰ Ⅱ	大于160 小于16	12/400米²	小画眉草、狗尾草、冠芒草、猫头刺、黄蒿、五星蒿、刺藜、地锦、三芒草等	25～50	54.8
	柠条锦鸡儿、油蒿放牧场	45	Ⅰ Ⅱ	大于110 小于70	8/200米²	牛心朴子、沙竹、木本铁线莲、沙芦草、冰草等	100～125	24.3

　　为合理地利用柠条草场，我们在推广大种柠条的同时，注重了加强天然柠条草场的保护和管理。主要采取了以下几项措施。

　　（1）落实草场使用权，加强保护和管理。党的十一届三中全会以后，随着落实农村牧区生产责任制，也落实了柠条草场的保护和管理制度。起初是以集体管护为主，1983年实行草畜"双承包"责任制后，又把它划分到户，做到了"草场到户，以户经营"，有力促进了柠条草场的恢复。

（2）禁止乱伐，避免重牧，加强培育。在培育退化柠条草场方面我们着重抓了三点：一是严禁砍伐柠条，即使老柠条需要平茬，也要采取有计划、有步骤地合理平茬；二是严禁超载过牧，进行合理利用；三是以培育采种地为目的，采取围栏或派人看管的措施，实行封育，夏秋采种，冬春放牧。经过封育保护，植被得到明显改善，草群覆盖度、高度和优良牧草所占的比重都提高了，特别是产草量显著增加（表8）。

表8　天然柠条草场封育效果比较

处理	盖度（%）	高度（厘米）	25米^{2}植物种数	主要植物	地上部分生物量（千克/亩）			与未封育比值（可食）	备注
					合计	其中			
						可食	有毒		
封育	50	2～100	26	柠条、胡枝子、草木樨状黄芪、砂珍棘豆、乳白花黄芪、细叶远志、黄蒿、百里香、紫苑、白草、猪毛菜、本氏针茅、糙隐子草等	74.75	71.4	3.35	1.71	①1980年6月8日测产；②封育为5年；③测产地点伊旗红海子公社柳林大队
未封育	20～25	2～50	10	柠条、沙米、乳浆大戟、牛心朴子、狗尾草、沙葱、刺蓬、细叶苦荬、砂珍棘豆、虫实等	60.05	41.85	18.2	1.00	

（3）防治鼠虫害，提高柠条草场的产量。柠条的主要虫害是春尺蠖、柠条小蜂和柠条象甲，危害十分严重。5年来，我们在大种柠条的同时，采取飞机大面积防治和人工重点防治相结合的措施。防治柠条鼠害面积230多万亩，防治柠条虫害面积299.5万亩，不论在保护柠条放牧场提高产草方面，还是在采收种子方面，都取得了很好的效益。

（三）播种柠条的5项技术措施

在退化了的或者利用价值不高的草场上种植柠条，主要采用的是直播技术。为了科学地掌握柠条的种植技术，保证播种质量，提高效益，便于大面积推广，我们通过总结群众多年来种植柠条的经验，参考各地科学研究成果，结合实地调查研究，对种植柠条的几个关键技术环节，提出了"选地段、抢雨季、浅条播、带网片、促控平"的柠条直播法，从1981年开始，在全盟各地普遍推广，取得了良好的效果。这个直播法技术简便，容易掌握，适应推广，其技术要点如下。

1. 选地段

柠条栽培一般选择黄土坡地、黄土梁地、硬梁地、浅覆沙梁地、河谷阶地、固定沙地以及植被稀疏的退化地、弃耕地（包括轮歇地）较为适宜。地下水位高的滩地、盐碱滩地以及风沙移动性大的沙丘、沙坡、流沙地、风沙地等不宜直播柠条，在这类沙地播种必须设置风沙障，才能获得成功。柠条对土壤要求不严格，除风沙土不宜直播外（风沙土易抓苗，但不易保苗），其他各种土壤都可种植。柠条喜欢在排水条件较好的沙壤土、黏壤土、黑垆土和栗钙土上生长。耕翻后播种柠条，株丛生长旺盛，效果比较好（表9）。耕翻最好在前一季或前一年进行，使土壤表层土稍踏实后再进行拚种，这样便于拚下的种子紧密接触土层发芽生根，一般不宜采取现耕现种。有条件的地区，对于现耕地也可以采取播前镇压作业措施，使土壤压实一些再行播种，防止种子发芽生根时发生"吊根"死亡现象。

表9　达旗高头窑乡红庆梁社耕翻前后种柠条效果比较

立地条件	播种时间	调查日期	处理	株丛数（米²）	株高（厘米）		株丛平均分枝数（个）	地上生物学产量（克/米²）	
					平均	最高		鲜重	干重
梁坡地、淡栗钙土	1984年5月8日	1985年7月2日	耕翻后种柠条	23	30	38	3~4	79.6	35
			未耕翻种柠条	24	12	18	1~2	32.5	14.3

2. 抢雨季

种植柠条只要是掌握在雨前种、顶雨种或雨后抢墒种，发芽出苗都没有问题。关键是保苗，保苗有三大问题：一是水分，二是风害，三是鼠害。土壤水分是保苗的主要问题，设法迅速使柠条幼根扎入湿土层中，水分有了保证，保苗就容易了。如果遇到土壤的强烈蒸发，表土层干燥快，幼苗处于干土层，就会造成死亡。因此，柠条从播种到幼苗生长，各种矛盾主要表现在土壤水分上，具体反映在干土层增长的速度和幼根生长的速度上。要想保全苗壮苗，幼苗生长的速度必须超过干土层增长的速度，等于或小于都会形成死亡现象。按照这个原则，伊盟地区播种柠条最好时期是在7—8月的雨季，春播、夏播都不如夏末秋初的雨季播种效果好，春夏季一般降雨少，气温高，蒸发量大，连续干旱时间长，干土层厚，又容易遭受风、鼠害。在7—8月雨季播种正值水热同期，幼根生长速度快，不仅容易获得全苗壮苗，而且能够很好地越冬。据在准格尔旗、东胜地区观察试验，在秋季下限播种期可以推迟到9月15日，也能顺利越冬（表10）。在雨季播种时能遇上连阴雨天效果会更好，表土层保持较长时间湿润，有利于发芽出苗。对于一次性降雨，应掌握好雨后播种时间，一般在降雨30毫米以上，应严格掌握在雨后5～6天进行播种，到7～8天最好停止播种，因为这时土壤干土层已达到5～7厘米（秋季湿土层变干的速度大约每天平均增加0.6厘米以上），采取抢墒播种容易出现深播不出苗的现象。

表10　柠条不同播期越冬性能观察

处 理	播种期（月/日）	播种面积（米²）	秋末植株数	来年成活株数	越冬率（%）	当年株高（厘米）	地类	试验地点
I	5/10	10	100	100	100	94.0	黄土丘陵	准格尔旗
II	6/10	10	100	100	100	87.0	黄土丘陵	准格尔旗
III	7/10	10	100	100	100	83.7	黄土丘陵	准格尔旗
IV	8/10	10	100	80	80	61.0	黄土丘陵	准格尔旗
V	9/10	10	100	47	47	46.7	黄土丘陵	准格尔旗
VI	9/15	10	100	45.0	45	36.0	低山丘陵	东胜市
VII	9/20	10	100	21	21	32.0	黄土丘陵	准格尔旗

3. 浅条播

播种柠条一般有点播、条播、撒播3种方式。伊盟在推广柠条过程中，主要采用不同宽度的带状条播，带距根据立地条件不同有宽有窄。发芽率在75%～90%的柠条种子，每亩播种量一般为0.35～0.5

千克即可。播种深度宜浅不宜深，一般为2～3厘米，要把种子播在湿土层中，雨后1～2天浅些，4～5天后干土层变厚时则应深些，壤土或黏土浅些，沙土可深些。如播种过深，由于柠条种子子叶大，顶土力弱，出苗困难，常常种子需要通过较厚的土层，耗尽原贮营养，见不到日光便停止生命活动，老乡称这种现象为"种子在土里生豆芽了"。

4.带网片

根据改良草场立地条件和利用目的不同，在种植方式上我们坚持搞了带网片结合，以带状为主（表11）。

表11 伊盟人工柠条种植形式

种植形式	立地条件	播种面积（亩）	占人工柠条地总面积（%）
带状	高平原、丘陵	5870810	96.78
网状	丘陵	25850	0.38
片状	高平原	175320	2.84
合计		6072069	100

具体做法：在地形平坦植被稀疏的缓坡梁地、硬梁地以及撂荒地上，一般种植成带状形式，带宽1.5～3米，带间距8～12米；丘陵坡地沿着等高线水平种植形式带状梯形，带宽1米，带距随坡度不同而变化，坡度越大带距越窄；在平坦沙梁地或沙化撂荒地，布设主副带，形成柠条网格；在地形变化复杂或干旱荒漠草原带严重退化草场上，如河边、丘陵、沟边采取多行片状锁边种植，荒漠草原退化草场采取条播密植，行距0.8～1米，株距0.3～0.5米形成片状。不论带、网、片哪种建设模式，都要做到先种柠条再补草，逐步建立起灌草结合的新型人工、半人工草地。

5.促控平

柠条具有林、草共同的特点，是优良的饲用灌木。从改良草场，恢复草原植被，解决牲畜饲料出发，播种后在管护上采取了促（促进生长）、控（控制向上生长）、平（平茬复壮）的措施。具体做法：在柠条播种出苗后，严格封闭2～3年，让其充分生长发育，株高在0.4～0.5米后，柠条开始分枝，木质化程度加强，饲用适口性有所降低时，大体是4～5年生柠条，我们就实行重牧，控制其向上生长，促进了分枝，增加幼嫩枝叶，提高牲畜可食利用率，同时也不易发生放牧挂毛的现象。到6～7年生时，老枝条增多，木质化加强，生长衰弱，牲畜采食困难，甚至常常出现放牧小畜挂毛现象，灌丛旁沙土埂增高，这时采取刈割平茬的办法，使其重新复壮，再生新枝，幼枝鲜嫩，牲畜喜食，不仅提高了牲畜采食利用率，促进了畜牧业发展，而且能提高生态效益。

几年来，由于推广了上述柠条直播法，既做到了群众便于掌握种柠条技术，加速了推广，又减少了生产损失浪费，提高了经济效益。据初步估算，在伊盟地区每年种100万亩柠条计算，要比以前通常种植可节省种子150多吨，节约成本30万～40万元，而且又可获得全苗壮苗，大大提高播种效果。

（四）人工柠条草场建设的类型

伊盟适宜于种植柠条的各类草场分布广泛，推广区域面积大，约占伊盟总面积的50%以上，是本地区的主要草场。但由于超载过牧、两蚀侵袭、植被稀疏、退化严重，导致草场生产力降低。为了保护本地区的草场资源和发展畜牧业，我们选择了柠条这个优良饲用灌木，作为整治改良这类草场的重点植物种，广为推广，以期达到两个目的。一是将柠条作为先锋植物，防治"两蚀"，保土保水，为进一步改良建设创造先决条件，奠定水土基础。推广柠条后，在不同条件下可以同时起到治沙造林、水土保持作用，最后达到草原建设的目的，可使这三大基本建设紧密地结合起来，实现"举一反三"的作用。二是推广柠条种植后，柠条本身营养丰富，饲用价值大，牲畜利用率高，特别是柠条在生长发育过程中，枝叶茂密，生长旺盛期保持时间长，生物学产量能够较长时间稳定，能够忍耐旱涝灾害性气候的影响，这是在恶劣条件下，具有改良建设草场的独特优势和特点。

在推广柠条过程中，我们从伊盟实际出发，根据柠条生长发育规律以及生物、生态学特性，按照不同的生境条件，在柠条改良草场方面，着重培育建设了以下4种类型的人工柠条草场。

1. 建设灌草结合的新型人工柠条草场

这种类型的人工柠条草场，一般选择地势比较平坦开阔的高平原、梁地以及坡度不大的平缓丘陵地，土层较厚，有一定肥沃性的退化草场、沙化（轻度）草场、弃耕地。在建设方式上，先是布设种植柠条带，带宽1～1.5米，带距8～12米，等柠条长到3～4年后形成一定的株丛，并且开始起到生态效益时，在其带间补播优良牧草，实现"带间种草"，柠条作为屏障，牧草带中生长，形成灌草结合的新型人工柠条草场。目前在本区柠条带间补播的优良牧草有草木樨状黄芪、苜蓿、草木樨、沙打旺、杨柴等，以草木樨状黄芪为主的柠条草原面积最大，补播最易成功。这是由于草木樨状黄芪适应性较强，生态适应性较广，对土壤选择不严格，能耐干旱，而且是多年生，草和种子的产量都较高，易于繁殖和推广。在补播时只要进行种子处理，发芽、出苗都没有问题，生长2～3年后，既能打草又能放牧，草场生产力显著提高（表12）。

表12　高平原草场柠条带间补播草木樨状黄芪产量变化

项目	补播种高度（厘米）		地上部生物量		与补播前产量比值
	平均	最高	样地（克/米²）	亩产（千克/亩）	
补播前			84.5	56.3	1.00
补播第一年	16.0		150.0	100.0	1.78
补播第二年	70.0		337.5	225.0	4.00
补播第三年	65.0	78.0	356.2	237.5	4.20
补播第四年	41.6		600.0	400.0	7.10

2. 建设以灌育草形式的半人工柠条草场

这种类型的半人工柠条草场，一般选择在植被退化、沙化较轻，自然植被容易恢复的草场上。在建设方式上，主要是布设种植柠条带，带宽1～3米，带距5～12米。对于坡度大的、容易流失水土的丘陵草场草坡，要沿等高线种植柠条带，促使其形成茂密株丛，发挥生态效益，实现"以灌促草"，柠条可当屏障，带中恢复牧草，建设"以灌育草"形式的半人工柠条草场。这类草场在建设前，植被稀疏低矮，优良牧草减少，牲畜不喜食的牧草增多，生产力下降，植被处于退化演替过程，在这样的生境条件下，带状种植柠条后，随着柠条株丛的增大和生态效益逐渐的显现，带间草群结构、植物组成发生显著变化，牲畜喜食的优良牧草逐渐增多，不喜食的牧草逐渐减少，植被演替开始逆转，处于进展演替过程。由于草群结构、植物组成发生变化，其草场产草量显著提高（表13）。

表13　荒漠化草原亚带补播柠条改良草场效果

年限	项目	植物种类		高度（厘米）	盖度（%）	鲜草产量		与对照比值
		数量	主要植物			样地（克/米²）	亩产（千克）	
三年生	补播	13	柠条、黄蒿、赖草、糙隐子草、狗尾草、兔唇花、砂珍棘豆、细叶苦荬、地锦、虫实、车前等	3～20	15～30	139.49	93.35	1.55
	对照	12	牛心朴子、砂兰刺头、乳浆大戟、狼毒、沙米、兴安天冬、虫实、蒺藜、狗尾草、沙葱、风毛菊、赖草	3～20	10～15	90.00	60.0	1.00
九年生	补播	25	柠条、黄蒿、赖草、糙隐子草、狗尾草、兔唇花、沙珍棘豆、糙叶黄芪、细叶葱、牛心朴子、冷蒿、砂蓝刺头、细叶苦荬、香青兰、乳浆大戟、油蒿、地锦、黄芪等	3～100	50以上	512.52	341.7	3.53
九年生	对照	13	狼毒、黄蒿、赖草、细叶苦荬、狗尾草、香青兰、砂珍棘豆、冷蒿、乳浆大戟、拂子茅、糙隐子草、地锦、砂蓝刺头等	3～60	20～40	162.29	108.2	1.00

3.建设单一灌木型的柠条灌木草场

　　这种类型的柠条灌木草场，一般选择半荒漠草场地带的严重退化、沙化草场以及地形复杂的沟边、路旁等小块地段。采取片状密播种植，其行距0.5～1米，株距0.3～0.5米。由于株行距小，柠条株丛矮小，分枝多，主要用于放牧。它的特点是放牧利用率高，耐践踏、耐啃食，放牧时不挂毛，是冬春保命、接口草，是很好的冬春和"黑白灾"年的备荒草场。这种类型柠条草场比没有改良建设的同类退化草场提高产草量3～8倍。

4.建设灌料结合的人工草场

这种类型的人工草场，一般选择在地势比较平坦、土层较厚，含腐殖质较多的风蚀沙化农耕地。在建设方式上，主要是在农耕地上种植柠条带，带与主风方向垂直，带宽1～2米，带距8～15米。由于农耕地条件好，促使柠条带生长繁茂，发挥生态效益，柠条为屏障，带中间种植粮料作物、青贮作物和多汁饲料，实现"以灌护料""以灌促料"，形成灌料结合形式的人工草场。目前本地区在带间种植的主要有谷子、玉米、糜子、豆类等草料兼收作物以及胡萝卜、饲用甜菜、蔓菁、马铃薯等多汁饲料。在栽培技术上还注重轮作倒茬、改土肥田，促进作物稳定增产。这类灌料结合型的人工草场一般夏秋季节封育不放牧，到农作物收获后进入冬春季节实行放牧利用，是牲畜抓膘保膘放牧场。据我们在伊盟胜利乡测定，该类柠条草场比没有设置柠条灌木带的同类农耕地提高粮料产量0.5～1倍，增加产草量200～250千克（包括农作物秸秆）。如果种植青贮作物和多汁饲料，增加产草量就更多。

（五）人工柠条草场的培育和利用

柠条草场在本地区实施草畜平衡中占有重要地位，进行科学和合理的培育、利用，是提高种植柠条经济效益的重要一环。

1.人工柠条地的"促控平"培育

根据柠条生长发育规律，从放牧饲用出发，我们在推广中提出"促控平"的培育方法，其具体做法前面已经做了简要介绍。但是，这种培育措施又随着利用目的不同发生变化。对于建设灌草结合的或灌料结合的人工、半人工草场以及建立的采种基地，种植柠条带一般采取"先促后平"的措施，不实行重牧控制向上生长的做法，目的是促进高生长，增强防风固沙、保持水土作用，提高生态效益。柠条作为饲用灌木在生长前期进行"促"与"不促"，其生长情况悬殊（表14）。生长到3～4年时，植株开始强烈分枝，此时进行重牧利用可以起到控制向上生长、增加幼嫩枝叶、提高牲畜采食量的目的。当生长到一定年限，植株开始衰老、生长势变弱、繁殖力下降、易遭病虫害、饲料产量降低，这时我们利用"平茬"的方法，使它恢复生机。尽管目前对这种效果的机理作用尚不明确，但实践证明，平茬后，植株生长旺盛，枝叶增多，牲畜可食部分和生产力均有提高，可起到良好的作用（表15）。平茬一般是用砍柴镰刀贴地面砍去老枝条，柠条种植4～5年后可开始平茬，以后每隔5～6年平茬一次。由于平茬后2～3年一般不结籽实，因此对采种基地则可延长时间，8～10年平茬一次。平茬时间一般应根据利用目的不同进行科学调控实施。为防止风蚀、起沙，通常采取隔带平茬或带间隔行平茬。

表14　高头窑乡红庆梁社人工种植柠条初期封闭与放牧比较

处理	株高（厘米）			地上生物学产量				备注
	平均	最高	最低	鲜重（克/米²）	干重（克/米²）	鲜重（千克/亩）	干重（千克/亩）	
封闭	32	38	18	110	50	73.35	32.3	1984年播种，1985年7月2日调查
放牧	12	18	6	25	11	16.7	7.35	

注：耕翻后带状播种柠条，带宽1.2米、带距10.0米。

表15 柠条平茬效果对比

试验株丛号	平茬处理	株高（厘米）	地径（厘米）	分枝数量（个）	株丛产量（克/丛）		折合亩可食产量（千克/亩）	平茬前后可食产量比值
					产量	其中可食量		
1	平茬前	90	1.5	50	1719	69	3.45	1.00
	平茬后	56	0.1	210	900	900	45.0	13.04
2	平茬前	95	1.8	70	3770	70	3.50	1.00
	平茬后	38	0.25	102	500	500	25.0	7.14
平均	平茬前/平茬后	92.5/47	1.65/0.175	60/156	2744.5/700	69.5/700	3.48/35	1.00/10.1

注：平茬柠条为10年生，带状种植，带间距10米，每亩按50丛计算；平茬后当年秋季测产。

2. 柠条枝叶饲料的利用

广大农牧民在长期的放牧生产实践中，已经积累了一些合理利用柠条枝叶饲料的经验。近两年我们又通过试验研究，提出了加工利用柠条草粉的新办法，目前正在各地推广应用。由于推广应用了这些经验，提高了柠条枝叶饲料的利用率，充分发挥了柠条的饲用价值，对畜牧业生产的发展起了积极的促进作用。这些经验总结如下。

（1）放牧利用。这是本地区利用柠条的主要方式，由于它营养丰富（表16）、适口性好、放牧利用时间又长，牧民称它为早春牲畜的"接口草""黑白灾"年的"救命草"，是优良的抓膘牧草。

表16　柠条营养成分

植物名称	生育期	水分（%）	营养成分（%）				
			粗蛋白质	粗脂肪	粗纤维	无氮浸出物	粗灰分
小叶绵鸡儿	营养期	14.95	22.48	4.98	27.88	22.36	7.38*
中间绵鸡儿	营养期	8.87	16.97	2.38	34.55	31.47	5.76**
柠条绵鸡儿	花期	10.45	18.26	2.46	35.46	27.61	5.78**

　*　由内蒙古农牧学院分析；

　**　分析样品由伊盟草原站王国平同志采集，中国农业科学院草原研究所分析。

（2）刈割利用。农牧民在夏秋季节，常常刈割柠条青绿枝叶，经过晾晒调制成青干枝叶饲料，贮备冬春补喂大小畜，是营养丰富的优质饲料。

（3）加工利用。平茬后的柠条枝梢，经过粉碎加工变成柠条草粉可直接饲喂牲畜。据我们实地试验，柠条加工后65%以上都可被牲畜利用，在冬春季节牲畜贴喂柠条草粉后，不但不减膘，反而有增膘的趋势，为扩大饲料来源提供了新的途径。

（六）柠条鼠虫危害及其防治

柠条在生长发育过程中，最易遭受鼠、虫、病害的为害，常常造成严重损失。为害轻者，柠条长势衰弱、生长发育不良、产草量下降、结实率降低；为害重者，枝叶饲料极度降低，种子颗粒无收，导致柠条死亡。为害柠条的主要害鼠有三趾跳鼠、五趾跳鼠等；主要害虫有春尺蠖、蚜虫、柠条豆象、柠条种子小蜂等。这几种主要害虫在伊盟范围内均有不同程度的分布，主要为害柠条叶、花、果、种子。柠条遭受这些害虫为害后，枝叶饲料可减产50%以上，种子被害率可达40%～60%，最高可达79%。仅种子受害一项，据不完全统计估算，全盟每年损失柠条种子75万～100万千克，价值达150万～180万元。

党的十一届三中全会后，特别是从1980年大力推广柠条以来，为了深入贯彻"林牧为主""保护植被"的方针和"大力推广种植柠条"的决定，伊盟采取积极有效的措施，大力进行了柠条鼠虫害的防治工作，并且把这项工作作为推广柠条的一项基础性建设事业抓早、抓紧、抓好。从1979年开始，对为害柠条的主要鼠虫害进行扑灭防治，在全盟范围内采取飞机防治与人工防治相结合的措施，进行了大面积防治，保护了柠条的正常生长，取得了显著效益。随着防治工作的逐年加强，柠条种子产量不断增加，为全盟大力推广柠条奠定了基础，提供了物质条件。

（七）柠条种子的采集和生产

种子是搞好柠条推广的基础物质。在种子上，伊盟认真贯彻了"鼓励户建采种地、谁采谁有"政策和"自采、自种、自用、辅之以调剂"的方针，做到了盟、旗、乡（苏木）、农牧户层层建立采种基地、层层采集经营种子。几年来在保护现有天然柠条资源的基础上，近2～3年又建立了一批人工柠条采种基地。据统计，目前全盟建设柠条采种地可达100多万亩，由过去缺种变成现在自给有余。1984年全盟生产柠条种子达140多万千克，除满足本盟需要的60万～75万千克外，多余种子65万～75万千克。同时我们认真加强了柠条种子的收购、管理工作，盟旗两级都成立了牧草种子公司，大力经销草籽，推动这项工作的深入开展。不仅满足了大种柠条的需要，而且为广大农牧民增加了收入。

在柠条种子生产过程中，坚持了科学采集、科学管理。柠条一般在5月上中旬开花，6月上中旬形成荚果，在7月中下旬种子即可成熟采收。种子成熟后5～7天就会爆裂落种，散落后很快就被鼠食或沙压。因此，伊克昭盟每年采种都严格掌握在7月上中旬，荚果未爆裂前，种子已饱满的成熟期，上下结合，全民动员，一齐出动，突击采收。过早、过晚都会影响种子的数质量，甚至会造成事倍功半的现象。

综上所述，伊盟在推广柠条工作中，认真实施了上述7项技术措施，取得了很好的成效，现在已经展现出显著的经济效益、生态效益和社会效益。今后随着柠条不断生长繁茂，这三大效益将越来越显著，并且越来越显示出这项造福子孙后代，利及千秋大业的战略措施的重要。只要我们认真继续坚持下去，彻底改变伊盟落后的生态面貌大有希望。

参 考 文 献（略）

运用草业系统工程科学方法发展中国现代化草地牧业模式研究项目技术报告*

胡琏　陈桓　殷伊春　李毓堂　荣志仁　吴宝山

半个世纪以来，世界经济发达的国家，对草地畜牧业的现代化都非常重视，通过采取先进的经营管理措施和先进的科学技术，使草地畜牧业得到了迅速发展，获得了较高的劳动生产率和经济效益，达到了先进水平。随着中国人口的急剧增长和人民物质生活水平的不断提高，草地畜牧业现代化已提到重要日程，在国民经济中发挥越来越重要的作用，对国土资源开发和经济建设将显示其重要的战略地位。但是我们不能照搬国外的经验和做法，必须要根据我国的国情开创中国式的现代化草地畜牧业的路子。

发展中国式的现代化草地畜牧业，必须根据我国发展社会主义经济的基本特点和各地自然条件、生产经营状况，建立具有中国特色的现代草地畜牧业新模式，以促进由传统畜牧业向现代化畜牧业过渡和发展。我国北方黄河灌区是重要的农、牧、林经济综合发展地区，黄河流径内蒙古自治区伊克昭盟干流长约800千米，总流域面积11万平方公里，占黄河流域面积的15.4%。这一地区由于生态条件恶化、生产力低，农牧民生活比较贫困。在这个地区开展运用草业系统工程发展中国现代化草地牧业模式化的试点研究，在国际国内

---

* 运用草业系统工程科学方法发展中国现代化草地牧业模式研究项目，起草于1991年。该项目于1992年获国家农业部部级科学技术进步奖二等奖。

不仅具有深远的理论意义，而且具有重大的现实意义。

一、项目建设区基本情况

项目建设区分设在杭锦旗、达拉特旗两个旗黄河南岸的8个乡（苏木）19个村（嘎查）以及3个国有场站。其中牧区苏木为5个，农区乡3个。杭锦旗建设区位于西部，以牧干渠为中心，分布在巴拉亥、呼和木都、格根召、吉尔格朗图、什拉召5个乡苏木（4个牧区，1个农区）以及国有贮草站。达拉特旗建设区位于东部，以树林召乡为中心，分布在展旦召、王爱召3个乡苏木（1个牧区，2个农区）以及三顷地种畜场、达旗种猪场。上述建设区在气候条件上有的建设区处于干旱区，有的处于半干旱区，在草地类型上有的位于干草原区，有的位于荒漠草原区；在经济区域上，有的属于牧区，有的属于农区，还有的为半农半牧区。

整个建设区东西部都位于黄河南岸的冲积平原，海拔为1000～1200米，年平均降水量为310～150毫米，全年日照时数为3100～3200小时，太阳总辐射量140～150千卡/（厘米^2·年），年平均气温为6～7℃，≥10℃积温达2900～3200℃。气候属于半干旱向干旱过渡地区。无霜期160～180天。土壤为潮土、风沙土类型，有机质含量0.5%～1.0%，pH值7.5～8.5。地势较平坦，植被稀疏、低矮，天然植被覆盖率20%～40%。草场类型属于由干草原向荒漠过渡地带。建设区由于紧靠黄河，水资源较丰富，西部具有引黄灌溉的有利条件，中东部地下水丰富，具有打井提水灌溉和降水量较多的有利条件。

5年来，杭锦旗、达拉特旗两个建设区共建立和发展家庭牧场541户，现有人口3275人，有劳动力1162个。承包草地面积54万亩。建设前饲养牲畜17200头（只），以放牧为主，畜草矛盾突出。牲畜四季营养极不平衡，长期处于"夏饱、秋肥、冬瘦、春死"恶性循环，畜牧业生产一直呈现为"一慢二低三不稳"（发展慢、生产能力低、起伏不稳定）的状态，提供商品能力很低。据统计，541户家庭牧场在建设前年均仅生产肉类8.2万千克，毛1.4万千克，绒1897千克，皮张1438张，鲜奶5.7万千克，鲜蛋1.1万千克。经济效益差，人均收入仅445元。

项目区在长期的生产实践中形成了农牧业单一的产业结构。牧区坚持传统的放牧型畜牧业，饲养牲畜"少而全"，很少从事种植业；农区坚持以农业为主，种植结构又以粮食作物为主的单一经济格局，养殖业水平低。在建设区内无论牧区或农区，农牧民生产力水平很低，草地平均亩产干草53千克，农田平均亩产粮食180.9千克，光能利用率分别仅为0.08%和0.54%。以上情况说明试点区条件较好，问题较多，经济发展较差，但开发建设潜力也较大。

二、项目试点建设的指导思想、技术路线和实施程序

伊盟引黄灌溉种草养畜综合发展项目的指导思想是：针对项目建设地区当前草地牧业经营中普遍存在的个体分散、技术落后、经营管理水平差、社会服务体系薄弱、劳动生产率低、商品经济不发达、投资不能回收周转、经济效益低等诸多问题，运用系统工程的科学方法，采用先进的科学技术和先进的管理措施，使项目地区草地畜牧业得到迅速发展，形成畜牧业实现"三化"（专业化、社会化、商品化）、"三高"（高效率、高效益、高水平）的生产管理体系，建立和发展社会主义的现代化草地牧业模式，为进一步发展草地畜牧业现代化摸索途径，提供经验，做出示范。

依据上述项目建设宗旨和指导思想，进一步确立了试点研究的技术路线以及主要研究内容和目标：坚持"实现一个目标，实行三个三结合的方针，采取五项改革措施"，建立和探索适合各地条件、结构合理的社会主义现代化草地牧业模式。其具体要点：实

现一个目标是发展社会主义的专业化、社会化、商品化的草地牧业经济。实行三个三结合的方针如下。①种草、养畜、加工三结合，使三者有机结合，比例适中，协调发展。②生产、科研、培训三结合，通过培训培养能从事现代化草地牧业的新型农牧民，应用科学技术促进农牧业生产发展。③牧、工、商三结合（产供销一体化）：通过经济联合体的经营销售，搞活流通领域，解决买难卖难问题；通过办加工业，使畜产品加工增值；通过资金增值，扩大再生产，发展商品经济。

采取五项改革措施如下。①在草地牧业体制上，针对过去"吃大锅饭""平均主义"的弊病和目前分户养畜中出现的种种问题，建立以家庭牧场或联户牧场为基础，草地牧业技术服务中心（或牧工商服务公司）为龙头，包括国有、集体企业在内的新的经济联合体。通过投资合作、技术服务、产品销售等经济联系，逐渐发展成为适应"三化"经济发展的农牧区社会主义的优选生产组织形式。②在生产技术上，针对当前草地畜牧业生产技术落后的状况，运用现代草地改良、科学养畜及畜产品加工等先进技术手段，按草业系统工程的科学方法实施技术改革，制定严格的各种生产管理制度和技术规程，达到管理规范化、技术规程化、产品规格化。③在经营管理方法上，针对过去存在的投资无偿、扶贫救济"撒胡椒面"、不讲经济效益、不算投入产出等问题，项目坚持贯彻按价值规律和经济手段管理经济的原则，严格按照基本建设程序办事。要求一切从提高经济效益和加快资金周转率出发，严格进行经济核算，实行投资有偿，定时回收周转，建立严密的基建、财务档案制度，发挥内部经济效力。④在产品流通体制上，针对过去存在的"产、供、销"脱节，牧业产品滞销，堵截式收购中压等压价不合理现象等影响生产者积极性问题，贯彻中央关于改革开放方针有关精神。通过经济联合体的内外联系，实行"生产、服务、流通"三结合，

"产、供、销"一体化,"牧、工、商"一条龙,变过去官工、官商的独家经营为合理竞争的多渠道经营,促进牧业发展,扩大再生产,提高畜牧业经济效益。⑤在组织领导方法上,针对过去仅由业务部门层层管理,投资按行政管理系统层层下达出现的种种弊端,采取集中统一、纵横协调的组织领导方法。在中央部局指导下,省区和项目区层层建立有党政领导干部、畜牧、计划、财政、银行等有关部门参加的项目组及技术组,负责项目的具体实施和管理建设。本项目试点建设设计的基本思路和实施程序如图1所示。

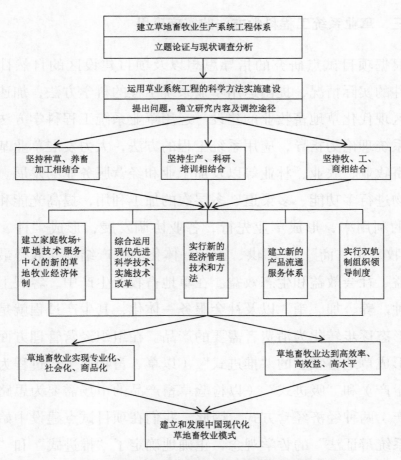

图1 项目试点建设设计的基本思路和实施程序

伊盟引黄灌溉种草养畜综合发展项目并不以单项增产技术或某一管理技术为研究重点，而是运用草业系统工程的科学方法开展对系统整体运行机制和系统结构整体功能的研究，促使系统达到综合、优化、协调发展。

在项目试点建设方法上坚持调查研究与定点试验相结合，定性研究与定量研究相结合，试验研究与推广应用相结合，单项研究与系统研究相结合，理论探索与实体建设相结合，使整个项目的试验研究始终贯穿理论与实际密切结合的原则和方法。

三、草业系统工程科学方法的实施应用

根据项目试点研究的指导思想以及项目建设区的自然社会经济条件的实际情况，提出运用草业系统工程的科学方法，加速发展项目区现代化草地畜牧业的建设。运用草业系统工程科学方法，就是以系统理论为指导，应用系统工程的方法，大力发展草业基础，促进畜牧业、农业、林业等以及加工业和经营服务业的发展。对绿色植物进行多功能、多渠道、多层次的加工利用，提高光能和土地资源的利用率，形成草业先行，各业协调发展，形成"种、养、加""牧、工、商""产、供、销"一体化的生产结构，取得最佳经济效益、社会效益和生态效益。在草地畜牧业生产中，客观上就要求"种、养、加、销"以及社会服务一体化，其生产过程就是通过物质形态逐步转化为消费者需要的产品。在组织经营管理方面，客观上形成草地畜牧业的"推进式"（以草、畜物质生产过程为思路组织生产）和"吸进式"（以检验草畜产品的市场需要为思路去组织生产）两种经济经营方式。因此，我们在项目试点建设中始终坚持"系统辩证法"的哲学观念，正确地确定了"推进式"和"吸进

式"相结合的"种、养、加、销"一体化经营畜牧业生产的现代草地牧业宏观系统管理思想。

在草地牧业生产中，草业处于特殊的地位，为发展畜牧业提供物质条件，起着基础、前提和轴心的作用。我们在试点研究中把项目建设确定为草业系统工程整体系统，并把饲草料生产、畜禽饲养、畜产品加工、产品销售以及社会服务五个方面的系统要素称为子系统，每一子系统内又有许多相关的因子，相互影响并制约着各子系统功能的运转，这些相对的系统要素决定着整体系统工程的运转功能和效益。同时又把项目整体草业系统工程分为前植物生产

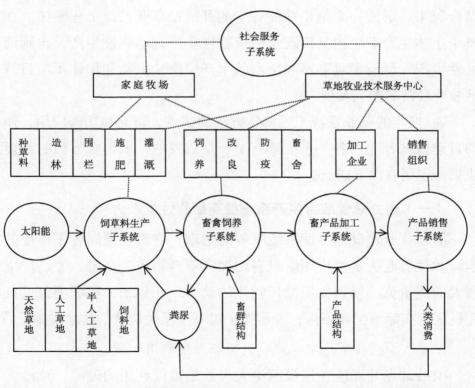

图2　伊盟引黄灌溉种草养畜综合发展项目草业系统工程生产流程示意

注：⟶ 代表自然流程；⋯⋯代表经济流程。

层、植物生产层、动物生产层、后动物生产层四个层次（任继周，1986），我们着重从后三个层次进行试点、研究和建设。这样，形成的草业系统工程是一个多要素、多层次、多序列的综合结构功能体系，构成了五个子系统、三个层次的草业系统工程模型（图2）。

通过项目试点研究实践证明，这个模型把草业生产系统、畜禽饲养系统、畜产品加工系统、产品销售系统形成主体生产系统，组成一个有机的整体，在社会服务系统或者管理控制系统参与下进行运转。在系统运行过程中能量流、物质流、信息流不断输入草业系统内，这些草畜产品直接或经过加工成商品，满足市场需要。除输出草业系统工程之外，还可把系统中的自然流程和经济流程有机地结合起来，形成一个结构功能齐全的开放型草业系统工程整体。在整个主体生产系统内又出现了由植物性生产到动物性生产，再到商品性生产，形成了具有不同特点的生产层次，推动和加速了项目草地牧业经济的振兴发展。

通过5年的草业系统工程科学方法的试点、研究和实施应用，使项目建设区各业、各子系统都有了长足的发展，取得多方面的重要成果，主要有以下四点。

（一）建立草业综合生产系统提高植物性生产力

加强草业建设是草业系统工程的基础，它对系统间各子系统的建设和发展起决定性作用。只有增加饲草料物质生产量，才能产生强大的能量流，增强物质循环转化的动力。几年来，根据项目试点建设区的实际情况和条件，着重抓了以下三项关键性的技术措施。

1. 采取综合技术措施，进行大面积开发利用土地

项目试点开发区在建设前绝大多数是难以利用的碱滩、荒沙、撂荒地，属遗弃废地，即使利用也只是小片零散耕种，往往形不成规模经营。从1986年项目建设开始，采取综合考虑光、热、水、

土、肥以及经营规模、经济实力、种植结构等诸要素，实行以水为主，开发和改造相结合，井、渠、路、林、机配套建设，农、牧、林协调发展的措施，坚持统一领导、统一规划、统一标准、统一技术指导，分户经营利用的"四统一分"的管理办法，按照"因地制宜，分类开发建设"的原则，进行大面积综合开发利用。西部杭锦旗建设区采用开渠打坝、平整土地，坚持引黄灌溉；东部达拉特旗建设区通过打井、上电、平整土地，坚持井灌开发。5年来，建设区新开发改造土地48902亩，其中引黄灌溉面积达到27767亩，井灌面积达到21135亩。对于新开发土地大力进行种草种树，施行工程措施和生物措施相结合，整治土地，改良土壤，增加土地有机质含量，保持土壤养分供求动态平衡，做到开发一亩，改造一亩，成功一

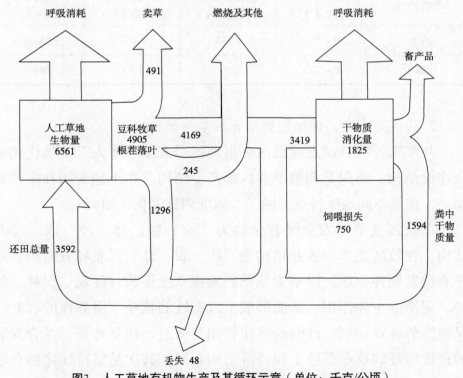

图3　人工草地有机物生产及其循环示意（单位：千克/公顷）

亩。几年来，通过种植豆科牧草，饲养牲畜，增施有机粪肥，使土壤有机物质返还率大大增加（图3）。

由图3说明，年平均人工草地生物量为6561千克/公顷，豆科牧草（夹有少量杂草）实际收获量4905千克/公顷，进入畜牧系统总生物量为3419千克/公顷，占总收获量69.7%，在还田有机物中直接或间接还田的植物生物量占54.7%，饲草由牲畜转化通过粪肥形式还田的占23.6%。因此，使项目区土壤有机质得到大幅度提高（表1）。总之，通过综合措施，使新开发的土地基本上实现了水利化、畦田化、林网化、机械化和水、电、林、草、粮、料"六配套"的经营方式。

表1　项目建设区建设前后土壤有机质变化

土壤类型	土层厚度（厘米）	建设前土壤有机质（%）	建设后土壤有机质（%）	增加比例（%）
沙土	0~25	0.438	0.857	95.66
盐碱土	0~23	0.57	1.63	186.0

2. 从实际出发，因地制宜地开展草地优化建设

几年来，项目试点建设区突出地抓了人工、半人工草地优化组合建设结构。首先是调整草业内部产业结构。在土地利用和生产布局上，按照不同地区特点，做了大幅度调整变化（图4）。

在农区变单一农业经营结构为"农、牧、林、经"四元经营结构，在牧区变单一牧业结构为"牧、农、经"三元经营结构。这样通过发展种植业，以草为基础，发挥草业促牧、促农、促林、促经、促渔的主体作用，从而形成了致富性的牧业、服务性的农业、保护性的林业、创汇性的经济作物相互促进、相互补充、综合发展的良性循环的草业系统工程经济结构布局。其次是坚持优化组合建

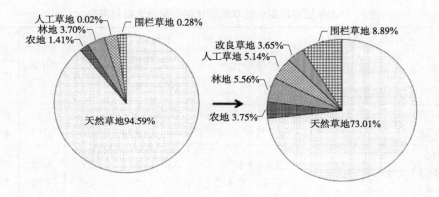

图4 农、牧、林用地结构调整变化示意

设，广泛推广应用"间套混轮补"草地农作制。在新开发土地上建立人工草地，坚持草（林）、粮（料）、经三元种植结构，并确定为5：3：1种植比例（表2）；在天然草地上改良建设半人工草地，一般采用围栏、灌溉、补播等措施，提高草地产草量。不管人工草地还是半人工草地，在种植业中特别注重了优化组合建设，推广应用间、套、混、轮、补耕作制，形成了草粮、草料、草林、粮林、草药等多种结合方式的复合型草地生态系统。从目前主要实行的七种草地农作制度看，采取复合型优化种植远比单播型草地生态经济效益好，光能利用率都得到了提高（表3），为建立和发展生态农牧业以及实现草地畜牧业现代化走出了一条新的路子。

表2 1990年项目建设区种植业结构调整变化情况

项 目		人工牧草	粮料作物	经济作物
建设前	面积（亩）	105	4635	3000
	占比（%）	1.4	59.9	38.7
建设后	面积（亩）	27148	14670	5586
	占比（%）	57.7	30.9	11.8

注：建设前草、粮、经比例为1：43：28；建设后草、粮、经比例为5：3：1。

表3 1990年项目区实行的草地农作制产量及光能利用率

项目	面积（亩）	在种植面积中占比（%）	种植形式	平均亩产（千克/亩）		混合亩产（千克/亩）	光能利用率（%）	位次
				粮料	饲草			
粮（料）草轮作制	6846	29.1	玉米→草木樨（苜蓿） 草木樨（苜蓿）→玉米	335.4	436 810	771.4 810	1.12 1.17	6 4
粮（料、经）草间套作制	1711	7.3	玉米/草木樨 向日葵‖草木樨	386 90	871 667	1257 757	1.82 1.10	3 7
粮（料）草混播制	2054	8.7	苜蓿×黑豆 草木樨×糜黍	66 150	184 520	250 670	0.36 0.97	14 9
林（果）草间套作草地	1000	4.3	杨树‖沙打旺 杨树‖苜蓿		1300 660	1300 660	1.93 0.98	2 8
短期人工草地	2168	9.2	果树‖草木樨 草木樨×芦苇（羊草）		1400 667	1400 667	2.03 0.97	1 10
中期混播人工草地	6747	28.7	苜蓿×草木樨		556	556	0.81	11
单播人工草地	2980	12.7	苜蓿 草木樨 沙打旺		484 533 770	484 533 770	0.7 0.77 1.14	13 12 5

注：/为套种；‖为间作；→为后作；×为混作。

3. 大力推广种植牧草和饲料优良品种，建立优质高产的人工、半人工草地

5年来，在项目试点区通过开展牧草、饲料作物引种试验，筛选出紫花苜蓿、草木樨、沙打旺、饲料玉米等10多个适合本地区种植的高产优良牧草、饲料作物品种。在人工、半人工草地建设中，重点抓住"牧草之王"苜蓿、"饲料之王"玉米、"药材之王"甘草三个王牌进行广泛推广种植。据1990年统计，建设区种植紫花苜蓿11760亩，占人工草地面积的43.3%；种植玉米8260亩，占饲料地种

植面积的40.8%；种植甘草28000亩，占改良草地建设面积的41.4%。通过5年草地综合开发建设，项目区建设人工草地、粮料地、围栏改良草地和一般改良草地四种不同形式的人工、半人工草地1.66万亩，超额完成了项目设计任务的要求，为畜牧业发展奠定了丰富的物质基础，从而保证了项目系统整体功能的充分发挥（表4）。

表4　1990年项目区草地建设情况统计

草地类型	项目	建设前	建设后	增长（%）
人工草地	面积（亩）	105	27748	26326.7
	单产（千克/亩）	85	393	362.4
	总产（千克）	8925	10902088	122052
改良草地	面积（亩）	20000	19700	−1.5
	单产（千克/亩）	53	75.2	41.9
	总产（千克）	1060000	1481440	39.8
围栏改良草地	面积（亩）	1500	48000	3100
	单产（千克/亩）	65	98	58.5
	总产（千克）	97500	4704000	4724.6
饲料地	面积（亩）	7635	20256	165.3
	单产（千克/亩）	180.9	246.3	36.2
	总产（万千克）	138.12	499	261.3
各类草地建设面积合计（亩）		29240	116602	298.8

（二）建立畜禽生产系统提高动物性生产力

畜禽生产系统是由草业系统的初级生产到次级生产的转化系统，其主要功能是把植物产品转化为畜产品，满足社会人类需要。这是个能量转化、物质循环过程。在这个过程中畜禽饲养产生畜产品的数量多少、品质好坏，直接关系着草业系统工程的整体功能和效益。因此，我们在这个子系统生产中从项目区实际出发主要抓了五个方面的技术工作。

一是实行畜牧业专业化经营。几年来项目按照区域特点和市场需要，合理配置牲畜，调整畜种结构，坚持以发展山羊、绵羊、奶牛、猪禽为主体畜种的牧业发展方向，在541户家庭牧场中，以饲养白绒山羊为主的有307户（占56.7%），以细毛羊为主的有201户（占37.2%），以奶牛为主的有30户（占5.5%），以养鸡为主的有3户（占0.55%），改变了过去畜牧业"少而全"的生产局面。

二是畜禽品种基本实现良种化、改良化。据1990年统计，家畜由建设前的21403只绵羊单位发展到1990年的65450只，其中良种及改良种牲畜已达到88.2%，比建设前的59.3%增加了48.7%（图5）；绒山羊的白色率由建设前的65.5%提高到90.1%，个体产绒量由210克提高到260克；绵羊个体产毛量由2.52千克提高到3.15千克，其中澳美一代母羊产毛量达到4.9千克；奶牛产奶量由3150千克提高到4937

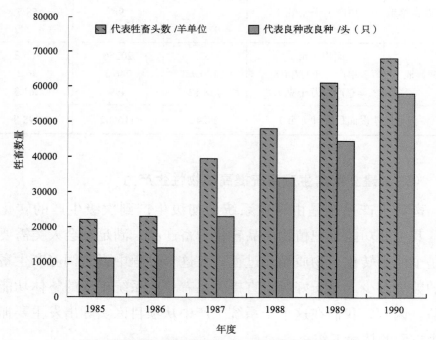

图5　项目区家畜发展及其良种、改良种发展情况示意

千克，最高达7520千克；每只鸡年产蛋13.5千克，产蛋率达到75%以上，奶牛个体产奶量和蛋鸡产蛋率都创造了伊盟地区高产纪录。

三是畜牧业初步实现集约化经营。由靠天养畜转为舍饲半舍饲饲养，基本结束了终年靠放牧的生产方式。一般是6—10月以放牧为主，白天放牧，夜间补饲，11月至翌年5月以舍饲为主，有不少家庭牧场常年实行以舍饲、半舍饲为主，放牧为辅的生产方式。由于饲养方式的改变，牲畜膘情、绒毛产量、品质、产肉数量以及繁殖成活率等项指标都显著提高，山羊胴体重由原来的12.3千克提高到16.14千克，提高31.2%，历史上曾经高达70%的山羊营养性流产现象在这里不见了。

四是畜牧业实现商品化生产。项目区以家庭牧场为主要生产单位，每户拥有人工灌溉草地70～150亩，饲养牲畜100～150个绵羊单位，坚持适度规模经营，并使建设区畜牧业呈现出"五高一低"规模效益（表5），彻底改变了过去"少而全"的自给型畜牧业经济结构。

五是畜牧业生产初步实现了社会化经营。项目区通过草地牧业技术服务中心这个龙头，实行统一规划设计、统一施工建设、统一规模标准、统一组织畜禽生产、统一技术培训指导、统一疫病防治和分户经营管理的"六统一分"方式，从生产、技术、流通三个领域，进行产前、产中、产后服务，全面加强了畜牧业社会化经营服务，使畜牧业生产初步达到高效率、高效益、高水平的生产能力。据1990年项目验收时统计，家畜由建设前的21403只（绵羊单位）发展为建设后的65450只，增长3倍多，人均牲畜由7.1只变为20.0只，畜牧业产值由建设前的102.39万元提高到建设后的461.44万元，提高3.5倍。

表5　家庭牧场建设前后牲畜生产比较　　　　　　　　　　单位：%

项目	建设前	建设后	增长
母畜比例	40.1	48.3	20.4
繁殖成活率	57.3	79.0	37.9
良种改良种比例	59.3	88.2	48.7
死亡率	4.2	2.8	-33.3
出栏率	10.4	23.4	125.0
商品率	5.6	16.0	185.6

（三）建立草畜产品加工销售系统发展商品性生产

实现草地畜牧业现代化，必须加强草畜产品加工销售工作，抓流通实质上也是抓生产。在当前商品畜牧业生产中，加工销售对于推动生产发展，提高经济效益的作用越来越大，它是草业系统工程中的重要环节，是摆脱农牧业单纯生产原料局面的重要产业部门。其主要功能是对畜产品进行加工增值，以获取最佳经济效益。几年来，项目建设根据草地牧业向专业化、社会化、商品化发展以及当前国家对畜产品不实行统购统销主要通过市场调节的情况下，结合项目区条件和需要，从实际出发，坚持以经济效益为中心，草畜生产为基础，加工、销售为重点，按照市场需要组织生产的原则，积极地建立了畜产品加工和产品销售这两个子系统，形成了"种、养、加、销"四个环节组成的整体生产经营格局，使草地牧业生产的畜产品通过生产领域和流通领域最后进入市场出售给消费者，使产品价值得以实现和提高。在草畜产品加工方面，除了抓好饲草料加工调制利用外，在达拉特旗建设区设有奶粉厂、牛奶冷食加工车间，牛奶通过不同形式的加工销售可以增值0.6 ~ 5.2倍（图6），形成了以三顷地奶牛场为中心的以场带户，场户结合的"种、养、加、销"系列化奶牛商品生产基地，增加了农牧民经济收入，增强了项目建设的经济活力。在杭锦旗建设区目前正在积极筹建梳绒厂，据初步测算，项目家庭牧场年产原绒经初级加工成无毛绒，年净增产值可达70万元，加工增值可达1.36倍。

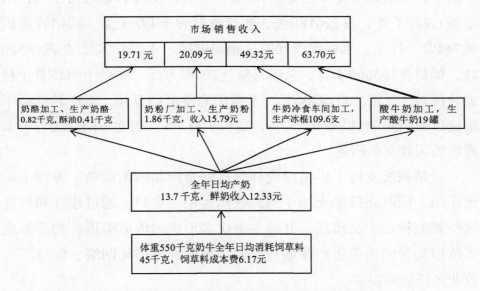

图6 项目建设区发展奶牛业加工流通增值示意

在研究解决市场，搞好经销流通方面，项目区着重抓了三点。

一是根据市场需要组织生产，在项目初期社会需要大量绒毛产品，价格好并成为紧俏产品，这时大力发展绵山羊，特别是突出地抓了山羊的发展，据1988年统计，项目区牲畜总头数中山羊达到24471只，占牲畜头数的61%；在项目后期的1989年以后，绒毛产品市场积压、产品滞销，反而奶牛业市场情况较好，我们又采取限制发展绵山羊、鼓励发展奶牛的措施，按照市场需要，调整畜牧业生产结构。据统计，项目区奶牛由建设前的41头发展为建设后的187头，并要求有条件的达拉特旗建设区集中发展奶牛业。

二是积极开辟草畜产品的流通渠道，在项目两个建设区及时建立两处草地牧业服务中心和呼和浩特市地区草原技术培训中心经济联合实体，组织草畜产品购销，5年来共组织项目区多余饲草400多万千克，饲料约有15万千克出售到附近灾区，支援了伊盟畜牧业发展，增加农牧民收入。同时为家庭牧场组织调进牲畜2.1万头（只），组织调剂良种牲畜500多头（只），收购羊毛3.2万千克，山羊绒1.9万千克，皮张6180张，调剂牧草种子4万千克，购销牧业机械744台（件），围栏刺丝30吨，钢材95吨，木料30米³，柴汽油500吨，饲料良种5000千克，总经营额达200多万元，减少中间环节让利农牧民12.5万元，户均400元，上缴国家税金15万元，畜产品商品率由建设前的54.3%提高到75.3%，增长了38.7%。程度不同地缓解了家庭牧场买难卖难问题。

三是积极支持了供销商业部门搞好畜产品购销活动，发挥主渠道作用。同时还鼓励支持了当地收购运销专业户，通过建立和培育这些新型社会主义市场，开辟多层次多形式的流通渠道，初步形成了按市场导向组织生产领域和流通领域的经济循环网络，促进了畜牧业经济振兴发展。

（四）建立社会化综合服务系统搞好项目经营管理

伊盟引黄灌溉种草养畜综合发展项目是一项多环节、多层次综合开发利用草地畜牧业资源的草业系统工程。对于这样一项重大系统工程，没有系统的强化管理措施是很难取得成功的，系统的整体功能效益是发挥不出来的。因此，从项目开始实施建设，就把搞好社会综合管理服务纳入草业系统工程的大系统内，作为大系统中的子系统。这个子系统是项目整个草业系统工程的领导、指挥和调控系统，对指导和协调各子系统按层次顺序进行正常运转，发挥系统整体功能起决定性作用。几年来，采取多种措施，实行行政的、经济的、法律的、技术的综合管理手段，先后建立和强化了组织、计划、财务、监测、档案、技术、流通服务七种项目管理办法，并相应地制定了一整套有关项目管理制度和技术规程，初步形成了项目组织管理服务体系、项目经营管理服务体系、项目流通管理服务体系以及项目科技管理服务体系（图7），保证了项目建设顺利实施，为探索发展中国现代草地牧业提供经验。

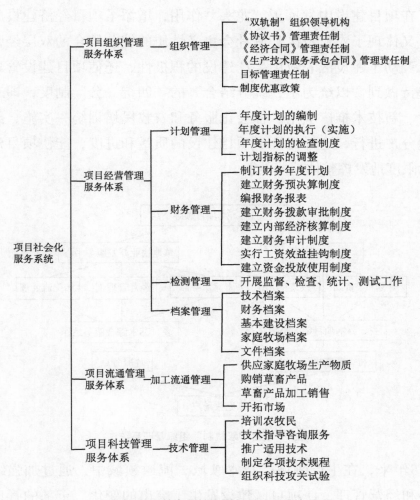

图7 项目社会化综合服务系统实施情况

　　在项目草业系统工程试点和研究中，改革组织管理体制最为重要，是社会综合服务系统的核心。我们的做法是在两个建设区成立了草地牧业开发服务中心这个经济联合实体，由过去的单靠行政手段管理经济建设的做法，改变为行政、经济管理"双轨制"的组织领导管理体制，由行政领导型转向行政、经济、技术等综合服务型（图8），这种管理体制格局，既体现了以经济手段管理经济的原则，在项目建设中发挥了"龙头"作用，增添了项目经济建设的活力，又体现了农村牧区具有社会主义性质的统分结合的双层经营体制，调动了建设区农牧民生产建设的积极性，还使项目建设管理工作坚持做到"以统为主，统分结合"的"四统一分"制度，即工程建设、新技术推广应用、社会化服务和农牧民培训统一实施、经营管理分户进行，这样保证了项目建设的质量和进度，能使项目建设最大限度地发挥整体功能效益。

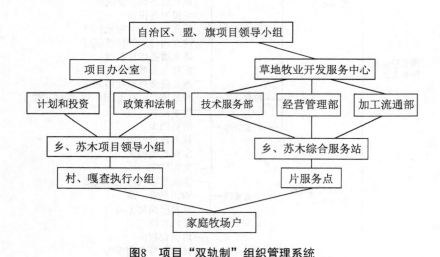

图8　项目"双轨制"组织管理系统

　　5年来，在生产领域、技术领域、流通领域中，通过加强组织领导和经营管理，使项目区建设发生了突出的变化。干部的管理水平和家庭牧场的经营水平普遍提高了，商品经济观念、经济核算观念、法制观念、需要相互服务观念增强了，劳动生产率和经济效益提高了。具体表现为以下4个方面：①畜牧业物质生产费用明显下降，项目建设前畜牧业生产费用平均为42.7%，建设后为41.1%，下降了3.6%；②项目建设非生产费用得到了有效控制，几年来非生产费用只占总投资的11.2%；③家庭牧场劳动生产率明显提高，每个劳动力平均年创造农牧业产值由建设前的2756元提高到建设后的11514.6元，提高317.8%；④项目每百元投资增加收入38.5元，投资效益率为23.1%，5年累计创收纯利润1012.5万元，相当于总投资的115.5%。

四、实现草地畜牧业现代化的途径和模式的试点研究

根据系统论的基本原理，任何一个生产系统，都有一个结构。结构合理，系统的整体功能效益就好。而一个具有良好的、优化的生产结构的建立，必然会促进这个系统内部各业、各子系统都得到充分的发展，同时在各业、各子系统之间相互协调、相互促进、互补互济，形成一个有机的整体，从而使这个系统的整体功能效益就得到充分的发挥。

伊盟引黄灌溉种草养畜综合发展项目按照系统论的基本原理，运用了草业系统工程的科学方法进行试点、研究和建设，形成和建立了一个发展现代化草地畜牧业新的优化生产结构（图2）。优化的结构就是优化的模式，由于其结构合理，从而表现出系统的整体功能就好，获得了最佳的经济效益、社会效益和生态效益。我们在试点、研究、建设中，依据上述结构模式的特点和实施中取得的基本经验，又初步概括提出当前发展中国式的现代化草地畜牧业的建设途径和路子。即实行"一个目标，三个三结合，五项改革措施"的

路线，坚持"草业先行，以牧为主，农、牧、林结合，多种经营，全面发展"的方针，建立"以家庭牧场为基础，草地牧业开发服务中心为龙头，种、养、加、销一体化经营生产"的体制，运用系统工程的原理和方法大力推广先进的科学技术和管理措施，以及采取"中央、地方、群众三结合方式筹集建设资金"的做法，就能实现和发展具有中国特色的社会主义现代化草地牧业模式（图1）。实现这个模式的关键是对生产、服务、流通机制进行系统的改革。其要点如下。①实现一个目标，即发展社会主义的专业化、社会化、商品化草地畜牧业经济。②实行"三个三结合"的方针，即种草、养畜、加工三结合，生产、科研、培训三结合，产、供、销三结合。③采取五项改革措施，即在经济体制上建立以家庭牧场为基础，草地牧业技术服务中心为龙头的新的经济联合实体；在生产技术上按草业系统工程科学方法，运用现代科学技术和管理措施，进行实施建设；在经营管理上运用以经济手段管理经济为主的行政的、经济的、法律的、技术的综合管理措施，增强内部经济活力；在产品流通上通过经济联合体，实行生产、服务、流通相结合，产、供、销一体化，牧、工、商一条龙的生产经营；在组织领导上采取集中统一的上下级有关部门参加的项目组和技术组，负责管理实施。总之，只要认真实施上述各点，通过国家有偿扶持和组织建设，完全能够用少于国外的投资迅速改变草地畜牧业地区落后面貌，发展社会主义的专业化、社会化、商品化的畜牧业经济，达到发达国家同类型草地牧业的生产力水平。

为了保证上述建设现代化草地牧业优化模式的顺利实施，进一步探索实现草地畜牧业现代化的途径，在项目草业系统工程试点、研究和建设中，特别注重摸索研究了生产经营体制、科学技术、投资管理使用以及不同经济区域类型如何实施建设等问题。

（一）兴办和发展新型家庭牧场建立实现草地牧业现代化新的生产经营体制

正确的生产体制改革是根本性的改革，可以调动积极性，解放生产力，促进社会经济的发展。项目试点区在农村牧区实行家庭联产承包责任制，完成第一步改革的基础上，以深化牧区改革，完善社会服务体系和建立新经济联合体为指导思想，建立了"家庭牧场+草地牧业开发服务中心（公司）经济联合实体"草地畜牧业新的生产经营体制。这种经营体制的实质是通过经济、技术和服务手段，建立以适度规模经营的家庭牧场为基础，以先进的科学技术和经营管理方法为条件，以草地牧业服务中心为"龙头"的新的经济联合体。这种新型家庭牧场始终是项目试点建设的主体，也是各项建设的载体。一切建设项目都围绕家庭牧场展开，依附于家庭牧场，服务于家庭牧场。在项目试点实施中，家庭牧场得到迅速发展。5年来，在项目建设区先后建立和发展家庭牧场541户，超额完成了项目设计任务书计划500户，其中草畜双达标有491户[家庭牧场具体标准是建立人工灌溉草地70（农区户）～150（牧区户）亩，饲养牲畜100（农区户）～150（牧区户）个绵羊单位以上，或养肉牛15头以上、奶牛5头以上、生猪20头以上，鸡500只以上]。我们在兴办和发展家庭牧场过程中，主要采取制定优惠政策，确定明确的建设目标和规模，推广适用新技术，大兴草业建设，数质并重发展牲畜以及加强管理搞好社会化服务等措施，使家庭牧场得到了不断的巩固、提高和发展，形成了能够自我完善、自我积累、自我发展的高效经济实体。据1990年统计，项目区家庭牧场人均年创造农牧业产值达到4085.6元，人均纯收入达到1318.5元，较建设前的445元增长了2.05倍（图9）。

项目区建立的这种新型家庭牧场，既不同于过去人民公社、合作社的社员户，又不同于一般牧户，也不同于各地名目繁多的"专

图9　各年度人均产值、人均收入变化

业户""重点户""科技户"等，这种新型家庭牧场是同国有、集体的社会服务经济实体相联合，它与资本主义国家的家庭牧场或与资本家办的托拉斯是不同的，其性质是社会主义的，显示了发展生产力和发展商品经济的无比优越性和旺盛生命力。这种联合体是牧区目前最适宜的生产组织形式，可为牧业生产体制的第二步改革和促进草地牧业向现代化发展展示了广泛的前景。通过项目区几年试点实践证明，这种新型家庭牧场具备以下优点。①把家畜户有户养和草地分户有偿长期承包结合起来（规定草地承包期30年以上并收取承包使用费），全面调动了牧民投资发展家畜和建设草地的两个积极性，把以草定畜和增草增畜落到了实处，并正确地处理了家庭牧场和一般户的关系，有利于推动草地牧业走集约化经营道路。②实行适度规模的专业化经营，克服了"少而全"的分散经营方式，有利于发挥规模效益，发展商品经济，有利于提高劳动生产率，使家庭牧场致富，有利于使社会获得更多商品活跃市场，保证草地牧业向专业化、社会化、商品化方向发展。③广泛推广应用新技术，有利于开展草地牧业的技术改造和经营管理改革，容易形成密集型的科学技术实体，从而推动草地牧业向现代化发展。④有国有的社会服务经济联合实体草地牧业服务中心做依托，进一步完善社会化服务体系，有利于实现统分结合的双层经营体制，并形成了互给互要、共同依存的关系，作为龙头的服务中心对家庭牧场实行了"三给一要"（给资金、给设备、给技术和要产品）；作为基础的家庭牧场对实体则是"三要一给"（要资金、要设备、要技术和给产品），使双方组成三个三结合（种草、养畜、加工，生产、科研、培训，牧、工、商）的经济联合体，保证了草地牧业向专业化、社会化、商品化方向发展。

（二）推广应用综合适用新技术建立现代草地牧业调控生产技术体系

伊盟引黄灌溉种草养畜综合发展项目，在运用草业系统工程试点建设中广泛推广应用了先进的科学技术，把草业和有关各业的各种适用增产技术组装配套应用于整个系统全过程和各个生产环节，发挥了各项增产技术的综合增产作用，提高系统的整体生产水平，从根本上改变传统落后的畜牧业生产经营，初步实现畜牧业生产专业化、社会化、商品化。5年来，主要采取以下3项措施。

（1）坚持科研、生产、培训相结合。根据生产建设中存在的问题，抓住引进推广适用科技成果、开展科学研究和进行攻关试验3个环节，通过技术培训、技术指导以及技术咨询等多种方式，使科技进入生产领域，转化为生产力。

（2）坚持试验、示范、推广相结合。通过建立的科技管理服务体系，疏通渠道，按照试验、示范、推广的程序，把科学技术流向各家各户，促进项目生产建设的发展（图10）。

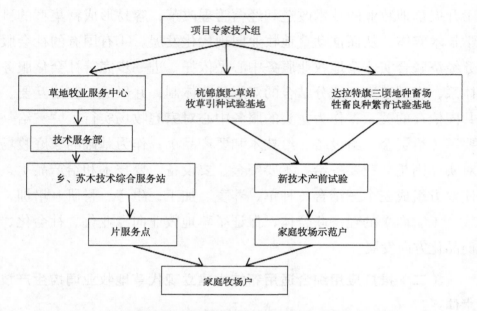

图10　伊盟引黄灌溉种草养畜综合发展项目科技服务网络示意

（3）坚持组织集团科技攻关和适用技术组装配套系列推广。根据项目试点建设的重点和需要，对于带有全局性的生产技术疑难采取集团作战，集中投入科技力量，组织科技攻关试验，保证重点科技项目顺利实施；对于项目区推广的适用技术，按照系统工程的科学方法，将适用技术组装配套在一起，形成系统进行全面推广，提高科技整体效益。在推广应用先进的科学技术中，为统一实施技术标准，制定了各项技术规程，并初步探索建立了实现草地牧业现代化的调控技术体系（表6）。通过综合采取以上各项调控技术体系的实施，使项目试点建设取得了显著的经济效益、生态效益和社会效益。

表6 项目建设区建立和发展现代草地牧业的调控技术体系

综合技术体系	调控内容	主要配套技术
以水电建设为中心，建立人工、半人工草地综合开发技术体系	增加物质和技术投入，综合采取各项增产配套技术，调整草业内部结构，提高种植业生产力水平	建设水利工程，打井上电，平整土地，增施有机肥、化肥，营造防护林，覆膜栽培、围栏补播
以畜种改良为重点，建立畜禽繁育技术体系	调整畜种结构和畜群结构，加强饲养管理，提高畜牧业集约化经营水平	实行舍饲和半舍饲，推广人工授精、冷配技术，加强畜群基础设施建设，注重疫病防治，加工调制饲草料
以饲草料加工为中心，建立草畜产品加工技术体系	发展饲草料加工业和畜产品加工业，提高加工业生产水平，扩大加工增值能力	建立饲草料加工厂点、配置乳品加工厂，建立绒毛分梳厂等
以畜产品销售为中心，建立生产流通服务技术体系	培育和开拓市场，搞好流通改革，发展商品畜牧业	成立草地牧业服务中心，支持供销商业部门搞好服务，鼓励个体购销专业户的发展
以生物措施为核心，建立良性循环的复合型草业生态系统技术体系	生物措施为主，配合工程措施。防治风蚀沙化、土地盐碱化，改善生态环境	种草种树，推广豆科牧草种植，实行粮草间、套、混、轮作制，进行优化种植，发展生态农业和生态畜牧业

　　5年来，在项目试点、研究和建设中，先后推广应用13项适用增产技术，开展了7个项目的科学研究和攻关试验，都取得了很好的效果。在推广适用增产技术方面主要包括：先后引进丹麦黑白花奶牛、盖县白绒山羊、澳美细毛羊、内蒙古白绒山羊、鄂尔多斯细毛羊等优良种畜780头（只），良种仔猪5000头，良种鸡3.5万只；引进高产饲用作物品种2个，优良牧草品种4个；推广地膜覆盖、模式化栽培玉米2562亩，亩产705千克，比一般种植提高40%～50%；推广种植苜蓿、沙打旺多年生优良牧草14740亩，占人工草地总面积的53.1%；推广草地围栏6.22万亩，占草地建设总面积的60%；推广青贮饲料556.2万千克，秸秆氨化15

万千克，饲草加工粉碎1473万千克；推广绵羊人工授精，牛、山羊冷配0.6万头次；全面推广牲畜早春驱虫等综合畜病防治技术，使牲畜病死率明显下降；推广绵山羊育肥技术0.8万只；推广塑料暖棚84处，6946米²；推广多层次全方位塑料管井67眼，机电井227眼；推广粮草、林草、粮料结合进行间、套、混、轮作面积11611亩；推广工程造林技术、营造防护林2万亩，高秆林47万株，防护面积达到3万亩。

在科学研究和攻关试验方面主要有以下几点。①在达拉特旗五股地进行4070亩农牧林结合综合开发土地试验，兴办53户家庭牧场，以后被誉为著名的"五股地模式"。②采取综合措施进行盐碱地改良攻关试验，改良盐碱地3万亩，经过3年种植豆科牧草，土壤耕作层（0～23厘米）的pH值由8.6下降到8.1，土壤食盐量由0.23%下降到0.18%，土壤有机质含量由0.57%提高到1.63%，1990年在改良的盐碱地上种粮料作物19054亩，平均亩产242千克，总产461.04万千克。③进行草地优化组合丰产攻关试验，应用综合措施建设人工、半人工优化高产草地0.5万亩，平均亩产干草1100千克，接近世界先进国家草地生产力水平。④沙化草地进行大面积种植甘草试验，采用稀盐酸处理甘草种子与牧草混播4万亩，成活2.8万亩，甘草覆盖度达到30%，牧草覆盖度由20%提高到50%，四年生甘草亩产313千克，以每千克2元计算，合计1752.8万元。⑤进行玉米高产攻关试验，应用地膜覆盖和模式化栽培技术取得了大面积平均亩产785.9千克的好成果，杭锦旗吉尔嘎朗图乡土默生家庭牧场种植2亩玉米，平均亩产1321.5千克，创造了中国北方高产水平。⑥进行高产奶牛饲养试验，推广青贮饲料，实行青饲轮供，改善饲料结构，使奶牛个体产奶量由3150千克提高到4935千克，创伊盟地区最高纪录。

（三）在不同草地经济类型区建立草地牧业生产经营优化模式

在项目试点、研究和建设中，把草业系统工程与建设良性循环的生态系统紧密地结合起来。遵循生态学规律，改善生态环境，形成了以草地为主体，实行农牧林结合，由植物性生产向动物性生产转化，进行着一种土地—植物—家畜（禽）"三位一体"的草地生态系统，把种植业和养殖业有机地结合起来。在此基础上，依据项目区不同区域自然经济特点，划分了三种草业类型区（表7），为发展生态农牧业以及实现草地牧业现代化创造条件。

表7　不同草业类型区畜牧业经营方式

草业类型区	所辖乡、苏木（个）	家庭牧场数（户）	饲养畜种及饲养方式	畜牧业发展方向
西部放牧型牧区草业	呼和木都、格更召	99	以白绒山羊为主，全年以放牧为主	发展绒毛商品畜牧业基地
中部半集约型牧区草业	巴拉亥、吉尔嘎朗图、什拉召、展旦召	256	以毛肉兼用细毛羊、肉牛为主，实行半舍饲	发展毛、肉商品畜牧业基地
东部集约型农区草业	王爱召、树林召	186	以奶牛、猪禽为主，实行舍饲	发展肉、奶、蛋商品畜牧业基地

根据上述三类地区畜牧业特点和生产优势，在试点建设中总结推广了三种生产经营优化模式，为项目的建设和发展起到了积极的示范作用。

（1）五股地综合开发农区草业建设模式（简称五股地模式）：这个模式位于达拉特旗树林召乡五股地范围，属于农区，为新开发土地建设区，总规模4070亩，划分为70片，每片70～90亩，每户一片，进行集中连片开发。目前已发展家庭牧场53户，并组建了新的牧业生产合作社。开发建设方式是以家庭牧场为生态建设单元，每户打一眼机电井，治理建设70～90亩土地，饲养70～100只羊，种树

4000多株，实行"以牧为主，农林牧综合发展"的方针。种植结构按5：3：2的比例安排草（林）、饲料、粮经作物，形成田成方、树成行、渠成网的井、渠、路、林、机配套，水、电、林、草、料、粮、经综合发展的经营格局。推广先进的科学技术和管理办法，达到了增产又增收，取得显著的经济效益。户均每年向社会提供毛绒30（山羊户）~400（绵羊户）千克，肉食500千克以上，粮料0.3万~0.4万千克。1990年农牧业产值比1987年建设前增长2.6倍，人均收入达到1270元。这个模式的突出特点：在农区通过综合开发土地，兴办和发展家庭牧场，建立了农区发展畜牧业生产的适度经营规模；坚持种草、养畜、兴农，农牧林结合，走出了发展生态农业、生态畜牧业的新路，使种植业、养殖业实现了多样型、稳定型和丰产型，提高了农牧生产系统整体功能效益。

（2）什拉召高效益家庭牧场牧区草业建设模式（简称什拉召模式）：这个模式位于杭锦旗什拉召苏木范围，属于草场比较狭窄的牧区。建设前放牧草场较少，超载过牧又不搞种植业，畜草矛盾十分突出。1987年开始上电、打井、围草库伦，发展家庭牧场67户，实行以户经营综合开发建设。一般每户在住宅附近围封草库伦100~150亩，打井1~2眼，开发饲草料基地30~50亩，承包库伦外放牧场1000~1500亩，饲养牲畜120~150头（只），成为牧区"小庄园"式的家庭牧场。开发土地的种植方式大体是优良牧草、饲料作物、青贮饲料、多汁饲料四元结构，种植比例一般草料各半，牧草以苜蓿为主，饲料以玉米为主，多汁饲料以胡萝卜为主。家庭牧场除了建设管理好人工饲草料基地和放牧基地外，同时每户畜群都配套建设有青贮窖、贮草棚、棚圈、饲草料加工设施以及饲喂槽，实现了具有"两个基地五配套"的牲畜优化饲养格局，形成了草业的优化种植、促进优化饲养的良性循环生产体系。1989年什拉召建设区农牧业产值达到140.9万元，是建设前的41.4万元的3.4倍，其中牧业产值比重由建设前的54%提高到68%，牧民人均收入达到1176元，比建设前的438元提高738元，增长1.7倍。这个模式的显著特点：立草为业，按照草业系统工程的科学方法实行农牧林草综合开发，建设稳产高产的人工、半人工草地，坚持集约经营，发展牧区"小庄园"式的家庭牧场，为实现草地畜牧业现代化走出了一条新路。

（3）呼和木都放牧型牧区草业建设模式（简称呼和木都模式）：这个模式建立在杭锦旗建设区西部的荒漠草原地区，属于呼和木都苏木范围内，是纯牧区，草地面积较大，沙化严重，植被稀疏，建设高产人工草地条件较差，但引黄灌溉条件便利。从1986年开始采取围栏、灌溉、补播等综合措施，把大面积天然草地的改良建设作为重点，发展放牧型的草地畜牧业。这些家庭牧场一般承包天然草地2500～3000亩，饲养150～200只小畜（以山羊为主），把承包的草地全部实行围栏放牧，并且分割成4～5个小草库伦，施行季节轮牧。每年在改良草地上除进行放牧外，还能打贮饲草3万～4万千克，达到了饲草自给有余，保证了畜牧业稳定发展。该苏木五嘎查家庭牧场户扑赖围封3000亩改良草地，平均亩产干草高达800千克。

五、讨论与结论

（1）运用草业系统工程的科学方法指导和建设项目区草地畜牧业是成功的，能够取得很好的效果。实践证明，实施草业系统工程是提高草地生产力，实现草地畜牧业现代化的重要途径。用草业系统工程的科学方法组织草业、畜牧业生产，是符合客观自然规律和经济规律的发展，能够促进草业畜牧业生产高效益、高效率、高水平向前发展。草业系统工程是组织管理草业系统的规划、设计、制造和使用的科学方法，对于发展草业、指导草业具有十分广泛的推广应用价值和前途。

（2）运用草业系统工程的科学方法指导草业畜牧业发展，要着眼于草地牧业系统的整体，发挥草地牧业系统的整体功能。它可以使草地畜牧业的产值成倍、几倍、几十倍地增长，对草地牧业投资可以取得很好的收益率，可以在较短的时间内回收投资。同时，只要从草地畜牧业这个系统的整体效益出发，增强整体意识，对系统进行全面统筹，使各业、各子系统都围绕着实施草地畜牧业系统的整体目标运行，从而就可以形成和建立具有良好的整体功能的生产结构和优化模式。

（3）经过5年来项目试点实践，摸索出了发展中国式社会主义现代化草地畜牧业的基本途径和道路。运用草业系统工程的科学方法，明确以发展社会主义的专业化、社会化、商品化的现代草地牧业经济为目标，实行"种草、养畜、加工""生产、科研、培训""牧、工、商"三个三结合的方针，在体制、技术、经济、流通和管理上采取五项改革措施，这些做法可概括为"一个目标，三个三结合方针和五项改革措施"，为实现畜牧业现代化提供了经验和路径。

内蒙古准格尔旗开发黄河沿岸盐碱荒地发展种草养畜项目技术报告*

胡琏 杨永锋 殷伊春 孙瑞芳 侯三莹

准格尔旗位于鄂尔多斯高原东南部，黄河流经旗境内，沿岸形成了大面积的冲积平原地貌。这里由于过去长期掠夺式的粗放经营和盲目开垦，致使大片土地盐渍化、沙漠化，大量农田弃耕，加之该地区资源贫乏，产业结构单一，农牧民生活水平一直处于贫困落后状态。鉴于这种情况，我们为了使这个地区尽快实现脱贫、致富、达小康，同时为发展农区畜牧业以及矿区建立副食品基地摸索经验做出示范，经农业部畜牧兽医司批准由内蒙古自治区计委立项，在准格尔旗北部沿河农区制订实施准格尔旗开发黄河沿岸盐碱荒地发展种草养畜项目，坚持开发改造盐碱荒地，引草入田，引牧入农，大力调整产业结构，从根本上改变该地区传统落后的农牧业生产，走出农牧结合的新路子，为加速农区畜牧业的发展树立典型并做出示范。

---

* 内蒙古准格尔旗开发黄河沿岸盐碱荒地开展种草养畜项目，起草于1995年。该项目于1998年获伊克昭盟科学技术进步二等奖。

一、项目区自然经济概况

项目建设区设在准格尔旗十二连城、蓿亥图两个乡的20个自然村和2个国有种畜场以及准格尔煤田开发区薛家湾镇的服务窗口——牧工商科技服务中心。整个建设区位于黄河南岸，海拔1000～1300米，年平均降水量350～400毫米，多集中在7—9月3个月，全年日照3000小时，年平均气温7℃，≥10℃的年积温达3000～3200℃，无霜期145天，7—8月太阳辐射量占全年总量的60%，土壤为灌淤潮土、盐碱土和风沙土，有机质含量0.5%～0.8%，pH值8.8～9.9。地势较平坦，境内约有1/3为盐碱荒地，植被稀疏低矮，草质品种少而差，覆盖率仅为20%～30%，亩产干草10～40千克。建设区水资源丰富，具有引黄灌溉、打井灌溉的条件。在项目建设前，这类地区单一经营农业，水资源开发利用差，长期以来广种薄收，盐碱荒地资源没有得到很好的开发治理。农牧业生产一直发展缓慢，商品经济不发达，农牧民收入很低。

项目建设区共发展家庭牧场302户，现有人口1228人，有劳动力655个。这些农牧户在项目建设前饲养牲畜9670头（只），以放牧为主，畜草矛盾突出，牲畜四季营养极不平衡，生产能力低。据统计，302户家庭牧场在建设前年均提供肉类8124千克，毛20119千克，绒164千克，皮1001张，鲜蛋3864千克，经济效益差，人均收入仅610元。

二、项目建设的指导思想和技术路线

针对项目建设区当前农牧业生产经营中普遍存在的个体分散、技术落后、经营管理水平差、社会服务体系薄弱、劳动生产率低、商品经济不发达、经济效益低等诸多问题，提出项目建设的指导思想：坚持治理盐碱，种草养畜，以牧为主，农牧林综合发展；建设上采取统一规划，连片建设，以户经营，重点发展家庭牧场；家畜发展上坚持增加数量，提高质量，数质并举的原则；扶持建设区现有国有种畜场，发挥骨干和示范作用；项目区建立综合服务体系，负责技术指导和农牧民培训，逐步形成产、供、销，牧、工、贸一体化流通服务体系。大力采取引草入田，引牧入农，坚特走农牧结合的路子，以市场为导向，以小康为目标，以效益为中心，增加农畜产品有效供给和农牧民收入。

　　根据上述项目建设的宗旨和指导思想，进一步确立了项目建设的技术路线以及主要建设内容：坚持"实行三个相结合的做法，采取五项措施，实现一个目标"，走出一条依靠科技振兴农区畜牧业经济的新路子。具体要点就是实行种草、养畜、加工相结合，生产、科技、培训相结合，牧、工、商相结合。采取五项措施：一是建立以家庭牧场或联户牧场为基础，以牧、工、商服务中心为龙头的"龙型生产经营体制"，形成国有、集体、个户在内的新的经济联合体，发展"龙型经济"；二是坚持开发治理盐碱荒地，种草养畜，加强草业物质基础建设，认真搞好"调整畜种结构、改善饲养条件及改变饲养方式"的"一调二改"发展农区畜牧业工作；三是大力推广应用适用增产新技术，运用草业系统工程的科学方法提高项目建设的科技含量和整体效益；四是加强组织领导，严格按照项目建设程序和管理办法，搞好项目的实施建设，增强项目建设活力和投资效益；五是建立健全项目区综合服务体系，加强乡级技术综合服务站搞好技术服务，扶持国有种畜场发挥骨干示范作用，兴办服务中心，负责技术培训，搞好项目区产前、产中、产后服务。实现一个目标就是发展专业化、社会化、商品化农区畜牧业经济，使农牧民尽快致富达小康。由于该项目认真贯彻执行了上述技术路线，坚持理论与实践相结合的原则，使整个项目建设的技术和管理水平有了更大的提高，初步达到农牧业生产"高产、优质、高效"

目的。

三、项目建设采取的主要技术措施

（一）运用综合技术措施，进行大面积开发改造盐碱荒地

项目区在建设前绝大多数是难以利用的盐碱荒滩、荒沙和弃耕地。土地盐渍化已成为这类地区的难题。我们针对项目区盐碱荒地存在的两种不同类型的特点，重点采取了 4 种开发改造建设措施，使多年闲置废弃的盐碱荒地逐步变成了大面积的人工草地和粮料基地。

1. 实行打井灌溉，降低地下水位

坚持打井灌溉，前期以脱盐为主，减少上行水，以大灌量连续压盐，加速土壤脱盐。地表脱盐后，立即播种耐盐碱牧草和作物，待出苗后，加速牧草及作物生长，促其及早覆盖地面，减少地表蒸发，防止盐分向上移动，保证牧草作物根系不受盐害。试验结果表明，通过打井、灌溉、洗盐，牧草及作物可以闯过出苗关、生长关等几个关键时期（表1）。为此，项目建设一开始，家庭牧场都在新开发的盐碱荒地上打井配套1眼，达到了开发一块，成功一块的目的。

表1　灌溉洗盐、抓苗情况统计

作物类型	播种方法	播期（月/日）	播深（厘米）	出苗率（%）
草木樨	开沟	4/17	1~2	67
沙打旺	开沟	4/17	1~2	55
玉米	点播	5/2	4~5	82
葵花	点播	5/15	5	93

2. 改变耕作制度，种植耐盐碱牧草及粮料作物

改造盐碱荒地最基本的一项措施就是精耕细作，改善土壤结构。项目建设以来，我们一直非常重视盐碱荒地的耕作方式，要求开发的盐碱地都要进行反复耕、翻、耙、磨，做到土地平整，土质疏松无坷垃，通过深翻耙磨，切断土壤毛细管，减少地面蒸发，防止盐分向上移动，保证了作物根系不受盐害，有利于作物抓苗和生长发育。

在运用生物改良措施方面，几年来，我们大面积推广种植了草木樨、沙打旺、紫花苜蓿、饲料玉米、葵花、枸杞、红柳等牧草及经济作物，达到了改土肥田，增收增效的目的。在种植技术方面主要采取了以下几种措施。

（1）根据土壤水、盐运动规律，确定适宜播期，为牧草出苗和幼苗生长创造适宜环境。春季，虽然土壤墒情好，但温度低，出苗生长缓慢，后因温度急剧上升，土壤反盐强烈，往往造成牧草大量死亡；夏季高温少雨，土壤表层盐分集聚，水分条件也不易满足需要，使牧草出苗成活率低；夏末秋初，降水集中，由于降水淋洗等，耕作层盐分下降，是种植牧草的理想时期。

（2）根据土壤盐碱含量和水分状况，以及牧草生物学特性，选择相应耐盐碱牧草品种，做到因土选种，因种选地，尽量使牧草品种与环境条件协调一致，充分发挥品种优势。5年来，共种植优良牧草及饲料作物21200亩，人工草地单产达到369.8千克，饲料地单产达到391.4千克，收到了明显的效果。

（3）根据牧草及饲料作物的生物学特性，实行多品种间、套、混种，以提高出苗率，增强保苗率，增加覆盖度。具体种植结构详见表2。

表2 改变种植方式后效益情况统计

类型	面积（亩）	种植形式	平均亩产（千克）		混合亩产（千克）
			粮料	饲草	
林草间套	1500	杨树+沙打旺 杨树+草木樨		476 285	
混播人工草地	5600	沙打旺+草木樨		486	
单播人工草地	4885 2515 530	沙打旺 草木樨 苜蓿		562 351 363	
粮草间套	850	葵花+草木樨	90	285	375
粮经套种	670	小麦+葵花	310	85	395
芦苇+草木樨	450	芦苇+草木樨		667	

（4）推广开沟躲盐种植优良牧草。通过开沟，把含盐量较高的表土移到沟的两侧，并将表土翻在沟的两侧下面，使含盐量较低的亚表土翻在沟两侧上面，播种牧草是在含盐量较低的沟底，要求播种后覆盖沟两侧含盐量较低的亚表土1～2厘米，其播种技术是，用一台12～15马力的小四轮拖拉机带一个单铧开沟犁，并附加一个下种器，同时进行播种、覆盖，由拖拉机手一人操作即可完成从开沟到播种和最后的覆土。这项技术用工少，操作简单，群众易于掌握和应用。5年来，项目区共采用开沟躲盐种植草木樨、沙打旺1500多亩。实践证明，沟深以15～20厘米、播种期以6月中旬为宜，其出苗率、保苗率、盖度均在80%以上。沟播起到了改土治碱和增加生物量的作用。开沟躲盐种植优良牧草是生物治理盐碱荒地投资少、见效快的有效措施，是沿河盐碱地开发利用的一种主要措施和手段，值得大面积推广和应用。

3. 掺沙、拉沙，改良盐碱荒地

盐碱荒地掺沙、拉沙后，可改变其机械结构。大部分盐碱地都是灌淤潮土，掺沙后形成沙质土壤，不仅改善了土壤结构，而且使土壤的理化性状得到改善。实行掺沙、拉沙的主要做法有以下几种。

（1）平整土地，耕翻土壤。建设区都是大平小不平，通过平整土地，把高处的沙推移到盐碱含量较高的低处，然后进一步耕翻，使沙土与盐碱土混合形成沙壤土。

（2）建立沙障，覆沙改良盐碱荒地。在一些盐碱化程度较高，而且地势较平坦的地区，我们采取人工建立沙障，用乔灌木枝条、作物秸秆网格式地铺在盐碱地上或用柳笆间隔20米成行建立沙障，通过冬春风季拉沙将风沙固定到盐碱地上。

（3）秋季深翻盐碱地，增加地表粗糙度，利用冬春大风时期，就地覆沙。

通过以上几项措施在盐碱地上覆沙、掺沙后，再经精耕细作措施，改善了土壤结构，为牧草作物生长发育创造了条件。5年来，累计完成平整土地面积7900亩，建立沙障、秋翻盐碱地1120亩。经掺沙改良后的盐碱地产量有了明显的提高，十二连城乡焦红圪卜开发区进行连年覆沙，改土治碱效果显著。1995年，在新开发的盐碱荒地上户均种植玉米15亩，长势良好，亩产玉米450千克。

4.增施有机肥，改良盐碱荒地

大兴草业，发展养殖业是加速改良盐碱地及贫瘠土壤的有效措施。通过种植耐盐碱牧草及农作物，充分利用作物秸秆过腹还田，采取草田轮作，压青休闲等措施，增加土壤有机质含量，实现种植业与养殖业的有机结合，达到改土治碱的目的。5年来，要求家庭牧场户每亩增施有机粪肥4000~5000千克，压青休闲、草田轮作面积达11200亩。通过这种措施，改善了土壤结构，增强了土壤保水、保肥能力，防止了深层的盐分向上表土层运行，杜绝了盐分在表土层的积聚，取得了良好的改良效果。

（二）调整种植业结构，优化草地建设

盐碱荒地的开发利用，其主要的手段是通过生物及工程措施，调整种植业结构，优化人工草地建设，可以促进农牧业生产全面发展。草业既是群众致富的主要产业，又是发展畜牧业的根本保证。5年来，项目建设区突出地抓了人工、半人工草地优化组合建设。

（1）调整产业结构，在土地利用和生产布局上做了大幅度的调整，改变单一农业经营结构为"农、牧、林、经"四元经营结构，通过发展种植业，以草为基础，发挥草业促牧、促农、促经的主体作用，从而形成了致富性的牧业，服务性的农业，保护性的林业，创汇性的经济作物，相互促进、相互补充、综合发展的良性循环的经济结构布局。建设前十二连城乡焦红圪卜开发区只有很少部分林、草地，以种植粮食作物为主，由于土地盐碱化，粮食产量不足100千克，生产、生活水平一直得不到改善和发展，是远近闻名的三靠村（吃粮靠供应、花钱靠贷款、生活靠救济）。1991年开始在该村投建项目以来，集中连片开发土地1400亩，打井配套14眼，种植防护林建设人工草地980亩，种植粮料作物420亩，现已形成井、渠、路、林、田五配套格局，由于种植业结构的调整，草地面积的扩大，牲畜也由建设前的458头（只）发展到1980头（只），人均收入由建设前的614元增加到2352元。

（2）坚持草地优化组合建设，广泛推广应用"间、套、混、轮、补"草地农业耕作制，在新开发的土地上建立人工草地，坚持草、粮、经三元种植结构（表3），形成了草粮、草料、草林、粮林等多种结构方式的复合型草地生态系统。从目前看，采取复合型优化种植远比单播型草地生态经济效益好。

表3　1995年项目建设区种植业结构变化情况

项目		人工牧草	粮料作物	经济作物
建设前	面积（亩）	1385	6067	396
	占比（%）	17.6	77.3	5
建设后	面积（亩）	15160	12140	4500
	占比（%）	47.6	38.2	14.2

（3）项目区还大力推广种植牧草及饲料作物优良品种，建立优质高产的人工、半人工草地。为了提高草地建设的经济价值、增加收入，引进药材类经济作物。项目区共引进草木樨、沙打旺、饲料玉米、药用经济作物甘草、黄芪、枸杞等10多个适合本地区种植的高产优质品种。在人工、半人工草地建设中，我们重点抓了草木樨、饲料玉米和甘草的推广种植。据1994年统计，建设区种植人工草地15160亩，比建设前增长9.9倍，种植玉米6040亩，比建设前增长2.3倍。通过草地综合开发建设，项目区建设人工草地和改良草地45160亩，为畜牧业生产奠定了丰富的物质基础。

（三）坚持科学养畜，发展"两高一优"畜牧业

在项目建设过程中，我们除了抓好种植业外，还突出地抓了家畜饲养业。针对当前农区发展畜牧业的问题，重点抓住"调整畜种结构、改善畜群饲养条件、改变家畜饲养方式"的"一调二改"技术措施，促进了项目建设区畜牧业生产的大力发展。

1.调整畜种结构

根据区域特点和市场需求，项目区积极进行了合理配置牲畜，调整畜种结构，坚持以发展绵羊、山羊、牛为主体畜种。同时，突出地抓了猪禽生产。在302户家庭牧场中，以饲养细毛羊为主的有

228户，占家庭牧场总户数的75%；以饲养白绒山羊为主的59户，占家庭牧场总户数的19.5%；以养猪为主的8户，占家庭牧场总户数的3%；以养牛为主的7户，占家庭牧场总户数的2.5%。改变了过去畜牧业"少而全"的局面，畜禽品种基本实现了良种化、改良化。蓿亥图乡养羊大户奇柱，1995年饲养的绒山羊360只，羊圈增设塑料暖棚，饲草实行加工粉碎，平均个体产绒量0.35千克，共产绒90千克，每年畜牧业纯收入达3万元以上，彻底改变了过去传统靠天养畜的自给型畜牧业经济结构。

2. 改变畜群饲养条件

加强畜牧业基础设施建设，改善饲养条件，是实现"两高一优"畜牧业的根本保证。项目建设一开始，我们就针对畜群基础设施差、养殖水平低等问题，提出项目建设区的家庭牧场畜群应具备有两个基地和五配套设施，即畜群应具有高质量的人工草地和饲料基地，同时要配备贮草棚（或草粉库）、青贮窖（或氨化池）、饲草料加工机具、饲喂槽、棚圈或塑料暖棚。5年来，新建改建累计棚圈300多处，4万多米^2，购置饲草料加工机具55台套，通过项目区群众的共同努力，饲养条件得到了极大的改善。

3. 改变家畜饲养方式

养羊、养猪是沿河农区群众增加收入、脱贫致富的主要途径。我们根据农区畜牧业的特点，重点抓了以下两方面的技术措施。

（1）在养羊业上全面推行"五改一化"的饲养管理技术，其要点是改天然草地为人工、半人工草地；改放牧饲养为舍饲、半舍饲和短期育肥；改长草整喂为加工后调制饲喂；改少出栏为多出栏；改接春羔为冬羔，饲养羊实现良种化及改良种化（具体技术要点详见表4）。

在实施过程中，我们执行了"五改一化"的饲养技术规程，获得了可观的经济效益。通过改放牧粗饲为舍饲、半舍饲育肥，可有效地提高畜群个体生产性能，在较短的时间内使家畜增膘增肉，生长发育快，获得较高的饲料报酬，降低了成本。同时有利于植被建设，提高饲草、农作物秸秆的利用率，增加了有机粪肥。通过这项措施，大大促进了种植业的发展及改土肥田效果；改少出栏为多出栏，转变了传统养畜的畜牧业效益低的状况，加快了畜群周转，提高了养殖业效益。出栏率由建设前的11.5%提高到建设后的28.6%。通过提高出栏率，有利于改变畜群结构，有效增加母畜比例，加快畜牧业的发展；改接春羔为接冬羔，在项目区统一实行这一技术规程后，使85%的家庭牧场户做到了当年羔羊通过育肥当年出栏的效果。经测定，出栏羊胴体重由建设前的15.1千克提高到建设后的18.4千克，既缩短了出栏时间，又增加了收入，有力地促进了养羊业的发展，提高了群众的积极性；改长草整喂为加工后调制饲喂，这项技术受到家庭牧场户的普遍欢迎。据统计，在302户家庭牧场中，建设前冬春饲草贮备量为93.6万千克，羊均85.6千克，饲草都是长草整喂，利用率仅达35%，畜草矛盾突出，严重地制约着养殖业的发展。建设后由于采取了饲草加工调制饲喂的办法，饲草利用率达到90%以上，比建设前提高了157%，冬春饲草贮备量达到976.2万千克，羊均302.7千克。5年累计在项目区建立饲草料加工点55处。不仅缓解了这类地区的畜草矛盾，而且加速了养殖业的发展；改天然草场为人工、半人工草地，在项目实施中，建立人工、半人工草地45160亩，平均亩产干草299.9千克，产草量达1221万千克，保证了养殖业发展的饲草有效供给，为加速畜牧业发展提供了物质基础。同时，大力改良天然草场，对改良退化草场、改土治碱、整治国土、改善生态环境都具有重要意义。

（2）在养猪业上，因地制宜地推广了自治区提出的"四良四改"育肥技术，即良种、良料、良法、良舍及改良本地猪为杂交改良猪，改单一饲料为配合饲料，改传统的"吊架子"养猪为混拌料饮清水直线育肥，改冬季冷舍养猪为扣塑料暖棚养猪。通过推广应用上述养猪育肥技术，项目区养猪由建设前的312头发展到916头，户均由建设前的1头发展到现在的3头。其中良种改良种猪由建设前的65%提高到98%，出栏猪平均胴体重由建设前的128千克提高到135千克，提高了5.4%。改一年以上出栏为6～8个月的当年出栏，大大缩短了无效饲养期。仅此一项技术推广应用后，为项目区增值50多万元。十二连城乡养猪户，应用这项技术新建双列式塑料暖棚猪舍40多米^2，饲养量达40头，年出栏能力为30头，毛收入近3万元。实现了规模化饲养、集约化经营的效益养殖业。

（四）建立社会化综合服务体系，搞好项目经营管理

准格尔旗开发黄河沿岸盐碱荒地发展种草养畜项目是一项多环节、多层次的系统工程。因此，从项目开始实施建设，就把社会化服务体系、项目经营管理和发展商品性生产纳入项目的重点建设。

1. 建立社会化服务体系

项目建设上，建立了以建设区家庭牧场为基础，乡级畜牧技术综合服务站为纽带，牧工商服务中心为龙头的新的综合性社会服务体系。初步形成了种草、养畜、加工相结合，生产、科研、培训相结合，牧、工、商相结合，产、供、销一体化的经营体制，项目龙头企业牧工商服务中心于1991年组点，投入营运，并设立了流通服务部和技术服务部，主要以经销兽医药品、药械，畜禽屠宰加工等为主，开设了旅店、饭店等业务，1994年营业额达40多万元，利润达10多万元。服务中心和乡畜牧技术综合服务站及时地为建设区家庭牧场开展了产前、产中、产后服务，受到了家庭牧场的欢迎，为搞好项目增加了活力。5年来先后向家庭牧场组织调剂良种牲畜3140多头（只），购销农机具245台套，另外向项目区组织调运农药450千克，化肥300吨，优良牧草及农作物种子2.5万千克，为当地农牧民

让利达10万元，极大地方便了当地群众。服务中心的建立，不仅取得了初步的经济效益，更主要的是改变了人们的传统观念，增强了商品经济意识，促进了畜牧业的商品化发展。

2. 搞好项目经营管理

5年来，采取多种措施，实行行政的、经济的、法律的、技术的综合管理手段，先后建立和强化了组织、计划、财务、监测、档案、技术、流通服务等项目管理办法，并相应地制定了一整套有关项目管理制度和技术规程，初步形成了项目组织管理、经营管理以及项目科技服务体系，保证了项目的顺利实施。项目经营管理体系中，最为重要的是改革组织管理，我们首先组建了服务中心，由过去单靠行政手段管理经济的做法，改变为行政、经济管理"双轨制"（图1）的组织领导管理体制，由行政领导型向行政、经济、技术等综合服务型这种管理体制格局转变，既体现了以经济手段管理经济的原则，又体现了农村具有社会主义性质的统分结合的双层经营体制，调动了建设区人民生产建设的积极性，还使项目建设管理工作坚持做到了"以统为主、统分结合"的"四统一分"制度，即工程建设、新技术推广应用、社会化服务和农牧民培训统一实施，经营管理分户进行，保证了项目建设的质量和进度。5年来，在生产

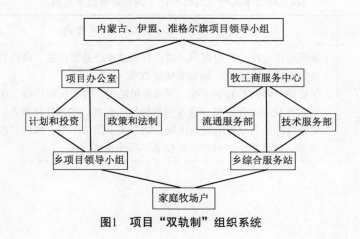

图1 项目"双轨制"组织系统

领域、技术领域、流通领域中通过加强组织领导和经营管理，使项目区建设发生了显著的变化。干部的管理水平和家庭牧场的经营水平普遍提高了，商品经济观念、经济核算观念、法制观念，需要相互服务观念增强了，劳动生产率和经济效益有很大提高。

（五）大力推广应用适用增产新技术，提高项目建设的科技含量

在项目建设过程中，我们把依靠科学技术作为实现建设目标的突破口，自始至终贯穿于整个项目建设的全过程和各个生产环节。从畜牧业技术改造入手，积极推广应用新技术。服务中心先后举办农牧民技术培训班100多期，培训农牧民技术人员3100多人次，每个家庭牧场都有1～2名农牧民技术人员，普遍掌握了2～3项农牧业生产适用增产技术。先后向建设区引进优良畜种3140头（只），高产饲料作物品种2个，优质牧草品种4个。推广地膜覆盖、模式化栽培玉米、青贮饲料、秸秆的"三化"（氨化、碱化、糖化）、新药品推广、绵山羊"五改一化"饲养（表4）、猪"四良四改"饲养、羔羊短期育肥、塑料暖棚等14项新技术，都取得了显著的经济效益。在推广应用上述14项适用技术中，我们又突出地抓了以下几项新技术的推广。

表4　绵山羊实行"五改一化"饲养管理技术要点

饲养方式	半舍饲	舍饲	短期育肥
改天然退化草场为人工、半人工草场	1.选择适宜地段，利用雨季，通过耕翻播种或补播改良，种植苜蓿、沙打旺、柠条、草木樨、杨柴等优良牧草。 2.保证饲草料营养的全面性，调整种植结构，种植饲料作物、优良牧草、青贮作物、多汁饲料，通过饲草料加工调制，实现优化饲养。 3.建立以柠条为重点的灌木草场，结合水土保持工程，推广"选地段、抢雨季、浅覆土、带网片、促控平"旱作直播方法		

续表

饲养方式	半舍饲	舍饲	短期育肥
改长草整喂为加工调制饲喂	1.将收获的人工牧草及作物秸秆加工成草粉，根据需要配制成混合、配合饲料饲喂。 2.将青绿作物调制成青贮、黄贮饲料饲喂。 3.将加工后的草粉，加3%～5%的尿素，加温水45%调制成氨化饲料饲喂		
改放牧饲养为半舍饲、舍饲和短期育肥	半舍饲分放牧期、补饲期、舍饲期三个阶段。放牧期从7月初到11月末，利用夏季牧草产量高、质量好进行放牧，有条件的结合分区轮牧；补饲期从12月初到翌年3月末，采取"上午放牧、下午补饲"或"白天放牧、晚上补饲"方法，每只羊每天补喂1～1.5千克混合粗草粉（豆科牧草40%～50%、秸秆40%～50%、精料50～100克），对怀孕和产羔母羊增喂1千克青贮饲料；舍饲期从4月初到6月末，与补饲期相同，根据饲草资源适当调整，每羊每天喂给1.6～2千克草粉，加精料100～200克，加水拌成半干饲料，日分三次饲喂，自由饮水，三天补喂一次食盐，每只羊设2～3米²运动场	全年实行舍饲，可分为夏秋季舍饲和冬春季舍饲两个阶段。夏秋季选择青绿多汁的优良牧草刈割饲喂；冬春季可用混合草粉，每只羊每天喂给1.6～2千克，加精料100～200克，加水成半干饲料，分三次饲喂，自由饮水，视饲草情况补喂青贮、多汁或氨化饲料	每日喂给全价饲料或混合饲料1.5～2千克，加喂青干草1～2千克以及适量的青贮和氨化饲料。日分四次投给。根据生长发育和采食情况调整喂量。自由饮水
改春羔为冬羔	1.安排好适宜的配种季节，实行产冬羔，要在塑料暖棚中接羔。 2.抓好接羔保育，羔羊生后一个月开始补草、补料训练采食。日饮水2～3次，喂料2次。杂种羔羊7～10日断尾。公羔育肥可不去势。 3.羔羊数量较多时可按年龄、体重分别组群饲养，圈舍要消毒，备有饲喂槽，冬羔体大，当年可育肥出栏		
改少出栏为多出栏	通过改变饲养方式，活重达到40～45千克即出栏，出栏率达到35%～40%，提高基础母畜比例，加快周转，节省草料，减少冬春饲养时间，保护冬春草场		
牲畜实现良种、改良种化	1.引进推广阿尔巴斯白绒山羊，鄂尔多斯细毛羊饲养，提高绒毛质量品牌，发展畜牧业经济。 2.必要时引进推广辽宁盖县山羊、小尾寒羊等优良品种，与当地品种杂交改良发展改良畜群		

续表

饲养方式		半舍饲	舍饲	短期育肥
疫病防治	药物防治	羔羊出生后，应吃好初乳，用复方保畜片磺胺脒等药物预防羔羊痢疾和肺炎的发生。用抗生素和磺胺类药物进行肺炎和痢疾的防治。育肥期防止代谢病等发生，初冬和早春用左旋丙硫咪唑等药物进行两次驱虫，选用丙硫咪唑、左旋咪唑交替使用。早春驱虫不能使用敌百虫，以免造成羊只中毒和母畜流产		
疫病防治	免疫注射	在母羊产前2~3周注射一次羔羊痢疾菌苗，羔羊断奶后用布病Ⅱ号苗饮水免疫一次。羊痘流行和受威胁地区，每年秋季全部绵羊皮内（尾根或股内侧）注射绵羊痘弱毒冻干苗0.5毫升。羊三病区和受威胁地区每年春季进行一次羊三联干粉苗的预防注射。每年6—7月进行药浴。常用药有螨净、林丹乳油、巴胺磷等		
推广育肥新技术		有条件的地区可采用以下一种或几种新技术： 1.二月龄断奶，喂给代乳料提前进入育肥期。 2.日粮中添加矿物质、微量元素等。 3.育肥前注射一针牛羊增肉剂使用方法见说明。 4.育肥素要按产品使用说明书饲喂。 5.当年羔羊喂尿素日给量5~10克，成年羊10~15克，根据体重决定。精料中含尿素或饲喂氨化饲料的不再补给尿素。盐砖放入圈舍中任羊舔食		

1.推广塑料暖棚养畜技术

项目区地处高寒地带，冬季寒冷漫长，气温低、温差大、变化剧烈，气候干燥多风。恶劣的环境和粗放的饲养方式，造成了家畜生产夏饱、秋肥、冬瘦、春乏的恶性循环，严重地影响了畜牧业生产的发展。针对上述情况，几年来，我们在项目区重点推广了塑料暖棚饲养畜禽技术211处，新建、改建达4200米^2。根据家畜对温度和光照的要求，人工创造适应家畜正常生长发育的小气候条件，减少家畜热量消耗，充分挖掘畜禽生产潜力。通过应用这项技术，解决了传统养畜的一年养畜半年增肉、半年掉膘的现状，达到了一年养畜、全年增肉的效果，加快了畜群周转，缩短了无效饲养期。据测定，在饲养管理相同的条件下，不应用塑料暖棚的羊，群体经冬春后平均掉膘5千克，而用这项技术措施的羊，群体平均减少掉膘2.15千克，每千克肉以14元计算，合计30.1元，按当地年末存栏每户76只计算，每户可减少2287元的损失，并可节省420千克精料。另外，由于提高了棚内温度，可以减少羔羊因病、寒冷造成的死亡，提高仔畜成活率6.6%，而且大大减轻了专业户接羔、保育的劳动强度和燃料消耗，仅这项棚圈改造措施，在项目区走出了养殖业的新路子。

2. 地膜覆盖栽培玉米及高产玉米模式化栽培技术

通过推广种植地膜玉米，可提高出苗率29%，减少田间杂草50.3%，成熟期可提早14天，平均亩产550千克，比大田玉米提高产量256千克。其次是高产玉米的模式化栽培，选用中单2号，每亩施农家有机肥4100千克，追施化肥95千克，进行合理密植，每亩定苗3850株，适时灌水，平均亩产可达430千克，比非试区提高单产174千克。

3. 草地人工直播甘草技术

经过4年种植人工甘草获得成功。种植采取稀硫酸处理甘草种子，种植甘草3200亩，甘草覆盖度达35%，4年生甘草亩产可达310千克，既收到了地上牧草部分效益，又取得了地下甘草部分效益，为实现草地资源立体开发摸索出一条有效的途径，不仅对项目区，更重要的是对全旗发展甘草生产基地有着重大的推广价值。通过新技术推广，提高了广大农牧民的素质，传统的养畜观念得到了改变，种草、养畜、科技兴牧、科技致富的观念深入人心，使项目区群众学习科学技术蔚然成风，各家各户由独自应用科技向开展协作转变，并根据各自的技术优势向生产、经营上联合发展。

四、结论与讨论

（1）经过5年实施，开发黄河沿岸盐碱荒地发展种草养畜项目，实践证明，项目符合该类地区实际，各项技术措施是可行的，已取得了较好的经济、生态、社会效益，为沿河盐碱地区开辟了一条综合治理、发展经济的路子。在盐碱地的开发利用上，一定要坚持从实际出发，分类指导，注重实效的原则，把先进的科学技术与当地生产实际结合起来，推广各项技术和先进的管理办法，项目的成败关键在于是否有利于发展农村经济，是否有利于提高农牧业生产力，是否有利于增加农牧民收入。

（2）项目建设坚持引草入田、引牧入农、种养配套，走出农牧结合，实行综合开发的路子。以产业结构调整为突破口，在种植业结构调整中，由原来单一种植粮食作物为主，变为种植"草、粮、经"三元种植结构，注重了饲料作物、多汁饲料的优化种植。在养殖业结构调整中，根据市场的需求，不仅大力发展绵山羊，而且突出地抓了适合农区的猪、牛、禽的生产，形成适度规模经营，体现规模效益。

（3）建立健全畜牧业社会化服务体系，大力推广适用增产技术，实现畜牧业的大发展，完善产前、产中、产后的系列化综合配套的社会化服务体系。一是建立健全技术推广体系；二是建立健全良种繁育体系；三是建立健全饲草料加工体系；四是建立健全疫病防治体系。按照畜牧业产业化的要求组织畜牧业生产，获得了良好的效益。

（4）畜群基础设施建设，是畜牧业生产能否向专业化、社会化和商品化过渡的关键所在。5年来，我们特别注重了以塑料暖棚为重点的畜群基础设施建设，组装了饲养场、饲喂槽、青贮窖、氨化池、饲草料加工机具、贮草棚，使畜群具备两个基地（高质量的人工草地、饲料基地）、五配套设施（青贮窖或氨化池、贮草棚或草粉库、塑料暖棚、饲喂槽、加工机具）。逐步实现规范化饲养，集约化经营，达到规模效益。

退牧还草草原生态快速恢复技术
及其应用项目技术报告*

胡璇　杨永锋　殷伊春　刘海胜　郇东慧

一、立题依据与设计指导思想

（一）立题依据

鄂尔多斯市是中国重要的草原畜牧业基地之一。新中国成立后，在党和政府的正确领导下，畜牧业有了很大发展。但是由于鄂尔多斯地区自然条件恶劣，干旱少雨，风大沙多，水土流失，植被稀疏，多种自然灾害频繁发生，特别是随着人口不断增加，不合理的人为强度经济活动，草原超载过牧，草畜矛盾日益突出，草原退化、沙化严重，生态环境恶化的状况一直得不到遏制和扭转。到20世纪90年代，全市轻度沙漠化到强度沙漠化土地面积占总土地面积87.9%，退化、沙化草地面积占可利用草地面积80%以上，水土流失面积占54%，成为全国土地沙漠化、水土流失最为严重、最为突出的地区之一，草原畜牧业发展面临着十分严重的困难和问题，广大农牧民生产、生活及生存条件受到严重威胁。面对这些问题，

　　* 鄂尔多斯退牧还草草原生态快速恢复技术及其应用项目，起草于2008年。该项目于2009年获得内蒙古自治区农牧业丰收一等奖；2010年获得内蒙古自治区科学技术进步三等奖；2011年获得鄂尔多斯市科学技术进步一等奖。

长期以来，原伊克昭盟历届党委、政府始终把生态环境建设作为求生存、谋发展、促富裕的根本大计来抓，先后确立了"生态环境建设是全盟最大的基础建设、是立盟之本"的战略思想，投入了大量的人力、物力、财力进行坚持不懈的治理和建设，虽然使草原生态环境在局部地区有不同程度的恢复和改善，但由于传统粗放的畜牧业生产经营方式，草原畜牧业经营无法满足人口增加带来的生产、生活变化的需求，进而导致了人工治理建设远远赶不上草原退化、沙化的速度，使草原生态环境整体恶化的趋势一直没有得到有效控制。为了从根本上改变这种局面，进入21世纪以来，鄂尔多斯市委、市政府抢抓"国家实施西部大开发"历史机遇，坚持走可持续发展的路子，确立了"瞄准市场、调整结构、改善生态、增收增效"的农牧业经济工作思路和建设"绿色大市、畜牧业强市"的奋斗目标。近两年来，又根据经济社会不断深入发展，对全市农牧区经济结构进行了全方位、深层次、大力度的战略性调整，提出"收缩转移，集中发展"的战略决策，并制定出台了《全市农牧业经济发展"三区"规划》。与此同时，鄂尔多斯市从2002年开始被列入实施退牧还草工程建设重点地区。在实施中，为了更好地实施好工程建设，做到有所创新、有所突破，鄂尔多斯市科技局和农牧业局确定提出了鄂尔多斯市实施退牧还草草原生态快速恢复技术及其推广应用项目，围绕国家退牧还草工程建设中心任务和目标，结合鄂尔多斯市提出的科技项目计划全面实施了工程建设，使国家退牧还草工程建设与鄂尔多斯市科技项目进行了同步实施。5年来，在实施退牧还草工程建设的同时，深入开展了试验研究以及推广应用工作，全面完成课题设计任务，为进一步实施退牧还草工程作出了示范，提供了经验。

（二）指导思想

退牧还草草原生态快速恢复技术及其应用项目以邓小平理论和"三个代表"重要思想为指导，全面贯彻落实科学发展观。针对项目建设地区草地畜牧业经营中普遍存在的退化、沙化、草地生态恶化，畜牧业生产方式落后的现状，依据生态学、草原生态植被演替、生态经济学以及草业系统工程理论，坚持"围栏封育、退牧禁牧（轮牧）、补播种植、舍饲圈养、承包到户"的建设方针，以政策为导向，以恢复草原植被、改善草原生态环境和促进地区产业发展为中心，充分调动农牧民保护、建设和合理利用草原的积极性。通过实施退牧还草工程，因地制宜、科学合理地建立快速恢复草原生态的技术体系，有效遏制天然草原退化、沙化，快速恢复草原植被，改善草原生态环境，实现草地资源永续利用，逐步建立起与发展生态畜牧业和农牧区社会经济发展相适应的草业生态系统，为进一步发展现代草地畜牧业和实现草地资源可持续利用提供经验，做出示范。

（三）技术路线

根据项目建设宗旨和指导思想，进一步确立了实施退牧还草草原生态快速恢复项目的技术路线以及主要建设内容和目标：坚持实行一个目标，严格执行退牧还草工程的建设方针，采取七项技术措施，建立起与当前草原生态条件相适应的、结构合理的、加快草原植被恢复的退牧还草综合治理建设模式。其具体要点：实现一个目标是快速恢复改善草原生态环境，实现草地资源永续利用，建立起恢复生态、发展生产、提高人民生活"三者统一"的生态畜牧业生产经营体系；落实退牧还草建设的方针是"围栏封育、退牧禁牧（轮牧）、补播种植、舍饲圈养、承包到户"；采取7项技术措施，分别是围栏封育技术、退牧禁牧（轮牧）技术、补播种植技术、灌木草地建立技术、舍饲养畜技术、工程管理技术、生态移民，形成快速恢复草原生态植被并逐步实现草地资源可持续利用。

（四）总体思路及技术规程

实施退牧还草草原生态快速恢复项目的总体思路和技术规程：全面开展草地围栏封育，进一步完善草原家庭承包责任制，把草地保护建设与生产经营的责任落实到户；按照以草定畜的要求，严格控制载畜量，分别实行禁牧、休牧、划区轮牧和草畜平衡制度；积极开展草地补播改良，配套建设人工草地和饲草料基地；改变养畜饲养方式，大力推行舍饲养畜；利用国家补贴饲料粮款的时机，以中央投入带动地方、个人投入，以改变草地畜牧业经营方式促进草原生态环境的改善；依靠科技进步，统筹规划，综合治理，优化草畜产业结构。实现恢复草原植被、改变生产方式、提高农牧民收入，逐步建立起与发展生态畜牧业和农牧区经济社会发展相适应的草业生态系统，为实现草地资源可持续利用和发展现代草地畜牧业提供经验。实施项目的具体技术规程见图1。

二、项目推广应用方法及取得的成效

（一）项目推广应用方法

2002年以来，鄂尔多斯市在实施退牧还草草原生态快速恢复项目过程中，严格按照国家和自治区实施退牧还草工程既定的建设方针、政策措施、管理制度以及组织领导方面的规定和要求，全面实施了工程建设。与此同时，我们结合退牧还草工程的实施，采取技术集成、组装配套的方式，针对鄂尔多斯市草原生态恶化的具体实际，依据系统工程的理论和方法，开展了鄂尔多斯市实施退牧还草草原生态快速恢复技术及推广应用课题的试验、研究及推广工作。利用国家实施退牧还草工程投资、目标、任务、责任以及饲料粮款

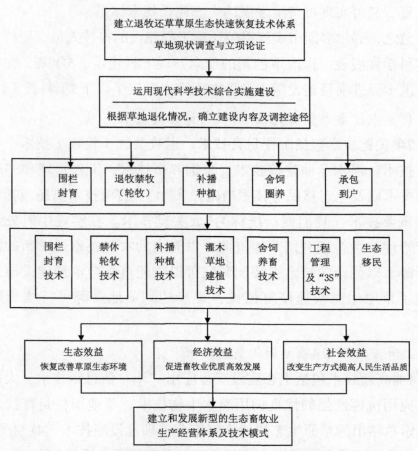

图1 实施退牧还草草原生态快速恢复项目的技术规程

"五到位"具备的有利条件，扩展增加了工程建设内容和相关技术，围绕草原生态演替规律重点开发草原生态系统快速恢复与重建的研究和推广，不断提高工程建设的科技含量。在试验、研究和推广中，对每一项技术进行大面积推广前都采取先行小片试验研究，通过总结完善后再进行全面推广应用，逐步形成工程建设的宏观调控技术。在项目试点研究上始终采取坚持调查研究与定点研究相结合、定性研究与定量研究相结合、试验研究与推广应用相结合的方法，逐步建立起与国家退牧还草总体目标相符合，既能加快草原植被恢复，又可实现可持续发展的生态建设技术体系。

总之，鄂尔多斯市实施退牧还草工程建设的科技人员，坚持贯彻落实科学发展观，以改革创新的理念开展工程建设。5年来，在依靠科技进步促进项目建设深入发展方面重点开展了以下3项科技工作。

1. 集中技术力量研究推广7项实施关键技术

7项关键技术包括围栏封育技术、退牧禁牧（轮牧）技术、补播种植技术、灌木草地建植技术、舍饲养畜技术、工程管理和"3S"应用技术以及生态移民等技术措施，实际上在7项技术里还包括其他一些重要技术，我们概括统称为7大关键技术。在实施中以先进的经营管理手段合理利用草地资源，以先进的农艺技术开发新的饲草料资源，以创新的技术组装配套完善退牧还草综合治理建设模式，实现了草原生态快速恢复植被，逐步达到草地资源可持续利用的目的。

2. 开发应用了4项创新的高新技术

4项高新技术包括生态建设工程应用"3S"信息新技术、大面积推广应用抗逆性强的优良饲用灌木生物技术、草地围栏封育技术以及摸索总结出的草原生态快速恢复综合治理建设新技术，4项技术创新点的推广应用极大地提高了退牧还草工程建设的质量和效益。

3. 创建退牧还草综合治理建设技术模式

通过实施7项主要技术措施，形成和创建了以草原生态快速恢复为特征的退牧还草综合治理建设技术模式（鄂尔多斯草原生态建设模式），并在项目区内因地制宜进行了广泛推广应用，既达到了快速恢复草原植被，改善草原生态环境，逐步实现草地资源永续利用的目标，又实现了优化草畜产业结构、改变生产方式，提高农牧民生活水平的目的。

（二）项目取得的成效

5年来，随着退牧还草这项绿色工程逐年扩大、草原植被快速恢复，使鄂尔多斯市农牧业经济逐步走上了"生态恢复、生产发展、农牧民增收"的良性发展轨道，取得了显著的生态效益、社会效益和经济效益。截至2007年统计，全市实施退牧还草面积已达到3523万亩，其中实施禁牧面积1425万亩，休牧面积1973万亩，划区轮牧面积125万亩。退牧还草工程实施面积已占到全市草原总面积的39.96%。项目实施了5年，迈出了5大步，项目建设面积之大，范围之广，效益之好，草原植被恢复之快，这是鄂尔多斯历史上从未有过的，因而人们把这种绿色变化称为"鄂尔多斯生态现象"。5年来，通过实施退牧还草打造草原绿色生态屏障取得以下成效。

1. 生态效益突出

在实施项目建设中，通过对退牧还草工程建设布局、畜牧业经营方式、人口布局、种养结构，特别是推广应用的科学技术进行了大力度的调整，因地制宜地开展舍饲养畜，推进移民、移畜的"两移"工作，加大草原植被建设规模，促进了项目区草原生态由严重恶化到整体遏制、全面恢复的历史性转变，使退化、沙化草原重新焕发了生机，部分地区重新再现了"风吹草低见牛羊"的景象。鄂尔多斯市实施的退牧还草其生态效益十分显著，构成了目前鄂尔多斯市出现的绿色生态的主体。长期以来，我们往往看重草地建设的经济功能，忽略其生态功能和社会功能，其实生态功能更为重要、更为突出，发挥的效益是不可替代的。据鄂尔多斯市草监所和项目科技人员测定，项目区植被盖度由禁牧前的不足30%提高到63%，草群平均高度由过去的22.1厘米提高到39.3厘米，产草量亩平均由72.4千克干草提高到87.6千克。上述这些变化，不仅使草地植被得到了快速恢复，牧草生长高度、盖度、多度和产草量有了显著提高，而且充分彰显出生态效益的多功能作用和意义。一是可以防风固沙，保持水土；二是可以改善土壤结构，增加土壤肥力；三是可以截留降水，涵养水源；四是可以有效地调节区域小气候，净化空气，缓解温室效应；五是可以改善草群结构，有利于增加物种的多样性和稳定性，促进草原生态系统良性循环。

2. 社会效益显著

退牧还草草原生态快速恢复项目的实施，是推进西部大开发战略的重要举措，有利于维护国家生态安全，有利于全面建设小康社会；促进了鄂尔多斯市天然草地有序、科学、合理利用制度的建立，实现传统草地畜牧业向集约化生态畜牧业经营迈进，推动草地畜牧业的可持续发展；促进了产业结构调整，有利于农村牧区经济繁荣发展；改善项目区农牧民生产、生活条件和生存环境，为经济社会发展奠定了基础；促进了资源的合理利用和经济的协调发展，为当地经济和社会发展营造了新的增长点；加快了少数民族地区脱贫致富的步伐，对维护社会稳定具有深远的意义；可使农牧区生态意识、科技意识、商品意识显著增强，更新观念，有利于促进新农村新牧区建设；有助于农村牧区人口向城镇转移，劳动力向二、三产业转移，有力地推动全市城镇化进程。

3. 经济效益明显

退牧还草草原生态快速恢复项目建设每年为1期，围栏及基础实施建设期为1年，禁牧、休牧及饲料粮补贴发放期为5年。鄂尔多斯市从2002—2007年先后实施项目建设5年，5年分5期进行。其中只有2002年、2003年两期完成整体工程建设任务。我们在核算经济效益时，采用的是按整体完成五年建设期的2002年、2003年两期进行计算的。计算收入包括项目区农牧民享受饲料粮的补贴收入和退牧还草区内天然草地产草量提高、补播草地的产草量、人工饲草料地产饲草料量以及项目区农牧民采集草籽、培育苗条等收入。2002年、2003年两期项目区5年新增草产值13114万元，按静态计算直接经济效益是显著的，投入产出比为1：1.12，投资回收期为4.4年，投资收益率为22.5%。如果将项目区新增饲草料转化为新增绵羊单位计算，再加上国家直补饲料粮款，其经济效益更大。据我们初步测算，项目区年人均畜产品增收552.4元，国家直补饲料粮款年人均增加351元，两项合计年人均增收903.4元，以每户4口人计算年户均增加收入达到3613.6元。

综上所述，鄂尔多斯市实施退牧还草草原生态快速恢复项目建设取得了显著成效，不仅从根本上改变了生态环境恶化的被动状况，达到了"草地增绿，资源增值，地方增效，农牧民增收"良性循环的新局面，而且为全面实现资源、环境与经济协调可持续发展奠定了基础，初步达到了农牧区生产发展、生活富裕、生态良好、人与自然和谐发展的奋斗目标，受到了各级领导的重视和好评。2004年9月，全国"退耕还林、退牧还草"现场会在鄂尔多斯市召开，会议对鄂尔多斯市实施退牧还草工程取得成效给予充分肯定。2007年11月，胡锦涛总书记到鄂尔多斯市视察时，实地考察了伊金霍洛旗苏布尔嘎镇退牧还草工程项目区，肯定了鄂尔多斯市实施退牧还草工程所取得的显著成效。他对当地干部说，抓好退耕还林、退牧还草，对于恢复生态、改善民生有着重要作用，符合科学发展观的要求，要进一步完善政策、巩固成果，坚持不懈地把这件利国利民的事情做好。

三、关键技术与创新点

（一）实施围栏封育技术

在退牧还草草原生态快速恢复建设中，实行围栏封育，是关系着草原生态植被能否快速恢复、项目建设效益能否充分发挥退牧还草工程成败的关键性技术措施。围栏封育技术是指草原植被遭到人、畜破坏，但仍有自然恢复能力（草地土壤内天然落种、株丛根系萌发）的地段，通过建立围栏保护性措施，禁止或限制放牧利用，使其草地植被得到休养生息、自然恢复的一种培育措施。应用围栏封育技术主要是要求草地植被具备一定的恢复条件和基础。在现实草原保护建设中，虽然草地处于严重退化、沙化、生态恶化的状况，但大面积的天然草原都具备有植被恢复的条件，因而被广泛应用到植被保护建设上，它不仅能够取得十分显著的生态效益和经济效益，而且常被作为各种草地植被保护建设的前提和基础措施来运用。在鄂尔多斯市实施项目建设中，全面推广应用了围栏封育这项关键技术。

实施围栏封育技术的作用和特点：通过围栏封育，可以迅速恢复天然植被，也可以保护和促进植被的自然更新复壮，不仅有利于退化草地的快速恢复，而且有利于植物防沙治沙植被的恢复；围栏封育是一项投资少、见效快、受益大、节省劳力的有效措施，非常适宜于大面积草地恢复建设的应用，属于"多、快、好、省"的植被保护建设技术；围栏封育可以起到隔离和阻止牲畜自由啃食的作用，有利于牲畜分群、分种或划区轮牧放牧，便于依据产草量确定载畜量，实现以草定畜、草畜平衡利用草原；围栏封育可使草原"双权一制"制度进一步落实，有利于充分调动农牧民保护、建设和合理利用草原的积极性，可为逐步实现草地畜牧业可持续发展创造条件，奠定基础。

鄂尔多斯市根据项目的具体要求，严格按照国家农业行业标准NY/T 1237—2006《草地围栏建设技术规程》进行实施，网围栏主要零部件一律按照国家机械行业标准ZB B92 001—003《环扣式镀锌钢丝网围栏》进行建设。在实施过程中，我们根据当地草地现状、地形地貌等特点，经实地试验研究选定采用网围栏和钢丝围栏这两种形式的围栏设施。围栏桩选用线桩、加强桩、转角桩、门桩不同规格型号的水泥桩，做到了统一规划、统一标准、统一组织、统一围封、统一管护和分户经营的"五统一分"做法，达到了围栏坚固、经久耐用、效益明显的目的，采用工程措施建设高标准、高质量的围栏设施，大大提升了围栏建设水平。

网围栏和钢丝围栏这两种围栏设施所用材料基本是相同的，都是由厂家生产的钢丝、编结网和固定桩组装成的。网围栏所用编结网片是用环扣式或缠绕式把纬线钢丝和经线钢丝结合在一起，形成经线间隔60厘米的网格状整体编结网，固定在桩柱上的围栏设施。我们在围栏实施中，根据编结网片采用环扣式往往出现上下、左右松动的问题，经与厂家共同研究，创新发明了缠绕式连接经纬线固定的方式，解决了网片松动固定问题，并申请为专利产品进行推广。钢丝围栏是鄂尔多斯市实施围栏技术中又一项创新围栏方式。钢丝围栏不加经线钢丝，只有纬线钢丝，是固定在桩柱上形成的围栏设施。这种围栏可降低成本。网围栏和钢丝围栏共同的特点是坚固耐用，架设省工省时，安装比较简便，防护效果好。但在不同的草原立地条件下架设围栏时，网围栏和钢丝围栏各自表现出了不同的特点。网围栏适宜安装在地形坡度小、较平坦的草地，不宜在沙丘坡度较大的沙地草场架设，如果在沙区地形起伏变化较大的地段安装，往往出现上下松紧度不一致、积沙压埋的问题。钢丝围栏适宜在沙区地形变化较大的地段安装，一般不会出现松紧度不够、积沙埋压的问题。因此，鄂尔多斯市依据这两种围栏设施的不同特点，因地制宜地实施围栏封育建设。

1. 网围栏架设封育技术

（1）网围栏所用材料标准和质量要求。

根据鄂尔多斯市地形条件、草原状况以及适用性的特点，网围栏建设所用围栏网片选用7×90×60型产品，即纬线7道，经线每60厘米一道，网片高度90厘米。边纬线选用公称直径2.8毫米，中纬

线、经线选用公称直径2.5毫米的钢丝制成。钢丝公称直径允许误差
±0.11毫米，抗拉强度达到900~1250兆帕，电镀钢丝镀锌层重量不
得小于45克/米^2，钢丝表面的镀锌层均匀一致，不得有明显的纵向拉
痕，但允许有局部深度不大于直径公差之半的划痕或擦伤。经纬线
相交处采用镀锌钢丝环绕式的，如果采用环扣，镀锌层按上述标准
均匀镀锌，防止镀锌层脱落生锈。绑线用2.0毫米镀锌钢丝，镀锌层
重量不得小于45克/米^2，围栏网片自上而下相邻两纬线间距为180毫
米、180毫米、150毫米、130毫米、130毫米、130毫米。

围栏水泥桩有线桩、加强桩、转角桩和门桩4种型号，线桩规格
为10厘米×10厘米×180厘米方形水泥桩（即宽10厘米，高10厘米，
长180厘米），加强桩和转角桩为14厘米×14厘米×180厘米的方形
水泥桩，门桩为16厘米×16厘米×180厘米的方形水泥桩。围栏水泥
桩制作所用水泥标号425#，砂石径粒10~15毫米，内含4根冷拔刻痕
钢筋（线桩钢筋φ5毫米，加强桩和转角桩钢筋φ5.5毫米，门桩钢筋
φ6毫米）。混凝土标号达到200#以上。每根桩预制挂网钩的数目及
相关尺寸与编结网围栏网片纬线间距要求相一致。按照上述标准和
要求架设形成后的网围栏如图2所示。

（2）围栏架设施工技术。

围栏架设施工包括围栏定线、线桩设置与埋设、加强桩转角桩
门桩设置与埋设、围栏网片架设、围栏门的设置安装等。

围栏定线：在围栏地块线路（要与GPS定位线相一致）的两端
各设一标桩，定准方位，中间遇小丘或凹地依据其地形复杂程度增
设标桩，要求观察者能同时看到3个标桩，使各标桩成直线，对围栏
的作业线路要清除土丘、石块等，平整地面。

线桩设置与埋设：根据地形条件及土壤状况，线桩距8米，埋深
0.7米；地形起伏较大且土质疏松地块，线桩距缩短至5~7米。线桩
坑口要小，以能放入线桩为限，坑深0.7~0.8米，线桩放入坑中垂直

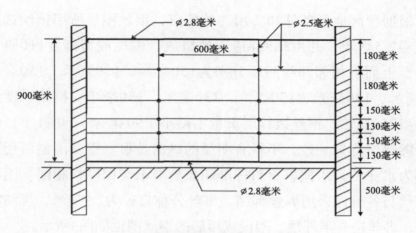

图2 架设成形后的网围栏示意

填土夯实,并使线路上各线桩要埋设成直线。

加强桩转角桩门桩设置与埋设:在围栏路线方向每隔200米处设置加强桩,转角处设置转角桩1组,在围栏门两侧设立门桩1组,加强桩、转角桩和门桩埋深0.7米,并在转角桩、门桩受力的反向埋设地锚或在桩内侧埋设支撑杆。

围栏网片架设:将一端编织网每一根纬线线端牢牢固定在起始桩上,展开网片至一个实施段,用张紧器紧线,并固定网片,然后移至下一个网片段施工至全部完成,要求整片围栏受力均匀。

围栏门的设置安装:预先将围栏门留好,门桩在加网前将门桩和受力桩加固固定好。根据各地实际情况门可设置两种形式的门:一种是按设计要求设置的钢架结构标准门,规格为门宽4.5米,高1.2米,内用直径为5.5毫米的钢筋构成网格状,分两扇闭合门;另一种是对围栏面积较少的牧户可自设简易门,简易门大小视牧户实际需要而定,一般为4米,简易门可用围栏网片一端加角钢或木棍和纬线固定,上下再用铅丝与门桩连接,做到开闭灵活方便。

2. 钢丝围栏封育技术

(1)钢丝围栏材料标准和质量要求。

根据沙区地形条件和实用性的特点，钢丝围栏所用钢丝选用公称直径2.5毫米，并由纬线8道钢丝组成，围栏成型高度110厘米，钢丝至上而下相邻纬线间距分别为150毫米、150毫米、150毫米、130毫米、130毫米、130毫米、130毫米、130毫米。抗拉强度达到900~1250兆帕，钢丝镀锌层重量不得小于90克/米²（热镀），钢丝表面镀锌层均匀一致，不得有明显的纵向拉痕。钢丝围栏所用围栏桩都为水泥桩，水泥桩材料标准和质量要求与网围栏相同。围栏纬线钢丝与各桩柱采用绑丝绑结，绑丝公称直径为2.3毫米，绑结牢固可靠，绑丝接头不外翘。架设成形后的钢丝围栏如图3所示。

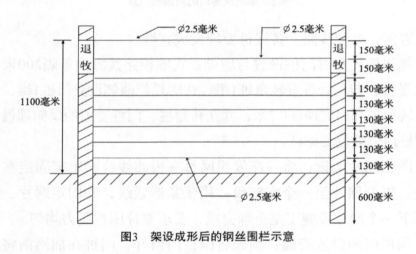

图3　架设成形后的钢丝围栏示意

（2）钢丝围栏架设技术。

钢丝围栏的架设安装，通常按下列施工技术进行。

放线：在围栏地块依据GPS定位线路的两端各设一标桩，定准方位，中间遇沙丘或凹地依其地形复杂程度增设标桩，要求观察者能同时看到3个标桩，使各标桩成直线，对围栏的作业线路要清除土丘、石块等，保持地面平整。

挖坑：根据地形条件及土壤状况，确定线桩、加强桩、转角桩以及门桩距。一般线桩距为8米，地形起伏较大且土质较疏松地段，线桩距可缩小为5～7米，加强桩距为200米，转角处设置转角桩。各种桩柱埋设深度为0.7米，保持外露桩柱统一为1.1米。挖坑时坑口要小，以能放入桩为限，坑深为0.7～0.8米。

栽桩：按照设计坑的大小和深度挖好后，将桩柱放入坑中垂直填土夯实，并使线路上各桩要埋设成直线。

支撑：在围栏线路上栽桩后，要在转角桩、门桩受力的反向内侧埋设支撑杆或埋设地锚，以加强围栏的牢固性。

架设钢丝：在桩柱上放设钢丝要一道一道地放，放一道同时用绑丝固定一道，并用紧线器紧线，使其固定于桩柱上。完成一个实施段移至下一个实施段，直至全部完成围栏施工，要求整体围栏受力均匀。

安装围栏门：预先将围栏门留好，门桩在架设钢丝前把门桩和受力桩固定好，然后将事先做好的围栏门安装固定在门桩上。一般设置为钢架结构的标准门，规格为门宽4.5米，高1.2米，内用直径5.5毫米钢筋筑成网格状，分两扇闭合门。

项目区围栏实践证明，采用围栏封育技术其效果特别明显。一般在草原植被盖度15%以上的严重退化沙化草场上实行围栏封育3年后，植被盖度即可提高50%以上，并能形成以多年生植物为主的草群结构；封育5年以上草原植被即可恢复演替到植物群落稳定的程度。这种草原植被封育恢复的变化，在典型草原区要比荒漠草原区变化更大、恢复速度更快、恢复效果更突出，有不少低草地可直接变为可刈割的打草地。因此，在项目建设中采用围栏封育技术是一项极其重要的草原植被快速恢复技术，并作为主导和基础技术得到普遍推广应用。

（二）实施禁牧、休牧、轮牧的保护性草原管理利用技术

实施禁牧、休牧、划区轮牧是退牧还草工程建设的首要任务，也是项目的核心建设内容。禁牧是将退化、沙化草地和生态脆弱区在一定时间内禁止放牧牲畜的草地管理使用方法，为恢复草地植被、实现可持续利用，禁牧草地在禁牧期内不能放牧，只允许在秋后进行适当的人工打草利用；休牧主要是指在每年牧草返青期和结实期停止放牧，使牧草得以充分生长发育，提高产草量，是防止退化沙化的一种保护性措施，休牧期过后实行放牧或打草；划区轮牧是将草地划分成若干小区，按照一定顺序轮回放牧利用的一种人为控制放牧强度的草地管理利用方式，不受季节和时间的限制，是目前普遍提倡、效益很好的草地利用管理方法。鄂尔多斯市在实施退牧还草草原生态快速恢复项目建设中，严格按照上述规定和要求，全面实行了禁、休、轮牧保护性草原管理利用方法，不仅确保项目建设质量和效益，而且实现了快速恢复和改善草原生态植被的目标。

禁牧、休牧和划区轮牧草地管理利用制度，是实施项目建设的主体工程。在实施建设中，首要问题是如何根据鄂尔多斯市目前草地现状研究制定项目实施的技术标准，即什么样的草地需要禁牧？什么样的草地需要休牧和什么样的草地需要进行轮牧？如果技术标准不合理，可能出现需要退牧的草地未能实现退牧，达不到保护和恢复草地生态环境的目标，也可能出现不需要退牧的草地反而纳入退牧的范围，这样给国家和农牧民带来不必要的损失，严重影响投资效益的充分发挥。因此，项目组在制定技术标准过程中坚持从实际出发、实事求是、因地制宜的原则，这样既有利于草地生态环境保护建设，快速恢复和改善草地生态恶化的状况，又充分考虑农牧民实际生活水平和发展问题，同时也注重了标准的可操作性。技术标准的指标主要考虑了水源、草地生产力、草地退化沙化状况、草地超载水平和当地经济发展等因素，具体技术标准见表1、表2、表3。

表1　退牧还草工程实施禁牧的标准

序号	技术标准、内容	条件及指标	说明
1	草地水资源	水资源贫乏，无地表水源，地下水位低于50米，人畜饮水困难	降水量低于200毫米以下的草原化荒漠、荒漠地区等
2	草地生产力	平均亩产干草低于30千克	不论哪类草地，只要产量低于此标准，即应禁牧
3	植被覆盖度	植被覆盖度低于30%，裸露地面超过70%以上的大面积退化草地	
4	草地退化沙化程度	草地达到严重退化程度或达到中度沙漠化以上的流动沙丘	由于牲畜超载过牧，草地生态严重恶化，已基本失去生产、生活和生存条件的地区
5	草地保护区	重点自然保护区、草原植被保护区、水源保护区、风沙源区、人文古迹风景保护区	国家、省区、盟市重点保护区

表2　退牧还草工程实施休牧的标准

序号	技术标准、内容	条件及指标	说明
1	草地水资源	草地水资源不足，无灌溉条件	草地易退化，完全靠天养畜
2	草地生产力	平均亩产干草不足80千克的退化草地	牧草生长季节必须禁牧
3	植被覆盖度	植被覆盖度低于50%，裸露面积超过50%的大面积草地	草地已超载过牧，属中度退化的草地
4	草地退化沙化程度	牲畜超载率大于20%以上，达到严重退化程度或已达到中度沙漠化的覆沙草地、半固定沙地	由于草地生态恶化，草畜矛盾尖锐，农牧民生活困难，生存条件恶化
5	草地保护区	冬春牧场需要休牧，促进牧草修养生息	保证有足够的冬春季节贮草量

表3 退牧还草工程实施划区轮牧的标准

序号	技术标准、内容	条件及指标	说明
1	草地水资源	草地水资源较丰富，建设灌溉人工草地、饲料地潜力大	草地易退化，完全靠天养畜
2	草地生产力	畜均草地面积较大，亩产干草200千克以上，并具有较好灌溉条件的饲草料基地，畜均达到0.2亩以上	牧户承包草地面积较大，具备有建设养畜、科学养畜条件，饲草资源丰富
3	植被覆盖度	植被覆盖度高于70%以上，草地裸露面积不大，短期休牧恢复较快	草地已超载过牧，属中度退化的草地
4	草地退化沙化程度	草地牲畜超载率小于10%，属于轻度退化沙化，牧草生长较好，产草量较高	牧民年收入较多，具有改良建设草地的条件
5	草地保护区	具有划分四季牧场的条件，并已初步实行分季放牧	

　　以上是鄂尔多斯市实施禁、休、轮牧的确定和选定的初步条件，在实际操作中，无论是什么草地，只要草地现状中具有表中任何一种表现，即可分别列为禁牧、休牧和轮牧的选择地段。一般来说，禁牧主要在草地严重退化沙化、生态脆弱、经济落后和草原重点保护区实施；休牧和轮牧则主要在草地植被较好、生态退化区域实施。这个技术标准虽然还很不成熟，但对国家实施退牧还草工程起到了积极的指导作用。

　　5年来，鄂尔多斯市在实施建设中，根据国家和自治区对退牧还草建设的具体规定和鄂尔多斯市研究制定的具体标准，按照因地制宜、分类指导、宜禁则禁、宜休则休、宜轮则轮的原则，结合各旗区不同类型草地沙化退化严重程度，分别实施了禁牧、休牧、划区轮牧的退牧还草技术。

1. 禁牧

禁牧是指全年12个月禁止放牧牲畜封育恢复植被。实施禁牧草地一般选择在退化沙化严重，植被覆盖度15%～30%的地块进行，封育恢复期为5年。实施禁牧与人工建设植被相比具有很多优越性：能够遵循自然规律增强草原生态系统的自我修复能力，加快植被恢复更新；能够保持物种的多样性，增强生态系统的稳定性；能够有利于适宜当地植物种的生长发育，增强草群的抗逆性；实施禁牧投资少、见效快、效益显著，适宜大面积推广应用。实施禁牧后，经定位观测和实地测定，牧草生长高度、覆盖度、草群结构以及产草量都显示出极强的差异变化，详见表4、表5、表6。

表4 禁牧围栏草场与放牧草场牧草高度、覆盖度变化比较

植物群落	牧草平均生长高度（厘米）		禁牧草场牧草增高倍数	草场植被覆盖度（%）		禁牧草场植被覆盖度增加比例（%）
	禁牧草场	沙化退化草场		禁牧草场	沙化退化草场	
狭叶锦鸡儿、短花针茅、杂类草群落	35～40	10	3.5以上	85	20	65
沙竹、沙蒿、杂类草群落	60	28	2.1	90	30	60
芦苇、杂类草群落	90～100	20	4.5以上	95	15	80
羊草、杂类草群落	50	15	3.3	98	20	78

表5　禁牧围栏草场与放牧退化草场草群结构变化比较

类别	主要代表植物	禁牧围栏草场		放牧退化草场	
		干重（克/米²）	占草群比重（%）	干重（克/米²）	占草群比重（%）
禾本科牧草	短花针茅、无芒隐子草	62.3	51.4	16.6	27.3
豆科牧草	狭叶锦鸡儿	40.6	33.5	6	9.9
杂类牧草	沙葱、黄蒿、虫实	18.3	15.1	38.3	62.9

表6　禁牧围栏草场与放牧退化草场产草量比较

植物群落	牧草干草产量（千克/亩）		禁牧草场内产草量增加倍数	围栏禁牧草场封育时间（年）
	禁牧草场	放牧草场		
狭叶锦鸡儿、短花针茅、杂类草群落	104.9	33.3	3.2	3
狭叶锦鸡儿、杂类草群落	128.8	40.6	3.1	2
短花针茅、杂类草群落	90.7	33.3	2.7	1
沙竹、沙蒿、杂类草群落	156.2	67.6	2.3	2
芦苇、杂类草群落	170.2	31.6	5.4	3
羊草、杂类草群落	165.4	46.6	3.5	2

　　从以上表中可以看出，围栏禁牧草场与放牧退化草场相比较，在牧草生长高度、覆盖度、草群结构以及产草量上都有着极其显著的差异。牧草生长高度退化放牧草场一般为10～28厘米，围栏禁牧后达到35～60厘米以上；牧草覆盖度退化放牧草场为15%～30%，禁牧后可达到85%～95%以上；产草量退化放牧草场为30～40千克/亩，禁牧后可达到90～150千克/亩以上；草群结构变化退化放牧草场一般每平方米内有植物4～6种，禁牧后可达到7～12种以上。以上这些变化随着围栏禁牧时间延长，其变化和效益表现越来越显著。

　　此外，从草场植被整体看，围栏禁牧后其变化和特点包括：①原生植物得到充分生长发育，牧草增高、密度加大，多年不见开花的牧草鲜花盛开；②草场内裸露的沙化地段随着降雨根茎性禾草（如沙竹、羊草、芦苇、佛子茅、白草等牧草）繁茂生长，大面积覆盖裸露沙化退化草地；③适口性好的禾本科、豆科植物显著增加，而常见的有毒植物和粗硬的杂类草相应减少，草群结构向良性循环的方向发展，如丘陵山区典型草原区多年不见的短翼岩黄芪、草木樨状黄芪、胡枝子等优良牧草大面积生长；④草场牧草生长茂盛，鼠虫害发生要比退化草场减少很多。

2. 休牧

休牧有季节性休牧和半年休牧，鄂尔多斯市实施的是季节性休牧，选择在牧草返青期进行，从4月1日至7月1日为3个月休牧期，围栏草场连续休牧5年。截至2007年，全市实施的季节性休牧草场共1973万亩，占全市退牧还草面积的56%。由于鄂尔多斯草原从历史形成到现在多种因素造成的不完整性，退化、沙化严重，植被破坏十分突出，因此，鄂尔多斯市在退牧还草工程建设中实行禁牧面积相对比其他盟市面积大。在禁牧、休牧实施中，牧区以季节性休牧为主，半农半牧区和农区以全年禁牧为主。休牧的具体做法是将退牧还草的围栏草地从4月1日至7月1日禁止放牧牲畜，实行舍饲圈养，休牧期结束后进行有计划的放牧。为了彻底改变自由放牧方式，我们又总结探索出"限时分次放牧法"，即在坚持以草定畜、草畜平衡，测算载畜量的基础上，在休牧区内放牧绵山羊实行每日放牧6～7小时，分上下午各放牧3～3.5小时，其余时间归圈运动、卧息、反刍，降低体能消耗，减少践踏破坏草地。我们将这种放牧方式申报国家专利，为今后工程后期合理利用草原提供做法和经验。几年来，通过实践证明，季节性休牧虽然时间短，但休牧后取得的效果是显著的。据测定，休牧项目区植被盖度平均由休牧前的30%提高到63%，草群平均高度由过去的22厘米左右提高到39.3厘米以上，产草量亩平均由72.4千克干草提高到87.6千克。

3. 轮牧

鄂尔多斯市实施划区轮牧，由于草地处于严重退化、沙化状态，草地面积狭窄（牧户一般平均承包草地仅为800~2500亩，畜均占有草地10亩左右），产草量低、质量差等原因，轮牧面积相对比较少，即实施的地区也仅为初级轮牧方式。据统计，5年累计推广划区轮牧草地面积125万亩，占全市退牧还草面积的3.5%。从全市项目区实施划区轮牧情况看，轮牧主要集中在草地比较宽阔、条件较好以及围栏面积较大的牧区，在实施中始终注重将工程建设的围栏封育与牧户推行的草库伦人工饲草料基地建设紧密结合，实现了草地、牲畜、分区轮休协调发展的初级划区轮牧。通过5年来的实践探索，不断总结完善，创造性地实施了退牧还草项目区内的划区轮牧，较好地解决了"畜多草地面积小，不能搞划区轮牧"的问题，为广大牧区推行划区轮牧制度进行了有益的尝试，摸索出了一些实施途径。

总结目前鄂尔多斯在退牧还草项目区实施划区轮牧的基本做法和经验，概括起来总体是实行了"三种轮牧方式"，呈现出"四个轮牧特点"，初步形成了鄂尔多斯特色的初级划区轮牧的做法和经验。

具体讲，实行的"三种轮牧方式"简述如下。①实行普通轮牧方式。就是将围栏草地划分为4~5个轮牧小区，按季节或按月轮牧利用。按季节分成春、夏、秋、冬四季。每季度在4~5个小区内轮牧一次；有的牧户采取月间轮牧，就是每月在4~5个小区内轮牧一次。上述无论是采取季节间轮牧还是月间轮牧，由于冬春枯草期牲畜吃不饱营养差，一般采取缩短轮牧区内每天放牧时间或上午放牧下午舍饲，实行补饲和半舍饲（补饲或半舍饲草料来源于牧户兴建的高标准五配套草库伦），保证牲畜冬春不掉膘或少掉膘。②实行"两季七区制"轮牧方式。就是将围栏的草地分成夏秋、冬春两季，并划分为7个轮牧小区，除1区作为建设禁牧用地外，采取夏秋3区轮牧，冬春3区进行轮牧。有条件的牧户划分成8～9个小区，做法以此类推。同样到冬春季节就减少牲畜在小区内放牧时间，依靠草库伦提供草料补饲，满足牲畜营养需要。③实行休牧、轮牧相结合的划区轮牧方式。这种轮牧方式一般是拥有较大面积的"五配套"草库伦、饲草料储备充足的牧户，为尽快恢复改善轮牧小区牧草植被状况而采取的一种轮牧方式。即在已划分的轮牧小区内，每年春季牧草返青期的4—6月全面实行休牧，舍饲圈养牲畜，促进牧草生长发育，从7月开始至翌年3月底，在轮牧小区内实行分区轮牧。轮牧小区的划分依据草地面积大小，牲畜数量来确定，草地面积小的牧户一般划分4～5个小区，按一般轮牧方式进行轮牧；草地面积较大的牧户划分6～9个小区，分季分区进行轮牧，这种轮牧方法可以使休牧、轮牧结合起来，既有利于草地牧草快速恢复更新，改善草地生态环境，又有利于满足牲畜对饲草的需求，为建立和发展生态畜牧业创造良好条件。

实施上述三种轮牧方式，突出地表现为以下"四个轮牧特点"。①坚持以退牧还草工程围栏设施为基础，实行划区轮牧与轮封、轮牧相结合。在牧户实施工程围栏建设的基础上，按照牧户选择确定的轮牧方式，将已围栏的草地再增设围栏设施，分割成若干小区，并依据一定的次序进行放牧，实现了划区轮牧与草地轮封轮牧相结合，为退牧还草工程实行科学利用草地奠定了基础。②坚持以建设高标准"五配套"草库伦为依托，实行划区轮牧与舍饲、半舍饲相结合。在牧民承包草地面积较少的情况下，注重草库伦内人工饲草料基地建设，并以高产优质的饲草料为依托，有利于实行舍饲、半舍饲，舍饲圈养又有助于实施轮牧，减轻轮牧草地压力。这种"以建设促轮牧"，实行划区轮牧与舍饲、半舍饲相结合的方法，既可为实行划区轮牧合理利用草地创造条件，又可加快草地生态环境的恢复和改善。③坚持以加强草原生态建设为目标，实行划区轮牧与禁牧、休牧相结合。在项目区围栏草地实行禁、休牧是项目建设的核心技术措施，实施划区轮牧制度又是实现项目建设的重要举措，实行划区轮牧与禁牧、休牧结合，这样不但有利于加快恢复和改善草地生态环境，而且有利于为轮牧提供饲草资源，创造条件，推动划区轮牧全面实施。④坚持"以草定畜、草畜平衡"的原则，实行划区轮牧与短期育肥、加快牲畜出栏相结合。在实施划区轮牧时首先坚持草畜平衡的原则，根据草地生产力核定适宜的载畜量，对部分超载牲畜采用草库伦内生产贮备的饲草料舍饲圈养，采取短期育肥出栏或秋末冬初加大牲畜出栏的办法解决轮牧超载的矛盾。这样，既有利于划区轮牧的实行，加快牲畜周转，增加收入，又有利于做到牧民收入不降低，保证了划区轮牧、生态建设、畜牧业生产同步发展。

总之，在项目建设区以牧户为单元，实行上述初级划区轮牧方法，虽然时间短，还存在不少问题，但与原来实行的自由放牧相比已初见成效，显示出了突出的生态、经济、社会多功能效益。从生态效益看，大大减轻了草地放牧强度，牧草在生长期有50%~70%时间处于正常生长，轮牧后可食牧草增加25%以上，植被盖度可提高15%~20%，草群结构明显改善；从经济效益看，能够缩短牲畜游走距离，减少体能消耗，提高草地载畜量，增加畜牧业收入；从社会效益看，可转变牧民经营观念，节省劳动力从事二、三产业，有利于促进产业结构调整，可为牧区建设现代畜牧业创造良好的条件。

（三）实施补播种植牧草技术

天然草地在长期的自然与人为活动影响下，目前大面积的草地处于生态退化、功能丧失的境地。因此，因地制宜地开展补播种植牧草是实施项目建设必不可少的一项重要技术措施，尤其是在鄂尔多斯地区由于历史开垦破坏、干旱少雨植被稀疏、沙质草地过度利用、生态脆弱等原因，要加快草原生态植被恢复，开展补播种植牧草是一项极为重要的关键技术。鄂尔多斯市在实施退牧还草项目建设中，广泛推广应用了草地补播改良和人工建设饲草料基地的技术措施，其技术要点分述如下。

1. 草地补播改良

在推广草地补播改良中，我们认真总结了鄂尔多斯地区多年来开展草地补播灌草的经验教训，从鄂尔多斯市实际出发，根据不同类型草地和立地条件选择相适应的灌木和牧草种，应用现代技术条件，因地制宜地采用不同补播技术，大面积地开展了草地补播改良，形成了规模种植、规模经营、规模效益，充分发挥草地生态的多功能性。

（1）补播地块选择：草地补播改良坚持在原有植被不破坏或少破坏的基础上，选择植被覆盖度低于30%以下、草群优质牧草比例低于25%的严重退化、沙化草地开展补播种植。在选择地段的同时考虑补播地要集中连片、便于规模经营，以及具备有围栏条件的草地可实施补播改良，以利于促进草原生态植被快速恢复和改善。

（2）补播灌木和牧草种选择：在补播灌木和牧草品种选择上，项目组先后推广应用了多种适宜当地生长、适应性强、营养丰富、利用价值大的优质灌木和牧草（表7）。补播用种要求质量高，达到国家牧草种子二级以上标准，并具备"三证"齐全，保证质量。

表7　适宜不同草地类型补播的灌木和牧草种

草地类型	适宜补播的灌木和牧草种类
覆沙梁地、退化梁地草地	柠条、草木樨状黄芪
流动沙地、半固定沙地草场	杨柴、柠条、沙蒿、沙打旺、籽蒿
丘陵山区的坡梁草地	柠条、苜蓿、草木樨、草木樨状黄芪

草地类型		适宜补播的灌木和牧草种类
滩地草场	水分条件好，土壤较肥沃，不起沙的退化滩地	白花草木樨、黄花草木樨、沙打旺
	水分条件好，表层轻度覆沙的退化滩地	白花草木樨、黄花草木樨、沙打旺、紫花苜蓿
	耕翻过的撂荒地	紫花苜蓿、沙打旺、草木樨

（3）草地补播技术：补播时期取决于季节、土壤水分、草地类型和气候条件，一般是掌握在早春顶凌补播（3—4月）和雨季抢墒补播（5—7月）；补播技术根据草地立地条件、土壤墒情、补播方式等确定补播量、株行距以及播种深度，一般采用的播种量为0.5～0.75千克/亩、行距30～40厘米、补播深度1～3厘米；补播方式推广采用了单播、混播和灌木植苗移栽等方法，坚持实行了以大面积推广应用飞播、机播为主的现代技术措施开展补播作业。

（4）补播草地的管理和利用：草地补播一般选择在全年禁牧围栏草地内，使工程围栏建设与补播草地紧密结合起来，既利于管理又便于封育恢复植被。通过补播分别建成了放牧、打草兼用型半人工草地、灌草带状结合型草地、灌带育草型草地、片状密播灌木草地以及灌草混播型人工草地五种类型。项目在实施草地补播改良过程中，特别注重引入灌木、半灌木进行草地补播改良，并把灌木、半灌木作为改善草地生态恶化的先锋植物和生态建设的先决条件，利用其枝叶繁茂、生长旺盛期长、生物学产量高而稳定、抗"黑白灾"极端天气、生态适应幅度广以及其他林、草共有的特性，使草地生态得到快速恢复和改善，有利于适应不断变化的气候条件，尽快创造一个适宜人类生存、生产和生活的良好环境条件。

2.建设人工饲草料基地

鄂尔多斯市从实施项目建设开始，考虑到实施禁休牧会导致农牧民经营畜牧业规模降低、收入减少的问题，为了保证和促进项目区农牧户转变经营生产方式，由放牧养畜改为舍饲圈养，在项目建设过程中注重推广应用人工建设饲草料基地的技术措施。

建设人工饲草料基地采取了两种建设形式：一种是提倡在已围建的围栏封育的草地上，在有灌溉条件和防护林保护设施的情况下，可以小面积开发建设人工饲草料基地，实行精耕细作，增施肥料，选择优良牧草，提高产草（料）量，实现以较少的人工草地面积生产较多的饲草饲料，以满足和供应农牧户舍饲养畜的需求，达到既退牧又还草、畜牧业收入不降低的目标；另一种是对项目区内农牧户已有一定规模的开发土地，增加投入，调整种植结构，发展"吨草田"（每亩产草料1吨以上），提高草产品数质量，以满足舍饲家畜吃饱吃好的需求。在牧区依托草库伦，引农入牧，引草入田，建设高产优质的饲草料基地；在半农半牧区和农区依托农耕地，引草入田，为养而种，大力发展畜牧业。

在发展和建设人工饲草料地上，鄂尔多斯市根据建立家庭牧场的需要，几年来着重调整饲草料地草业种植结构，全面推广人工种植优良牧草、饲料作物、青贮作物和多汁饲料的"四元立草"结构，重点推广应用的主导牧草作物品种是高产优质的紫花苜蓿、沙打旺、草木樨、饲料玉米、青贮玉米以及胡萝卜等，坚持按牲畜营养需求实行科学配置种饲草料，变"配方种草"为"配方饲养"牲畜，通过科学调整种植结构，促进家畜优化饲养，增加畜产品，提高畜牧业经济收入。

（四）灌木育苗移植及建立割草地的灌木草地建设技术

鄂尔多斯市从2002年开始实施项目以来，参与建设的科技人员坚持"以科学发展观统领退牧还草工程建设"的理念，在总结吸取鄂尔多斯市多年来通过直播建立灌木草地经验教训的基础上，考虑到当前应对全球气候变化的需要，大胆创新，积极选用抗逆性强的优良饲用灌木栽培技术改良生态极度恶化的草地，提出实施灌木育苗移植建立割草地的设想，并经试验研究取得了成功。然后又将这种灌木育苗移植技术运用专用植苗机械进行了大面积推广应用，总结出一整套符合鄂尔多斯市当地实际、快速恢复草地植被的灌木育苗、移植及培育割草地的技术，成为实施退牧还草工程建设的新亮点和科技创新点。采用育苗移植与利用种子直播相比植株成活率高，生长快，形成的草地植被相对直播可提早2~3年见效，是一种加快恢复植被的有效技术措施。

据统计，目前鄂尔多斯市已在项目区实施以杨柴、柠条为主的灌木育苗移植补播草地面积达到150万亩，其中杨柴移栽补植面积为70万亩，柠条移栽补植面积为80万亩。这样不仅促进了项目区恶化的草地生态植被得到了快速恢复，提高了植被成活率，增强了植被建设的长效性、稳定性和抗逆性，而且为项目区农牧民增加了收入，拓宽了致富的途径，还为周边地区提供了生态建设技术支持，带动了周边地区草地生态植被建设快速发展。

1. 优良饲用灌木种的选择

建设人工灌木草地，一方面要注重坚持"因地制宜、适地适灌、因害设防、提高效益"的原则，另一方面考虑畜牧业生产实际，符合适应性强，饲用价值大，饲草产量高的要求。鄂尔多斯市在实践中选用了适宜于当地生长的优良饲用灌木杨柴（塔落岩黄芪）、柠条（包括柠条锦鸡儿、中间锦鸡儿、小叶锦鸡儿），作为建立灌木草地的主要灌木种进行推广种植。

推广依据：杨柴属于豆科半灌木，适宜在沙地、沙丘上种植，根系发达，萌蘖丛生能力强，不怕沙埋沙压，耐风蚀，适应环境的能力强，适宜平茬刈割复壮。柠条是豆科灌木，适宜在覆沙梁地、硬梁地、丘陵坡地种植，根深耐旱，防风固沙，耐寒耐瘠薄，生态适应范围广，具有平茬复壮、萌蘖丛生特性。另外，杨柴和柠条显著的共同特点还包括：植株高大、枝叶繁茂，株高可达1.2～1.5米，甚至更高，分枝多，饲草产量高；营养丰富，饲用价值高，它们在生长营养期含粗蛋白质都在22%～25%以上，可为发展畜牧业提供营养较全面、品质好的饲草料；建成后的灌木草地稳定性、抗逆性强，这对当前应对气候变暖、干旱，具有十分重要的现实意义；适宜于平茬刈割，而且越割生长越旺盛，既可作为灌木放牧场，又可培育建设灌木割草地，这在草地生态严重恶化、舍饲养畜缺乏打草地的草原区，其作用和意义显得更为突出。近年来，国内有不少单位对柠条实施产业化开发，研究显示柠条营养丰富，含19种氨基酸、9种微量元素和多种维生素，有机物质含量高达93.4%～95.3%。柠条粗蛋白含量与玉米相比高出2～2.5倍，能量是玉米的1.2倍，且无化肥、农药等问题，开发绿色产品前景十分广阔。因此，受到了广大科技人员和农牧民的重视和大力推广。

2. 杨柴、柠条育苗移植技术

（1）杨柴、柠条育苗技术。

杨柴、柠条育苗一般都采用种子直播育苗的方法。育苗地应选通风良好、疏松肥沃的沙质土壤或轻沙壤土，并有水源、灌溉条件。播种前要精细整地，每亩施有机肥3000千克左右，随耕翻地施肥，土地耕翻耙糖后及时采用平床法搂畦做床，畦宽2米，长视土地平整程度而定，一般不超过30米。搂畦做床后最好灌一次底水，待床面干燥后即可播种。播种用的种子要精选去杂，选用颗粒饱满、纯净度高、色泽正常的种子，发芽率达到85%以上。播种期一般是5—6月，采取锹铲宽幅播种，播幅15～20厘米，行距10厘米，播后柠条覆土2～3厘米，杨柴覆土1～1.5厘米，每亩播种量为20～25千克。播种后稍加镇压。加强苗期管理，灌水视墒情而定，以不影响出苗为度。出苗后应及时松土除草，保持土壤疏松透气、无杂草，6

月下旬进入速生期要适量灌水并追施氮肥1～2次，以促进苗木健壮生长。越冬时要灌一次封冻水。第二年一年生苗即可出苗圃用于移植，每亩产苗量为杨柴15万～20万株，柠条8万～10万株。

（2）杨柴、柠条移植苗条标准及管理。

杨柴、柠条移植时要求实生苗条符合标准、质量要高。苗条标准：杨柴的一年生实生苗，地径大于0.25厘米，根系长度大于20厘米，大于5厘米的Ⅰ级侧根数6根以上，且色泽正常、充分木质化的Ⅱ级以上苗；柠条的一年生实生苗，苗高大于25厘米，地径大于0.25厘米，根系长度大于20厘米，大于5厘米的Ⅰ级侧根数6根以上，且色泽正常、充分木质化的Ⅱ级以上苗。

要注重杨柴、柠条移植苗条从出圃起苗到存放移栽前的管护工作。起苗后在指定的时间内及时将苗条运送到移栽的地段，并进行打样确定符合标准的苗条数量。打样一般采用苗条称重的方法，即以1千克为基准数量，数出每千克内符合标准的苗条数量，然后整体称重，计算出批次苗木的合格总株数。必要时可进行多次抽样称重，必须坚持苗条达到移植所需标准，不符合标准的苗条不能移植。杨柴、柠条苗条实行随起苗、随移栽，可有效提高成活率。调运种苗或存放贮存时做好伏土、浇水等管护措施，做到苗条移植前保持足够水分，栽植后成活率要达到70%以上。

（3）杨柴、柠条移栽技术。

鄂尔多斯市在退牧还草工程建设中推广杨柴、柠条移栽技术，遵循杨柴、柠条生态生物学特性和自然规律，本着尽快恢复和改善草地生态环境、促进畜牧业生产发展的目标，坚持因地制宜、适地适草、扩大人工补种面积、注重效益的原则，选择植被盖度10%以下的严重退化、沙化的劣质草地、裸露地、半固定沙地、流动沙地以及沙漠化的坡梁地进行移植补种。为保护原生植被和生草土壤，栽植方式采取了带状整地移栽、机械植苗种植和人工穴状移栽3种方法，生产上主要以前两种移栽方法为主，只对没有机植条件或机植不便的零散地段实行人工穴状补植苗条（每穴2株）。移栽前，对苗条进行适当修根药剂处理（截去过长的须根和损伤根，浸蘸保水剂等），植苗时要求根系舒展，苗条直立，深栽踏实。一般在机械覆土紧压后进行人工踏实效果更好，做到根系与土壤紧密接触，以提高成活率。栽植时间于春季3月下旬至5月上旬，如遇干旱墒情差，也可在5月中旬至6月上旬栽植冷贮苗条。具体栽植见表8、图4。

表8　机植杨柴、柠条实生苗技术规格

移栽灌木种	株距（米）	行距（米）	带间距（米）	每穴栽植（株）	植苗密度（亩）	需苗量（株/亩）
杨柴、柠条	1	2	12	2	200	400

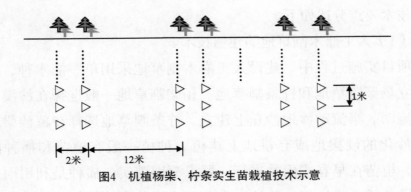

图4　机植杨柴、柠条实生苗栽植技术示意

（4）杨柴、柠条灌木草地的管理和利用。

通过移植杨柴、柠条实生苗建立人工灌木草地分为灌木放牧地和割草地两种。在退牧还草工程项目区全面推行了"促、控、平、加"的管理利用制度："促"（促进生长）是指在移植后第2～3年内结合工程围栏封育措施禁牧，让其植株充分生长发育形成株丛；到第3～4年采用"控"（控制高生长），采用放牧方式控制其高生长，促使多分枝，增加株丛放牧采食率；放牧利用到5～8年时采用

"平"（平茬复壮）的措施，采用平茬刈割，将木质化的老枝条进行平茬，促进其再生幼嫩枝条；对平茬刈割后枝条采取"加"（加工粉碎）的做法，加工成草粉利用。采取以上管理和利用的方法，逐步实现补播草地稳定、高产、持续的目标。

3.建立杨柴、柠条人工灌木割草地技术

鄂尔多斯市针对全市自然生态条件恶劣、流动沙地沙丘面积大、草地裸露面积多的现实，为全面实施禁休牧和发展舍饲、半舍饲畜牧业的需要，在项目区内大力开展和推广了建设杨柴、柠条灌木割草地。应用杨柴、柠条豆科饲用灌木的优良特性和可平茬刈割的特点，变灌木饲草化积极培育割草地，这样既起到了灌木防风固沙、改善草地生态环境的作用，又为实行舍饲养畜缺乏打贮草基地提供充足的饲草料资源。项目区内培育建设杨柴、柠条人工灌木割草地技术要点分述如下。

（1）人工灌木割草地的建植技术。

项目实施过程中，建设人工灌木割草地采用单一灌木种，即分别建立杨柴割草地和柠条割草地。杨柴割草地一般选择在沙漠化严重的流动、半流动沙地沙丘上建立。柠条割草地选择在覆沙梁地、退化沙化的硬梁地或弃耕地上建植。种植一般有植苗和播种两种方式，植苗在早春或雨季进行，要求深埋踏实，播种是利用雨季采取机械条播方式进行。移植实生苗比直播种子效果好，植苗成活率高，生长快，可以提前进行打贮饲料，条件好的地块第一年栽植第二年秋季就可进行株丛打草利用。种植形式无论是杨柴还是柠条，都建成带、网、片三种形式，比一般建立的灌木草地在株、行、带距要密一些，以利于提高产草量。带状栽种要与主风方向垂直，每带2～4行，株行距0.5～0.8米，带间距4～6米，对于坡度较大的沙丘、梁坡地，一般按等高线种植灌木带，并由坡底向坡顶带距逐渐变窄；网状栽种根据立地条件设置主副带，交织成网状结构；片状栽种带间距窄些，一般为1～1.5米，形成多行密植的片状结构。网状和片状栽种一般都建植在沙化严重的风口处、风蚀裸露地和迎风坡面区域。

（2）人工灌木割草地的刈割利用。

杨柴、柠条适当进行平茬刈割，越割生长越旺盛。在实施建设中从恢复草原植被、解决牲畜饲草料出发，在灌木割草地管理利用上实行了"促（促进生长）、控（控制枝条木质化）、平（平茬刈割复壮）、加（加工利用）、轮（轮替平茬刈割）"的做法，抓住这几个关键技术措施，积极调控人工灌木割草地利用方式，以实现生长旺盛、稳产高产、持续利用的目的。

调控具体方法如下。①在灌木栽种后或刈割后的营养生长期，严格封闭1～2年，促进其充分生长发育。②当灌木的地上部分生长到一定高度时（杨柴、柠条达到1.2米左右），应适时进行控制枝条木质化，否则饲用适口性就会降低，调控的措施就是及时进行平茬刈割，促使株丛多分枝复壮，平茬间隔期杨柴一般为1～2年，柠条为2～3年，适时平茬可以控制枝条木质化程度，促进其根系和茎的再分枝，增加新的幼嫩枝条，提高牲畜可食率和产草量，过早过晚平茬都会影响产量和品质，过早产量低，过晚粗老枝条增多，木质化增强，营养降低。③平茬刈割的饲草要及时进行加工调制利用，目前项目区调制利用方式一般有三种，一是将刈割的枝叶饲料晾制青干草，加工成草粉与其他秸秆粗饲料混合饲喂牲畜，二是切割成2～3厘米长的短草节与其他饲草混合喂，三是将刈割青绿饲料与青贮玉米同时切短青贮后饲喂。④项目区农牧民都把杨柴、柠条饲草作为主要高蛋白饲料来源与其他粗饲料混合饲喂，以满足牲畜对营养的需求。⑤对杨柴、柠条人工灌木割草地平茬刈割带采取轮替平茬方式，这样既有利于割草地的防风固沙，又有利于牲畜实现青饲料轮供。

总之，对建设的杨柴、柠条灌木割草地实施平茬刈割科学调控是一项极为重要的关键技术，它决定着灌木饲料产量的多少、营养成分的高低以及可持续利用能否实现的问题，也就是决定着饲料品质、饲用价值和饲喂效果。因此，鄂尔多斯市在实施建设中针对项目区草地补播建设灌木草地面积大的特点，特别注重了灌木饲料的管理、开发和利用的问题，先后为项目区农牧户调进平茬刈割专用机械（日本产的割灌机）650台，多功能粉碎机150台，为开辟新的饲料资源，大力发展畜牧业创造了条件。

（五）推广舍饲养畜技术

调整草地畜牧业生产结构，改善草地生态环境，转变畜牧业经营方式，全面实行禁休轮牧，大力开展舍饲养畜，发展生态畜牧业，是实施项目建设的中心任务和建设目标。只有把改变畜牧业经营方式作为突破口，由放牧畜牧业转变为舍饲、半舍饲集约型畜牧业，才能促进和保证退牧还草快速恢复草原生态项目，实现草地生态恢复、畜牧业生产发展、人民生活提高的"三赢"的建设目标。因此，鄂尔多斯市从开始实施项目就全面推行了禁牧舍饲、半舍饲养畜制度，坚持以户为单元，认真推广舍饲圈养技术，5年来在项目区推行此项技术取得了退牧还草工程建设"稳得住、退得下、收效大"的显著成效。

1. 注重牧户畜群基础设施建设

坚持做到畜群具备有"两个基地、六配套"。"两个基地"是指人工建设的人工草地和饲料基地；"六配套"是指塑料暖棚、活动场地（圈）、青贮窖或饲料氨化调制池、饲草料加工房和机具、贮草棚、饮水饲喂槽等。要调整饲草料种植结构，坚持为养而种，按照家畜营养需求全面推行配方种草（按比例种植优良牧草、饲料作物、青贮作物以及多汁饲料），为实行"配方饲养"提供物质基础。要求畜均建设饲草料地达到0.2~0.3亩，畜均建有塑料棚0.7米²（肉奶牛3米²），畜均建有青贮窖0.3~0.5米³（容积），户均建有贮草棚不低于25米²，重点牧户或几户拥有多功能粉碎机、割灌机等，联户配建有人工授精室，面积不小于15米²。为了加强项目区舍饲圈养技术的推广，鄂尔多斯市退牧还草建设每期都安排投资用于畜牧业基础设施建设。据统计，5年来先后投入119216.44万元，建设青贮窖4.5万米³/1250处，建设牲畜棚圈5.92万米²/592处，购置农牧业机具1161台（套），为大力开展舍饲养畜、建设现代化畜牧业创造了良好的条件。

2. 注重饲喂方法，提升舍饲养畜科学饲养水平

坚持做到饲喂方法实行"四强制、一扩大"。"四强制"是指强制牧户实行饲草料加工饲喂、饲草混合饲喂、精饲料加工成配混合饲料饲喂、饲草料实行青贮、氨化、微贮、糖化发酵调制饲喂；"一扩大"是指扩大牲畜活动场圈。要求牧户饲养牲畜应逐渐实现按营养需要定额配方饲喂。就目前鄂尔多斯市一般牧户贮备饲草料情况，饲喂搭配的比例应为豆科牧草40%~50%，作物秸秆及农副产物40%~50%，树枝叶和杂类青干草10%~20%，混合后切割加工成2~3厘米，秸秆最好经揉搓、粉碎，结合青贮饲料，混合饲喂。有条件的牧户要求实施混合粗草粉、精饲料、配备维生素和矿物质加工成颗粒饲喂。牲畜圈养活动场地一般以每只羊占有2~3米²为宜。如果贮存的以作物秸秆、低质的杂类草为主的饲草，则应将混合后加工的粗草粉进行氨化、微贮发酵调制后饲喂。对于加喂的精饲料不能整颗粒粗喂，应粉碎配制成配混合饲料，以补充牲畜营养缺乏的问题。实行半舍饲主要在冷季进行，在草地上放牧牲畜应推行划区轮牧制度，冷季放牧4~5小时，采食量占日食量的30%左右，其余主要依靠贮备饲草料在畜圈饲喂。

3. 注重调整改变饲养方式，加快牲畜周转

坚持做到饲养方式实行"四改、一化"。"四改"是指改常规放牧饲养为舍饲、半舍饲，改配春羔为配冬羔或早春羔，改少出栏为多出栏，改常规秋季出栏为采取短期育肥实行四季出栏；"一化"是指饲养牲畜实现良改化。育肥牛羊前期可采用天然草地季节优势实行放牧育肥，后期进行短期强度育肥，育肥期为肉牛3个月，绵山羊、肉羊45～50天。

4. 注重牲畜疫病防治

坚持做到按常规要求搞好"三防治、一清洁"。"三防治"是指依照有关技术规程按时进行内外寄生虫驱治、注射羊三绵羊痘疫苗、及时治疗常见病和多发病；"一清洁"是指每天要及时清理棚圈牲畜粪尿，保持牲畜环境清洁卫生，促进健康成长发育。家畜在入圈前对棚圈要进行彻底消毒处理，并要每隔半个月用2%来苏儿水或2%的苛性钠水喷洒消毒一次。对调入、调出家畜应严格执行检疫制度，严防疫病扩散，确保畜产品安全。

5. 注重建设养殖小区，实行家畜规模经营，实现产业化

坚持按照"统一规划，因地制宜，合理布局，相对集中，规模经营"的原则，在项目区内以一个嘎查村或一个区域为基础，实行联户经营，发展同种家畜，组建养殖小区，实现饲养专业化、规范化，并形成规模经营（细毛羊小区、绒山羊小区、肉羊小区分别达到5000只以上，户均达到80只以上；奶牛小区达到300头以上；肉牛600头以上）。养殖小区全面实行企业化管理，与企业、营销组织等单位或个人结成利益共同体，推进产业化进程，形成种、养、加、销一体化经营的畜牧业生产体系。几年来，鄂尔多斯市在项目建设中结合推广舍饲养畜的技术，采取多种方式资助养殖小区的发展，为养殖小区实现规模发展，先后几期集中配置建设了青贮窖、棚圈以及农牧业机械设施，为大力发展现代化畜牧业奠定了良好基础。

（六）管理制度创新及推广应用"3S"新技术

1. 管理制度创新

退牧还草工程是一项事关国家生态安全、社会稳定和经济可持续发展的重大基础建设工程。建设项目涉及多部门、多环节，建设面广，惠及千家万户，必须加强组织管理，搞好部门合作、上下配合，形成整体合力，才能确保工程建设如期完成。5年来，鄂尔多斯市在实施建设中严格按照国家基本建设程序进行，并认真贯彻执行了国家计委和农业部对退牧还草工程提出的有关规定以及内蒙古自治区制定的《退牧还草试点工程管理办法（试行）》，具体在工程建设中鄂尔多斯市积极落实和推行了退牧还草工程建设的9条政策措施和12项管理制度，确保了工程建设的质量和效益。由于全面采取了上述政策措施和管理办法，不仅保证了退牧还草工程建设顺利实施，确保了工程建设的实施进度和建设质量，而且使项目资金发挥了最大效益，确保了工程建设正常运行。

从2002年退牧还草工程启动后，鄂尔多斯市各级政府和草原部门就把这项事关生态安全、事关人民群众根本利益、事关经济社会可持续发展的工程建设摆在战略首要位置，紧锣密鼓地进行全面实施建设。在实施建设中，鄂尔多斯市根据工程建设的目标、规定和要求，结合全市草地退化、沙化、生态恶化的现实，本着统筹规划、全面保护、重点建设、集中连片、突出生态效益兼顾经济、社会效益的原则，一直坚持不断实践、不断总结、不断完善提高的做法，开拓创新，进一步提升了退牧还草工程建设管理水平，同时也提升了退牧还草草原生态快速恢复项目的科技创新水平。主要在以下几个方面做了充实和完善。

一是针对全市大面积实施退牧还草工程，制定出台了《鄂尔多斯市草原建设项目管理办法》《鄂尔多斯市草原建设项目资金管理办法》《鄂尔多斯市退牧还草工程实施禁牧休牧和划区轮牧建设标准》《舍饲养畜实施办法》等规范性文件，并通过会议培训、座谈讲解等各种形式向农牧民宣传工程建设做法、管理方法以及实施建设的重要性和必要性，广泛调动了农牧民建设积极性，保证了工程建设的顺利实施。

二是为了确保工程建设的质量和效益，加强项目建设管理，在退牧还草工程实施前，鄂尔多斯市就分别组建了绿江监理公司、新牧草业设计公司，并经有关部门批准具有相应资质的监理、设计单位开展工程建设的监理和设计工作。几年来，旗区工程建设单位通过招投标受委托承担了各旗区退牧还草的监理和设计工作。通过总结几年的工程建设实践，两个公司先后都形成了一整套完整的符合退牧还草实际的技术规程和工作程序，受到农业部和自治区项目管理部门的肯定，为自治区全面开展退牧还草提供了实施监理、设计的示范和经验。

三是针对鄂尔多斯草原主要属于荒漠草原和草原化荒漠地区，植被稀疏，风蚀水蚀严重，生态恶化脆弱的特点，2004年鄂尔多斯市首次提出增设项目区配套草地补播改良和建设高产优质人工饲草料基地等畜牧业基础设施的建设内容，进一步完善和提高了工程建设质量和效益，实现了草地植被快速恢复。特别是在草地补播改良中，推广应用了优质灌木杨柴、柠条等抗逆性强的新品种、生物新技术，因地制宜在项目区内播种或补植，加快了退牧还草项目区的生态恢复速度，丰富了植物种群，形成了稳定的灌丛草地结构，大幅度地提高了补播区草地植被盖度和产草量，摸索出应对全球气候变暖干旱的建设措施和途径。

四是为了进一步加强草原生态保护建设，在退牧还草工程项目实施所取得的显著生态效益的基础上，市政府深入调查研究、总结经验，根据鄂尔多斯市生态环境和农牧业资源承载能力编制出台了《全市农牧业经济三区发展规划》，将全市划分为农牧业优化开发区、限制开发区和禁止开发区，实施面积分别占全市土地面积的12.1%、36.8%、51.1%。在这个规划中调整了草原生态建设布局，明确绘制出鄂尔多斯市实施退牧还草的宏伟蓝图，把禁止开发区、限制开发区作为实施退牧还草的重点区域，为进一步加快工程建设、草原生态快速恢复奠定了基础。与此同时，鄂尔多斯市为了实现依法推进工程建设，2007年又组建了草原禁牧大队，认真贯彻执行《中华人民共和国草原法》《内蒙古自治区草原管理条例》以及各级地方政府出台的有关退牧还草工程的法律法规，有效地保证了工程建设实施。

2. 计算机信息管理及"3S"新技术应用

（1）传统工作模式的弊端。

退牧还草草原生态快速恢复技术及其应用项目中，围栏封育技术、保护性草原管理利用技术（禁牧、休牧、轮牧）等技术手段及其工程实施管理过程中，涉及退牧还草保护区域的空间定位、面积测量、围栏需求估算、制图出图、工程施工、资料统计等需求。对于以上需求，传统的工作模式存在以下问题。

一是人力投入大，工作效率低。对于退牧还草区域的边线测量、面积计算，采用传统的绳测步量的测量方法耗时长，受环境条件限制大，需要投入大量人力物力，不利于快速测量、快速推广应用。

二是人为因素影响大，准确性难以保证。传统测量方法系统误差较大，且发生人为测量错误难以核实，面积计算误差大，造成退牧还草保护区域面积、保护围栏长度估算不准确，给围栏调配、农牧民补贴等计算造成困扰。

三是资料保存、统计、更新困难，缺乏规范化控制手段。传统退牧还草测量记录有的采用纸质图纸，存在保存、统计、修改不便的问题；有的采用CAD制图，存在各个退牧还草保护区域相互独立，缺乏统一坐标系，难以与全球定位系统（GPS）、地理信息系统（GIS）相结合，无法实现统一化的管理问题，另外CAD制图专业化要求较高，需要专门的制图人员，或者委托专业机构代为处理，耗资耗时；由于地图采用通用的CAD软件平台开发，制图规范也难以有效控制。

四是不利于项目合理布局，整体推进。对于退牧还草区域的设置，采用传统方法只能在1：50000地形图上手工绘制布局图、竣工图，由于图件篇幅较多，难以形成整体布局与竣工图件。

（2）退牧还草计算机信息管理及"3S"新技术应用。

5年来，鄂尔多斯市科技人员在应用"3S"信息技术方面，特别是退牧还草采用GPS、GIS技术方面做了大量开创性工作，以鄂尔多斯市退牧还草草原生态快速恢复需求为导向，以手持GPS数据采集仪为外业测量和数据采集工具，以功能强大、定制性强的组件式GIS为退牧还草草原生态快速恢复技术及其应用项目的底层技术引擎，制定软件开发规范及计算机制图标准，开发出本研究和应用项目专用的"退牧还草工程面积测量""退牧还草地理信息管理系统""退牧还草工程管理系统"等系列软件系统，大大提高了退牧还草草原生态快速恢复技术应用项目的工作效率，保证了数据的准确性和成果的标准性，极大地提高了项目应用的科技水平，提供了及时、科学、准确的数据资料和决策依据。退牧还草计算机信息管理及"3S"新技术应用突出表现在以下方面。

一是针对在项目实施中存在面积核实难、工作量大的问题，项目经过潜心研究开发设计了"退牧还草工程面积测量"软件，从而结束了工程面积核实绳测步量的时代。

二是针对退牧还草工程作业设计手工设计、手工绘制图件工作量大、准确度低的问题，在"退牧还草工程面积测量"软件的基础上，又进一步开发设计出了"退牧还草地理信息管理系统"软件，实现了一套软件两种功能，既能进行GPS数据直接导入量算面积，又能进行作业设计制图。

三是针对退牧还草工程手工绘制布局图、竣工图，国内市场上制图软件价格昂贵这一实际问题，我们进一步开发完善了"退牧还草地理信息系统"软件，实现了一套软件多种功能，利用GPS数据进行小班图、施工图、布局图、竣工图的电子化制作，解决了草原生态工程建设多年来想解决而未解决的关键性技术难题。将世界上先进的GIS技术引用到了鄂尔多斯市草原建设工程，该套软件在自治区生态工程建设中处于技术领先水平，在国内草原生态工程建设中属于首创。目前，该软件不仅在内蒙古自治区的33个退牧还草旗县普遍使用，还被推广应用到西藏自治区等地。该软件不仅适用于退牧还草工程，对其他生态工程同样适用，其推广和应用前景十分广阔。

四是针对退牧还草工程管理要求严格、业务工作量大的特点，开发设计了"退牧还草工程管理系统"软件，从工程的实施方案、作业设计、招投标，到施工、监理、竣工验收等提供了一整套技术模板和规范性资料，规范和方便了项目的管理。开发设计的以上软件得到了自治区农牧业厅的采纳，目前已推广应用到了自治区各盟市。经过几年的应用，已显示出了较大科学价值和应用价值，方便了草原生态工程建设实施管理与监督检查和验收工作。同时，该系统为项目节约了前期费和项目管理成本，仅此两项年均节约经费48.5万元。实践证明，该套软件解决了退牧还草实施中重大技术难题和关键性技术问题，为我区生态环境建设做出了卓有成效的贡献。另外，由于条件的限制，我们在工程建设实施中对遥感技术的掌握能力还不够，只能采用内蒙古自治区草原勘测设计院提供的遥感数据，结合鄂尔多斯市实地测产推算退牧还草围栏草地生产力和效益。

（3）退牧还草软件系统简介。

鄂尔多斯市研发的退牧还草系列软件系统，完全根据退牧还草项目的需求定制开发，功能强大实用，操作简单易学，制图标准规范，统计准确快捷，可为项目应用的工程地图及退牧还草信息提供统一的信息资料管理平台。退牧还草工程地图信息管理系统软件主界面见图5。

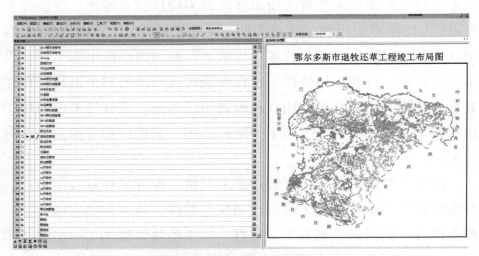

图5　天然草原退牧还草工程地理信息管理系统主界面

软件系统中的地图为GIS地图，提供统一、标准的地图加工及存储功能，可实现从GPS手持机导入外业测量的退牧还草保护区域节点，然后在主界面中形成退牧还草保护区域图斑，进行各项设置，形成符合GIS及本市退牧还草规范要求的地图。在软件系统中，退牧还草专题地图还可以与国家标准测绘地图无缝对接，成为一个开放的、可扩展的工程应用系统。图6为鄂托克旗2007年退牧还草工程竣工图。

在退牧还草工程中，退牧还草区域的边界可能是围栏边界、共享边界、借用边界。围栏边界需要全部建立围栏；共享边界指两边共享一个边界，进行围栏使用量计算时只需取一半长度的围栏即可；借用边界为借用其他已有的边界，无须重复建立围栏，进行围栏使用量计算时无须进行计算。在退牧还草软件系统中，可以很方便地设置各种类型的围栏，从图7中可以看出，粗黑实线为"围栏边

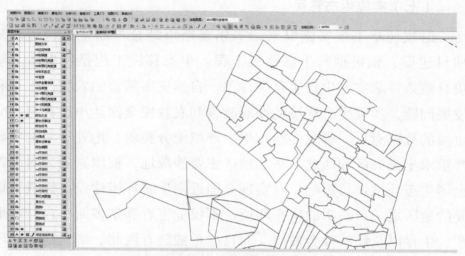

图6　鄂托克旗2007年退牧还草工程竣工图

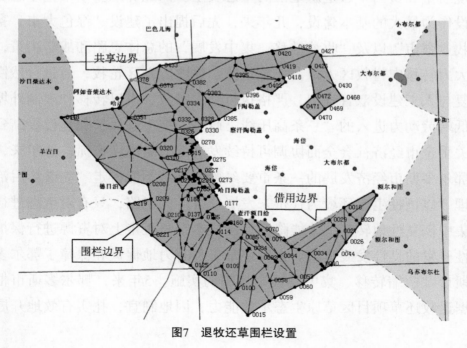

图7　退牧还草围栏设置

界"，虚线为"共享边界"，细点线为"借用边界"，设置之后地图上各种边界一目了然，且软件系统会根据工作人员的设置，自动进行围栏使用量计算，高效、准确地得出围栏工程量统计结果。

（七）实施生态移民

退牧还草工程实施以来，鄂尔多斯市结合草原生态快速恢复项目建设，积极推行生态移民工程。生态移民工程是从根本上解决自然条件恶劣、生产生存条件差、自然灾害频繁的农牧民生存和发展问题，实现生态环境的彻底改善和农牧民全面达小康具有十分重要的战略意义。鄂尔多斯市生态环境十分脆弱，地处黄河上中游严重水土流失区和西北、华北地区主要沙源地，被国家列为对改善全国生态环境最具影响、对实现全国近期生态环境建设目标最为重要的地区之一。恶劣的生态环境，不仅危害着鄂尔多斯市自身的生产、生存以及经济社会发展，而且严重威胁着西北、华北地区的环境质量和黄河中、上游地区的生态安全。因此鄂尔多斯市把生态建设作为最大的基本建设，几年来，先后提出了建设"绿色大市、畜牧业强市"以及"收缩转移、集中发展"的总体思路和战略决策，大力转移农村牧区人口，实施禁牧、休牧、划区轮牧，通过自然恢复与人工建设双管齐下，严格执行禁垦禁牧、人口转移和限制外埠低端劳动力进入的"三条高压线"政策。把生态保护和建设提高到关乎全市经济社会全面协调可持续发展的战略高度来抓。近年来，鄂尔多斯市经济发展的一条重要经验就是绝不能再走"先破坏后治理、以牺牲生态环境为代价来发展经济"的老路，只有对生态进行集中恢复性地转变，才能降低治理成本，真正走上对资源进行保护性开发的良性发展道路。退牧还草工程有力地促进和保障了鄂尔多斯市"收缩转移、集中发展"战略的实施。5年来，鄂尔多斯市根据退牧还草项目区草原生态承载能力，因地制宜，扎实有效地开展生态移民工作，一方面可以减轻迁出区人口压力和超载过牧防止人为破坏，使生态环境得以休养生息，另一方面结合各旗区政府出台的一系列生态移民的优惠政策，通过迁出区人口不断向城镇集中，从而转变生产经营方式，进行集约化经营，发展高效农牧业，培育新的增长点，带动二、三产业发展。这种移民方式不仅可以大量节约基础设施建设投资，有利于提高生活质量，而且还会起到扩大内需、拉动经济增长的作用，进而达到增加农牧民收入，增强地方财力，加快农牧民脱贫致富进程和新农村新牧区建设的步伐。2006年以来，在退牧还草工程项目区鄂尔多斯市已先后规划实施了5304平方公里的生态移民整体搬迁区，已搬迁了2391平方公里的1561户，4691人。具体采取的政策措施有以下几点。

一是移民出去草场的使用权、经营权不变，依法可以合理流转，今后其草牧场被列入国家项目建设，还可享受到其他补偿政策。

二是实施生态移民的牧户可享受政府优惠政策，如安置补偿费、牧民养老保险制度、农村牧区合作医疗保险等。

三是实施生态移民的牧户政府优先安排项目，并加大对项目资金的倾斜力度。

四是移民出去的草地可以进行大面积的人工改良建设，如飞播、人工补播草地等，坚持以恢复草原生态为主，不允许开展其他经济建设活动。

四、项目实施模式和适用范围

（一）项目建设实施模式

几年来，鄂尔多斯市根据国家、自治区开展退牧还草工程建设宗旨、目标、原则以及有关规定要求，结合当地的具体实际，把工程建设恢复草原生态与发展生产、提高农牧民收入三者紧密结合起来，自主创新，大胆实践，采取科技集成、组装配套适用技术和高新技术，初步形成和创建了退牧还草草原生态快速恢复综合治理建设模式，并在工程建设中作为重点和核心部分进行了大面积推广应用，取得了突出成效。

在项目实施建设中，我们全面贯彻落实科学发展观，因地制宜、科学合理地建立了草原生态快速恢复的技术体系。坚持以政策为导向，以恢复草原植被，改善草原生态环境和促进地区产业发展为中心，充分调动农牧民建设、保护和合理利用草原的积极性。创造性地完成项目实施建设的主要建设内容和目标，严格执行退牧还草工程的建设方针，采取了多项技术措施，逐步形成和建立起与当前草原生态条件相适应的、结构合理的、能够加快草原植被恢复的退牧还草综合治理建设模式。实现一个目标是有效遏制草原退化、沙化，恢复改善草原生态环境，实现了草原生态快速恢复、草地资源永续利用，建立起恢复生态、发展生产、提高人民生活"三者统一"的生态畜牧业生产经营体系；落实退牧还草建设的方针是"围栏封育、退牧禁牧（轮牧）、补播种植、舍饲圈养、承包到户"；采取多项技术措施分别是围栏封育技术、退牧禁牧（轮牧）技术、实行草畜平衡、开展舍饲养畜、草地补播改良、建立人工草地、建设灌木草地、补播机播牧草、实施生态移民、推行草业产业化、应用"3S"新技术以及项目管理创新制度等10多项技术，并将统筹归纳为七大技术措施进行实施建设，实现了快速恢复草原生态植被，逐步达到草地资源可持续利用（图8）。上述退牧还草草原生态快速恢复综合建设模式，由于在鄂尔多斯草原首先提出并进行了广泛推广应用，人们又称为鄂尔多斯草原生态建设模式。

几年来，鄂尔多斯市在推广实施这个模式过程中，不仅认真实施了以上提出的关键技术，而且在实施过程中应用了"3S"信息新

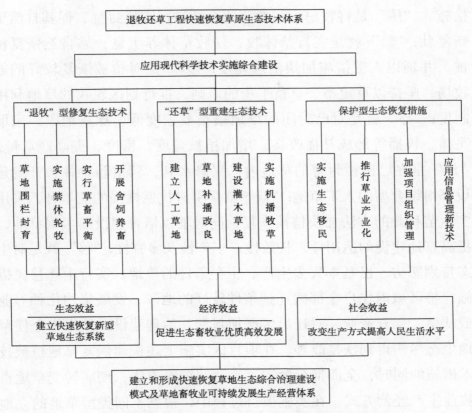

图8 退牧还草草原生态快速恢复技术体系和建设模式示意

技术、移植抗逆性强的优良饲用灌木生物技术、围栏封育技术以及摸索总结出的草原生态快速恢复治理建设的新技术等四个方面的技术创新点。全面实行统一规划、统一标准、统一建设、统一管理、分户受益的"四统一分"的管理办法，使项目区建设达到了高起点、高标准、高质量、高效益的建设标准，实现了有效遏制草地退化沙化、恢复草原植被、改善草原生态环境的总体建设目标，为发展现代畜牧业奠定了良好的基础。具体来讲，退牧还草综合治理建设技术模式其技术内涵和规程是：以牧户为单位，在实行围栏禁牧的基础上进行综合建设，根据草地不同的立地条件，采取围、禁、划、补、建、栽、移以及实行舍饲、半舍饲养畜等实施不同的建设措施。"围"是将牧户承包的草地全部进行围栏封育，促其自然更新复壮；"禁"就是实行禁休牧，使牧草休养生息，靠自然恢复植被，并辅以人工措施加快治理速度；"划"是对植被恢复较好的放牧场，坚持以草定畜、草畜平衡的原则，推行划区轮牧的草地利用制度；"补"就是对已封闭的草地植被覆盖度低、裸露地段，采取飞播、机播等形成补播改良，增加植被盖度、密度，提高产草量；"建"是在已围栏封育的草地内，兴修水利，营造防护林，开发建设草料结合型的人工草地；"栽"就是引进抗逆性强的灌木种，采用实生苗移栽的方法加快植被恢复，同时辅以培育建设灌木割草地，提高草地建设的适用性、长效性、丰产性及多宜性；"移"就是对生态特别恶劣，已基本失去生产、生存条件的草地，实行生态移民措施，将区域内住户全部搬迁到条件较好的地区，发展集约化种养业或从事二、三产业，对迁出区严加封禁、治理建设，从根本上使草地生态尽快得到恢复改善。在项目区实施上述快速恢复草地植被技术措施的同时，全面推行舍饲、半舍饲饲养方法，彻底转变草地畜牧业生产经营方式。在实施项目过程中，根据不同类型草地的立地条件，各有侧重，因地制宜地实行这个综合治理建设模式，使项目建设形成"恢复生态、发展生产、提高农牧民生活"协调发展的新型经营建设局面。逐步建立起了与发展生态畜牧业和农牧区社会经济发展相适应的草业生态系统，为进一步发展现代草地畜牧业和实现草地资源可持续利用提供了经验，做出了示范。

（二）适用范围及推广应用情况

鄂尔多斯市大力推广应用上述退牧还草草原生态快速恢复综合治理建设技术模式，通过总结并经实践已证实其最大的特点和优势在于可以实现快速恢复草原生态恶化的状况。草原植被恢复是改善草原生态环境的主体和基础，只要草原植被得到快速恢复，草原生态就会发生根本性的变化。这个模式所涉及和采取的综合配套技术与一般草地保护和建设相比，都显示出加快恢复植被的特点，突出表现如下。

一是在注重围栏封育的条件下，实施禁、休、轮牧等技术措施，采取禁止放牧或减轻放牧强度，本身就是加快植被恢复的根本措施。据观察研究，严重受损的草地出现沙化、荒漠化，靠自然恢复是完全可能的，但其恢复过程至少在10年以上。采取目前实施的退牧还草综合培育技术，草地恢复的速度较自然恢复的速度快得多，通过5年的时间就能得到明显恢复，牧草高度、盖度、产量、生物多样性特别是草群中牲畜喜食的优良牧草的比重显著增加。

二是在草地实施围栏、禁休轮牧的基础上，增施草地补播改良，可以加快植被稀疏、裸露地段的植被恢复速度和扩大植被覆盖度。

三是在实行草地补播过程中，鄂尔多斯市又大力推广应用育苗移植灌木技术，成活率高、生长快，可以提早2～3年形成理想的植被覆盖度，同时实现了灌草结合既稳定又抗逆，生物产量高，可极大地改善草地生态环境，促进可持续发展。

四是鄂尔多斯市实施的退牧还草工程建设统一采用飞播种草、大中型机具播种牧草等手段，加快了草地生态规模治理、规模建设和规模效益。

五是鄂尔多斯市实施退牧还草工程项目，坚持集中连片整体推进（按乡镇、嘎查村整体推进）、应用"3S"高新技术开展工程设计以及实施大面积的区域性"生态移民"措施，都起到了快速恢复草地生态的作用。

退牧还草草原生态快速恢复建设技术模式依据系统工程的理论和方法，从整体和全局出发，综合和协调草地、草业、牲畜等各部分之间的关系，以形成最优化的整体效应。该技术模式推广适用范围很广，它不仅适用于中国北方广大草原地区，而且适宜于中国西部牧区草地实施退牧还草中推广应用。通过几年来的实施证明，退牧还草生态建设模式，不仅构筑成一个高效、多功能、快速恢复的草地生态系统，而且也形成了草地资源优化利用的生态畜牧业生产经营体系，它必将对鄂尔多斯市自然、社会、经济发展产生重大影响。

五、项目存在问题和工作展望

作为中国生态环境保护建设标志性的退牧还草工程，我们在实施中深感配套工程建设投入不足，补贴发放年限短，如果能够加大草原基础设施投资力度，广辟资金来源，增加建设内容，提高补贴标准与年限，将会进一步促进草原生态更好更快恢复和改善，更有利于人与自然和谐、促进生态文明建设不断向前发展。

鄂尔多斯市实施的退牧还草草原生态快速恢复建设模式，分别在典型草原、荒漠草原、草原化荒漠、低地草甸等不同类型草地进行了大面积的推广应用，都取得了十分显著的成效。特别在典型草原、荒漠草原地区草地生态恢复得更好更快、效果更显著。除此之外，从草原地形地貌来说，我们分别在波状高平原梁地草原、沙地草原、丘陵山地草原以及低地河谷阶地进行了推广应用，也获得了显著效益，草地植被都得到快速恢复。这个综合治理建设技术模式与国内外退耕还林、退牧还草同类生态工程建设相比较，据有关资料介绍中国实施的退牧还草工程每亩投资不足25元（包括饲料粮款补贴），远低于目前国内实施的退耕还林（草）工程平均亩投入的1/3，更低于发达国家美国、英国、法国、德国等相同单位的投资额。退牧还草虽然投资少，但对目前经济尚不发达的西部牧区具有广泛的适用性，发挥的快速恢复草地生态效益是特别突出的。从整体和全局看，中国实施的退牧还草与国外的退耕还林还草工程实施

298

的目的、基础、政策不同，在项目建设中坚持的创新程度和技术水平基本上达到国外的先进水平。总体来看，鄂尔多斯退牧还草快速恢复草原生态技术不仅适用于我区广大草原地区，而且适宜中国北方以及西部牧区推广应用。